权威·前沿·原创

皮书系列为
"十二五""十三五"国家重点图书出版规划项目

环境绿皮书
GREEN BOOK OF ENVIRONMENT

中国环境发展报告
（2016~2017）

ANNUAL REPORT ON ENVIRONMENT DEVELOPMENT OF CHINA(2016-2017)

自然之友 / 编
主　编 / 李　波
副主编 / 孙　姗

社会科学文献出版社
SOCIAL SCIENCES ACADEMIC PRESS (CHINA)

图书在版编目(CIP)数据

中国环境发展报告.2016-2017/自然之友编.--北京：社会科学文献出版社，2017.4
（环境绿皮书）
ISBN 978-7-5201-0707-5

Ⅰ.①中… Ⅱ.①自… Ⅲ.①环境保护-研究报告-中国-2016-2017　Ⅳ.①X-12

中国版本图书馆 CIP 数据核字（2017）第 064302 号

环境绿皮书
中国环境发展报告（2016~2017）

编　　者 / 自然之友
主　　编 / 李　波
副 主 编 / 孙　姗

出 版 人 / 谢寿光
项目统筹 / 邓泳红　陈晴钰
责任编辑 / 陈晴钰

出　　版 / 社会科学文献出版社・皮书出版分社（010）59367127
　　　　　　地址：北京市北三环中路甲29号院华龙大厦　邮编：100029
　　　　　　网址：www.ssap.com.cn
发　　行 / 市场营销中心（010）59367081　59367018
印　　装 / 北京季蜂印刷有限公司
规　　格 / 开　本：787mm×1092mm　1/16
　　　　　　印　张：20.5　字　数：306 千字
版　　次 / 2017 年 4 月第 1 版　2017 年 4 月第 1 次印刷
书　　号 / ISBN 978-7-5201-0707-5
定　　价 / 89.00 元

皮书序列号 / PSN G-2006-048-1/1

本书如有印装质量问题，请与读者服务中心（010-59367028）联系

▲ 版权所有 翻印必究

编委会与撰稿人名单

主　　编　李　波

副 主 编　孙　姗

编 委 会（按姓氏拼音排序）
　　　　　　白韫雯　窦丽丽　高胜科　梁晓燕　马天杰
　　　　　　毛　达　孙　姗　张伯驹

撰 稿 人（按姓氏拼音排序）
　　　　　　蔡英萃　陈冀俍　崔　筝　顾　垒　郭沛源
　　　　　　胡若成　李　波　林佳乔　刘虹桥　刘伊曼
　　　　　　刘玉俊　吕忠梅　罗　玫　马　剑　莽　萍
　　　　　　毛　达　郄建荣　史湘莹　吴艳静　王　昊
　　　　　　王清春　闻　丞　向　春　杨方义　喻海松
　　　　　　袁　瑛　张　凯　张世秋　赵　昂　钟　嘉

主编助理　李　翔

志 愿 者　陈婉宁　马荣真　王惠诗涵

摘　要

《中国环境发展报告（2016~2017）》，已是连续出版的第11本环境绿皮书。

本书由总报告、6个选题板块、大事记以及附录组成。总报告通过串起中国一年的环境大事以及各板块，对全书的立足点、选题、主要趋势给出了整体分析。在6个选题板块中，"特别关注"板块的两篇文章，围绕2015年两件环境大事——新环保法第一年实施以及规划环评进展展开；"经济新常态"板块的3篇文章围绕绿色金融、电力以及经济总体运行，从环境的角度给予解读；"气候变化与能源"板块的3篇文章从中国的能源系统与低碳转型、国际气候谈判/后巴黎情景以及中国的能源革命与改革的角度做出分析；"政策与治理"板块的3篇文章，分别就2015年环境立法、环境刑事司法发展趋势，以及环评制度改革做出点评；"城市环境"板块对污水厂的污泥困局，生活垃圾管理、瓶装水和饮用水安全，以及自然教育行业发展现状，进行了分析；最后一个板块"自然生态"的两篇文章，包括对《野生动物保护法》修订的观察，以及《中国自然观察》的解读。大事记与附录部分内容丰富，包括2015年度环境保护大事记、中国环境的年度指标与排名、当年的政府公报、民间倡议、年度评选与奖励、民间发表的环境报告，以及首次发布的民间环保组织的数量与现状统计。

目 录

Ⅰ 总报告

G.1 生态文明建设：亟须综合性配套与措施落地
——写在地质年代"人类世"开端之年 ………………… 李　波 / 001
　　一　2015~2016年度环境大事回顾………………………………… / 002
　　二　本书重点介绍…………………………………………………… / 004
　　三　不同视野中的展望和期待……………………………………… / 017

Ⅱ 特别关注

G.2 新环保法实施一年回顾与展望 ………………………… 吕忠梅 / 022
G.3 2015：规划环评的挣扎与阵痛 ………………………… 刘伊曼 / 035

Ⅲ 经济新常态

G.4 经济新常态创造中国绿色善治窗口期 ………………… 张世秋 / 057
G.5 2015年中国绿色金融发展回顾
　　……………………… 郭沛源　蔡英萃　吴艳静　刘玉俊　杨方义 / 067
G.6 中国经济新常态下的电力行业趋势 …………………… 张　凯 / 077

Ⅳ 气候变化与能源

G.7 能源革命开局：可再生能源发展曲折前行 …………… 袁 瑛 / 094

G.8 中国能源系统：在供需平衡中实现低碳转型
………………………………………… 赵 昂 林佳乔 / 102

G.9 从后哥本哈根到后巴黎：中国应对气候变化的行动与挑战
……………………………………………… 陈冀俍 / 117

Ⅴ 政策与治理

G.10 2015年环境立法亮点与不足 ………………… 郄建荣 / 131

G.11 环境刑事司法的发展趋势 …………… 喻海松 马 剑 / 138

G.12 2015：环评制度改革亟须加快速度 ………… 向 春 / 146

Ⅵ 城市环境

G.13 中国污水厂污泥困局待解 …………………… 崔 筝 / 157

G.14 生活垃圾管理"十二五"规划成绩单 ………… 毛 达 / 164

G.15 从瓶装水到饮用水安全：2015年度观察 …… 刘虹桥 / 176

G.16 中国自然教育行业发展现状 ………… 刘正源 王清春 / 187

Ⅶ 自然生态

G.17 生态文明视野下的《野生动物保护法》修订
——回顾与前瞻 ……………………………… 莽 萍 / 204

G.18 解读首期《中国自然观察》报告
…………………………… 闻 丞 王 昊 顾 垒 史湘莹
胡若成 罗 玫 钟 嘉 / 216

Ⅷ 大事记

G.19 2015年环境保护大事记 …………………………………… / 243

Ⅸ 附录

G.20 2015年度环境领域政府公报汇总 …………………………… / 247
G.21 公众倡议 …………………………………………………… / 250
G.22 年度评选及奖励 …………………………………………… / 256
G.23 2015年中国民间环境报告 ………………………………… / 261
G.24 民间环保组织列表（2015） ………………………………… / 276

G.25 后 记 ……………………………………………………… / 292
G.26 自然之友简介 ……………………………………………… / 294
G.27 "环境绿皮书"调查意见反馈表 …………………………… / 296

Abstract ……………………………………………………………… / 298
Contents ……………………………………………………………… / 300

皮书数据库阅读使用指南

总报告
General Report

G.1
生态文明建设：亟须综合性配套与措施落地
——写在地质年代"人类世"开端之年

李 波*

摘 要： "环境绿皮书"的宗旨是以专业的、民间的视角梳理全年环境大事，提炼经验与教训，形成对未来的建议和期许，同时，还可作为中国环境保护历史的重要佐证。本报告将介绍其中一些重要的篇目以及未能成稿的一些趋势性议题。要想公正地评价中国2015年在环境保护方面取得的成就，区分意图和现实是关键。在很多情况下，对意图的宣誓总是清晰嘹亮，而最终的结果往往含混模糊。回顾2015年的环境记录，我们

---

* 李波，原自然之友总干事，环境政策与环保运动咨询顾问及生态农业实践者。感谢孙姗在全书征稿和编辑中的鼎力支持和辛苦付出。

可以看到那些用意良好的政策虽然并不总是"一纸空文",但要把它们转化为实实在在的进步,仍需要综合性改革的配合与实施策略的落地。当然,一些积极的变化也在展开,给我们一些乐观的理由,让我们对生态文明建设蓝图下的"新常态"寄予希望。也许,正因为各种因素的叠加缠绕,生态环境问题很难孤立地得到解决,建设和完善符合中国国情与公平包容的社会制度、政治制度和经济制度,几乎就是生态文明建设的题中必有之义。没有前者的建设,生态环境问题的各种解决方案都只会在片面和技术层次上停留与徘徊。在我们身处地质年代"人类世"开端的此时,尤其深感这一点。

关键词: 地质年代　环境事故　环境司法

一　2015~2016年度环境大事回顾

2015年底,巴黎气候峰会路转峰回,以中美为首的碳排放大国承担了责任,避免了对人类未来生存状态有深远影响的重大气候公共危机。2015年对地球地质年代来说算是一个分水岭,关于地球地质年代已经结束了新生代第四纪的全新世(Holocene)时期的讨论基本达成了共识,世界地质地层学会预计在2016年讨论通过地球进入新地质年代的动议。全新世是以末次冰期结束、人类文明兴起为起点的最近一个地质时期。但是由于人类活动的累积性影响,地球地质条件和变化过程都发生了质的变化,已经进入了另一个新的时期,即人类世(Anthropocene),也被翻译成人新世。人类社会在地球人类世时期的抉择将更加依赖地球公民社会作为一个整体的共识和行动。把中国的环境变化和与日俱增的环境挑战放在这样的地球地质变迁背景下审视，或许更能体会环境变迁在不同尺度上给人们带来的紧迫感。

2015 年以"史上最严"的新《环境保护法》实施开年，释放了中央政府环境治理的强烈信号，同时深受环境污染困扰的社会对新环保法的"利齿"也给予了很多期望。党政干部治理污染的共同责任得到强调以减少内耗；地方政府对本地环境质量负责提到前所未有的高度；污染企业面临的罚款额度不设上限；环保组织提起公益诉讼在一定程度上得到制度性认可与支持；等等。除此之外，环保部与 8 家部属环评机构完成脱钩，各地环保部门也重拳治理整顿"红顶中介"，杜绝在环评过程中出现戴着"红顶"赚黑钱的制度性腐败。简称"水十条"的《水污染防治行动计划》出台，不仅重视了水源地的保护和安全，而且试图改变地方政府和污染企业违法成本太低的旧常态。

也是在 2015 年，中共中央、国务院印发了《生态文明体制改革总体方案》，要求加快建立系统完整的生态文明制度体系，加快推进生态文明建设，通过建立资源消耗、环境损害、生态效益的绩效评价考核和责任追究制度，对地方政府和相关部门产生实际约束力，最大限度地保证生态文明体制改革取得实效。2015 年也被业内人士称为 PPP 模式的元年——在政府与私人组织之间，为了提供环保领域的公共物品和服务，彼此以特许权协议为基础，形成一种伙伴式的合作关系。截至国家发改委公布第二批 1488 个 PPP 推介项目，PPP 总投资额超过 4 万亿元，PPP 将成为中国环保产业的主流模式之一。

为了举办纪念反法西斯战争胜利 70 周年活动，2015 年 8 月，北京强制落实机动车限行、企业停限产、工地停工等减排措施，周边部分省区市也提前启动保障措施，使得北京的空气质量持续优良，PM2.5 创有观测记录以来连续 5 天浓度最低。昙花一现的"阅兵蓝"，继 2014 年"APEC 蓝"后，再次提醒政府和社会，空气和其他环境质量的改善值得期待，但是必须建立行之有效的长效机制。否则，中国的人居环境只能通过临时性的关停措施换来"乍现"的春光，这将使环境正义、多元利益协调、国民健康保障长期处于任性与失衡的尴尬之中。

2015年,以新《环保法》为代表的一系列环境治理安排虽然意图清晰,但是面临的挑战远远超过社会的想象与期许。在2015年末至2016年开年短短一个多月内,北京市政府两次发布空气重污染红色预警。这也是2013年空气污染预警四级响应政策出台后,北京市首次启动红色预警。一年多来,空气污染继续广受社会关注。弥漫的雾霾或许不仅仅是2015年、2016年,也是未来很多年中国环境状况的真实写照。

每年的"环境绿皮书"都不会缺少重大环境灾害事故的记录。2015年,全国共发生突发环境事件330起,较2014年减少141起,其中重大事件3起,较大事件5起,一般事件322起。环境保护部直接调度处置突发环境事件82起,包括重大事件3起,较大事件3起,一般事件76起。3起重大事件分别为河北省新河县城区地下水污染事件、山东省章丘市普集镇危险废物倾倒致人中毒死亡事件、甘肃陇星锑业有限责任公司尾矿库溢流井破裂致尾砂泄漏事件。突发环境事件多为企业违法生产、违规操作、偷排偷倒,导致危险污染物或者废弃物进入生活用水范围,直接或间接导致人民生命和财产损失。

此外,2015年8月12日深夜,天津滨海新区的天津东疆保税港区瑞海国际物流有限公司危险化学品仓库发生多次爆炸,对大气、水体、土壤造成不同程度的污染。事故共造成173人遇难、798人受伤,不少遇难者是参与灭火救援的消防人员及民警,成为近70年来消防官兵伤亡最为惨重的一起事故。这一爆炸事件将众多环境监管的制度性问题暴露无遗。与往年突发环境事故的成因类似,从决策到运营过程中,企业疯狂的犯罪行为因为制度的不作为,游离于行政和专业监管部门的监督之外。危险化学品管理的流程和制度,以及环境危害审批和监管的制度亟待改进,责任更需强化。

二 本书重点介绍

"环境绿皮书"的宗旨是以专业的、民间的视角梳理全年环境大事,总结经验与教训，形成对未来的建议和期许，还可作为中国环保历史的重要佐证。当然，由于种种原因很难面面俱到，有些议题缺乏合适的作者，有些议题缺乏足够的素材，有些议题刚展露一种趋势还不能成文，甚至还存在一些板块由于准备不足，不得不放弃，比如"国际视野"板块就属于这种情况。虽然2015年以亚洲基础设施建设银行的设立和"一带一路"的推进为主线，有很重要的议题值得关注，但是我们只能期待下一年的"国际视野"板块能成功组稿。本报告将介绍已有内容中的一些突出议题以及未能成稿的一些趋势性议题。

1. 天津爆炸事故的警醒

发生在天津的爆炸事故突破了中国安全生产监察的底线，尤其值得警醒。中国涉危、涉化工业园区以及此类型建设项目面临的环境及安全形势严峻，产业密集布局所带来的环境风险仍是威胁环境安全、公众健康甚至社会稳定的重大隐患。天津爆炸事故的主要责任人瑞海物流注册成立于2012年11月28日，根据国家对危化品的经营资质审核许可，公司历经4次变更，直到事故发生的前3个月，资质证件才全部获批。据调查，该企业日常巡查自检与政府部门监管长期双重缺失，人为操作不当现象极为常见。环保部制定的《危险化学品环境管理登记办法》自2013年3月1日起正式实施，不过，其适用范围仅限于国内生产及使用危化品的企业，并不包括危化品的储存企业。

最令人担忧的是，全国各地对辖区内的危险化学品底情不清，源头登记的危化品种类及数量与实际情况有相当大的偏差。对于危化品及其混合物存储容量、等级、危险性鉴别分类等关键数据，地区内的主管部门掌握得很不准确，因为这些数据主要源于企业的自主申报，数据未经核实。主管部门也因为各种条件的制约和懒政习惯，缺少日常性核查和修订，安全信息也相当缺乏。中国经营危化品的物流公司在总量上可谓庞大，数量超过3000家。但这些企业分散，集约化程度不高，也直接加大了政府的实际监管难度。

要亡羊补牢改善现状，除了简单重复的历来做法，即加大政府的监管力度，还有一个重要的工作值得系统性改善——提高专业和行业协会的自律能力和监管能力。从国际经验来看，政府不可能长出三头六臂，把整个社会的方方面面都置于其有效的监管之下，任何政府要做这种尝试都是得不偿失的。高效的政府必须要有所为有所不为，把属于社会的还给社会，让属于市场的回归市场。专业和行业协会应是不隶属政府部门的独立机构，它们对行业标准的制定和执行、执业中的安全规范和培训、执业的技术和知识更新、职业证照的审查和发放、专业个人的职业化管理等，都有行业和专业内的授权与边界，从而在政府对环境和公众安全相关的监管责任以及企业合法投资经营的权益之间，形成了一个独立的中介利益体。专业和行业协会可以为会员企业选定的议题游说和代言，但是必须在专业和行业规范及国家法律的框架内公开透明地开展活动，以免突破专业和职业底线，甚至触犯法律。

反观中国的现状，中国也有大量的专业和行业协会，但是它们要么隶属于政府部门，要么"寄生"于大型国有企业，要么与两者都保持隐秘的关系。协会主要职工也多为所属政府部门退居二线的原单位领导或部门专业人员，甚至一套人马两块牌子，领着政府公务员的工资，干着行业协会的工作，两头通吃又两头不负责任。这样的协会的独立身份、专业能力、利益边界等都十分混乱与可疑，无法承担行业健康有序发展的大任。

环保部在2015年和2016年下大力气向"红顶中介"开刀就属于这类问题的典型表现。《2015：环评制度改革亟须加快速度》一文的作者向春一针见血地指出了这类问题的症结。同时具体建议，环评管理改革的内容应该是：第一，政府作为环评的管理主体，应改变现有的从头到尾的重载管理，仅从制度和监管两端着手，该市场的市场化，该社会的社会化；第二，市场为环评的实施主体，应以违法成本来约束其投资或执业行为；第三，社会为环评的参与主体，主要包括三个方面的主体，即行业性组织、环保组织、社会公众。这个主题同时也得到《经济新常态创造中国绿色善治窗口期》作者张世秋教授的呼应，她提出：在环境领域，政府、企业和公众客观上可以形成三方相互制衡、相互激励的正向促进关系。而专业机构的独立性和公众权利的有效发挥不仅是现代社会治理的基本要义，也是降低政府监管成本的最好方式。

2. 发展核电的不同声音

从国际上看，以太阳能和风能为主的可再生能源在最近十年的增长率已经大大超过了核能行业。与核能行业相比，在投资规模、投资效率、计入燃料废料处理的终极电价、电力生产事故、生产者与消费者的信息对等和角色变革的难易程度等方面，新能源的优势不言而喻。

针对核电发展的现状，尤其是结合巴黎气候峰会前后的意见与争议，我们注意到国际和国内的一些重要观点。在国际层次，一种新观点正在否定核能行业夸大的应对气候危机的贡献和作用。这种观点从以下两个方面论述核能不能成为气候危机的解决途径。

一方面，气候问题的症结是经济和能源发展的道路选择，能源生产和供给的高度垄断性与社会公平和正义有着千丝万缕的联系。在传统的政府＋公司的能源生产和供给关系中，由主要利益寡头垄断经营的能源资源分配和电力能源生产供给体系，存在自身无法克服的尖锐矛盾，如投资过热、产能过剩，以及供给过程中的"合法化"浪费。由于其体系过大，影响力特别强，对可再生能源，特别是分布式（参与式和民主式）的能源生产有较大的抵制能力，新能源生产出现了重大弃电问题。而消费者和各级政府在面对能源集团的市场垄断行为时常被迫就范，缺乏有效的管道和措施来管制能源的垄断行为。因此，在集中式和垄断式的大型能源生产与供给模式中，由于无法有效而及时地监督，更无法在生产环境及健康危害发生时让能源生产者承担全部责任，及时纠正并停止其侵害行为，福岛核电站发生泄漏后的日本政府在处理与污染企业的关系时就显得十分尴尬。因此，高度垄断性的能源体系总是在生产过程中不可避免地造成一个"牺牲群体和范围"，就像影子一样与能源体系的生产和供给伴生。再加上高能耗产业集团的行动缺乏战略环评和项目环评的有效控制，以牺牲部分群体利益来成就国家利益的逻辑，必将导致更大范围公众利益和生态安全的损失。总之，核能源产业的集团利益与之前大型煤电和水电利益集团没有本质的区别，而且透明公开的程度更低。高垄断性经济模式只不过是新瓶装旧酒，继续着气候危机成因的恶性循环。

另一方面，国际上对核能与气候议题的关系还有如下阐述：在即将到期的《京都议定书》中，核能被正确地排除在减少温室气体排放的解决方案之外。然而，核工业集团与某些国家正在合作游说，试图把核能这种既危险又有污染的技术划入气候友好型的减排选择，这一计划无疑将阻碍气候保护工作的进展。解决气候危机的能源可选方案已经明朗，亟须把已经确认的选项通过国际合作与投资扩大规模。21世纪的人类社会不能再依赖于20世纪陈旧过时并严重污染的能源模式——核电和化石燃料技术，必须转型到安全、清洁、经济的可再生能源，同时综合高能效、节能和现代化电网技术，形成与可持续发展相协调的能源模式。

其他倡导限制核能发展的观点还有很多，其论述主要集中在核能发展的社会代价较大方面，包括核事故、核废料的风险，高昂的建设费用，以及相对于减排目标而言较长的周期等。另外，从尊重人及子孙后代的生命权与健康权的角度，核能的发展也必须慎之又慎。

在国内，核电在沿海地区加速上马的同时，发展内陆核电的声音在2015年似乎变得强劲起来。所幸的是，国务院在总体上搁置了这个议题。国务院发展研究中心研究员王亦楠多次在会议和媒体上发表鲜明的观点，一方面反对发展内陆核电，另一方面质疑核电在中国能源结构中的战略位置，强调长江流域建核电厂须审慎决策，并针对"长江流域核电安全论证"提出三个必须重视的问题：第一，核电的科学属性是"低碳能源"，而非"清洁能源"；第二，"两湖一江"核电厂址存在先天缺陷，除了地震和旱涝等自然灾害频发之外，无论是在正常运行还是在事故发生情况下，都有着欧美内陆核电厂未曾面临的特殊难题，即人口密度和大气弥散条件都不符合安全条件；第三，中国还没有制定"一旦发生核泄漏并沿江而下"的应急预案。同时，王亦楠提出三个政策建议：第一，长江流域建核电厂不能单根据能源和减排需求来决策；第二，完善产业链建设，稳妥把握建设节奏；第三，尽快修订现行的核安全法规。

3. 南水北调工程西线争议再起

众所周知，中国水危机的成因要归咎于经济、生态、社会和政治的多重因素——低效的农业灌溉，无序和无节制的工业与城市化大发展，严重的水污染问题，以及政府职能部门在发展和环境治理两个有冲突的议题上缺乏根本共识与一致协调的行动，等等。通过单一的工程调水增加水量供应，并不是解决中国水危机问题的可靠出路。

2014年以来，南水北调的东线和中线已经先后投入运营。在有效使用方面出现了很多新问题：两部制水价、地方配套基建工程、地方消化高水价、各地用水需求迫切性的行为导向等。种种迹象表明，这种大型基础设施项目的前期论证和准备是很不够的。当前政府在水价和水权问题上表现的积极性，实质上是为了回流工程建设资金和保证运行成本，同时帮助北方高耗水企业在可支付成本下获得有限水资源。该工程是否能真正实现优化配置水资源，提高水资源的利用效率和效益，建设节水型社会，还存在疑问。

从道理上说，水权和水市场建设要坚持政府和市场"两手发力"，把握好政府作用与市场机制的关系，让公益性用水需求和市场性用水需求的合法权益都得到保障，而绝不能用水权交易之名套取水指标，变相挤占农业和生态用水。但是，在水利管理和水力开发"多头治水"、水资源商业利益强势垄断的当下，各种社会关系发育很不完全，弱势社会利益群体的自身表达机会十分有限。特别是处于弱势的农业个体和"无告"的水生态系统，如何才能在水资源和水权转换的激烈竞争中不被"弱肉强食"的逻辑牺牲？所谓建立水权水市场的重要保障——水权监督体系，本就是要依据水资源规划、水功能区规划等，区分各种用水类型，进行水资源用途的管制，特别是在农业用水转移中，尊重农民意愿，切实保障国家粮食安全和农民合法权益。可是，没有多种利益相关方的有效参与，一方独大的水权监督体系是否又要回到自己监督自己的老路上去？

必须指出，国家在回应和处理南水北调工程已经建成的东线和中线问题的同时，暂停上马西线工程是一个明智之举。这里应该提一下2015年底出版的《南水北调西线工程备忘录（增订版）》。2006年6月，四川省一批专家学者以民间的方式在北京出版了《南水北调西线工程备忘录》，该书通过

专家学者的渠道，以多名院士和中国工程院的名义递送到温家宝总理办公室。在听取各方意见后，2008年1月国务院第204次常务会议决定暂停南水北调西线工程。但是，2010年1月31日，中共中央和国务院在《关于加快水利改革发展的决定》中提出，"适时开展南水北调西线工程前期研究"。2013年，水利部黄河水利委员会勘测规划设计研究院制订了新的西线工程规划。

与此同时，党的十八大明确提出必须进行尊重自然、顺应自然、保护自然的生态文明建设，而按照国家生态主体功能区划分，西线工程所处地带属于禁止开发区和限制开发区。《南水北调西线工程备忘录（增订版）》的专家们认为：南水北调西线工程，包括2013年修改的工程方案不应实施，建议采纳治理黄河和小江调水方案。他们指出，这是关乎国家全局、子孙万代的大事，希望国务院慎重决策。如果还是决定要建从长江源头调水的西线工程，专家们强烈要求像三峡工程那样提交全国人大讨论决定，因为西线工程的不可知、不可预见、不可逆的因素要比三峡工程还要多。

2015年11月19日《自然》杂志载文，针对南水北调工程指出：中外专家在过去十多年的水资源研究中认为，改善中国北方缺水的根本举措，要面对水污染和经济发展中的水资源低效使用两个问题。在水资源监管和水资源供给两个互有冲突的角色中，中国政府两手都在抓，但显然更重视供给的基础设施建设。尽管环保政策和法规日益增多，但保增长的重心显然远远高于污染防控和水资源合理配置的力度。如果中国能够建立针对水污染的在地有效监督机制，建设高效水资源利用和节约灌溉的基础设施，南水北调工程本不是最优选择。文章建议：解决中国北方的水资源危机，必须上马一揽子机构改革方案，第一，要使便于利益寻租的经营功能和水资源监管功能彻底分家；第二，水数据和信息必须向公众公开，以形成有效和透明的监督制衡；第三，水电开发的利益集团对水资源配置的影响力必须得到控制；第四，南水北调已建成工程的调水规模应该得到有效控制，未建的西线和其他工程必须搁置。总之，长效的水权管理和可持续水资源利用必须在一个多元协调机制内重新配置资源,否则水资源面临的严重问题和长效解决的期待只会渐行渐远。

4. 从大型化工项目的事故溯源规划环评制度

在"特别关注"板块中,《2015:规划环评的挣扎与阵痛》的作者刘伊曼长期关注大型化工项目的决策,以及运营事故与公众参与之间的博弈。她通过梳理2015年多次大型化工事故和环境与社会的矛盾,把问题的症结归结到规划环评存在制度缺陷和障碍。该症结为环境风险、安全生产事故以及之后的环境矛盾和社会矛盾埋下了重大隐患。

福建古雷的案例尤其值得政府、企业和社会各方认真检讨。2011年,为了获得古雷居民的支持,古雷籍官员们被从各地征调回故乡,对乡民展开"人盯人"说服与维稳工作,直至95%的古雷居民同意从福建厦门搬来的PX化工项目落地,这曾被中宣部列为新时期做好群众工作的典型。然而,对规划环评的轻视和对真实的安全隐患心中无数,2015年古雷岛发生第二次爆炸,顿时让政府开创的"人盯人"国家公关模式和重大项目安全评估模式灰飞烟灭。

兰州石化新城搬迁的环评修改过程,则深深地体现了规划环评缺乏规范化、科学化以及权威化的制度约束。规划环评的制度缺陷和实施障碍,非但不能从源头化解环境矛盾,以地方自然资源可利用的上限和环境承载力的底线作为不可逾越的"红线",反而让政府难脱为企业项目"保驾护航"的责任,让专家难逃为决策者意志"编台词"的社会质疑。最终,规划环评的制度掉进了"打着环保旗号为破坏环境开路"的陷阱,环评沦落为在细节上做修修补补的"化妆"过程。也正是这个原因,全国大多数石化基地,都紧邻各省份的中心城市。而很多存在根本性冲突、绝不能共生的城市功能被生拉硬扯地打包在一起,如航天、研发与垃圾焚烧和填埋捆绑在一起,教育、休闲、历史文化和重化工被打包在一起。

在城市化挑战不断严峻的今天,如果不能高要求、高起点、策略性地通过规划环评严格念好资源底线和环境容量的"紧箍咒",功能性冲突还将进一步加剧中国城市化的宜居困境和难以理顺的社会矛盾。

5. 新环保法与环境司法的进展

吕忠梅教授的文章《新环保法实施一年回顾与展望》出现在"特别关注"板块。作者从立法配套、执法行动、司法进展、公众参与、未来展望几个方面展开评述。

一年来，为配合新环保法的有效实施，政府制定了多达85件配套的法规政策和实施细则，通过11种约谈地方政府负责人的情形强化地方政府的环境质量责任。同时，纪委监察追究，落实党政同时问责，成为新环保法实施的"重武器"。

环境保护以行政机制为主是过去环保立法的基本思路，司法在环境保护方面发挥的作用非常有限。新环保法完善了环境法律责任体系并建立了环境公益诉讼制度，为司法机关依法履职、保护环境提供了制度基础。为配合新环保法实施，法院、检察院成立专门审判组织，积极推进试点，制定司法解释和司法政策，建立司法机制，畅通审判渠道。为探索案件管辖制度改革思路，一些地方法院积极建立与行政区划适当分离的环境资源案件管辖制度。为加快推进"为生态文明建设提供更加有力的司法保障"的工作方向，司法部门确定了"审判机构专门化、审判机制专门化、审判程序专门化、审判理论专门化、审判队伍专门化"的目标。总之，随着新环保法的深入实施，环境司法的生态环境保护职能将日益彰显。

特别值得一提的是，2015年1月1日，新环保法实施第一天，福建南平市中级人民法院受理了北京自然之友环境研究所和福建绿家园提起的环境公益诉讼，请求法院判令四被告清除采石设备和废石，并恢复林地的植被。该案不仅是新环保法实施后的公益诉讼第一案，而且是首次由民间环保组织对生态破坏提起公益诉讼并胜诉，法院探索公益诉讼裁判方式、责任承担方式的案件，具有标本意义。但是一年多来，环境公益诉讼仅由700多个有资格组织中的不足10个环境保护组织提起，完全没有出现部分立法者所担心的原告资格定义得太宽泛引起滥诉、浪费国家司法资源的问题，堪称美丽但寂寞的环境公益诉讼。事实上，在环保组织提起的多起公益诉讼中，不少未被立案，反映了我国公众参与环境治理还是"短板"。这里既有环保组织自身能力、实力不足的问题,也有国家对环保组织发展鼓励不够、司法机关对环保组织提起诉讼态度不明、社会对环保组织开展活动认同度不高的问题。这对在实现国家治理体系与治理能力现代化过程中,正确认识并发挥社会组织的作用,切实保障公众的知情权、参与权、表达权、监督权,采取积极措施鼓励、引导环保组织依法有序参与提出了新要求。

新环保法明确规定了企业在防治环境污染、保护生态环境方面的主体责任,赋予了环保部门按日计罚、查封扣押、限产停产、公开约谈等多种执法权力,党政同责也有了明确规定。制度的"落地"有赖于严格执行,更有赖于对敢于"以身试法"者的严肃处理。但新环保法作为环保领域的基础性法律,不可能规定具体的操作性内容,高压如何"输电",如何让"高压"发挥作用,依然是极大的问题。以缓解经济下行压力之名放弃环境保护义务的势力不可低估,调结构、转方式需要真正在各级地方政府及其领导干部中"内化于心、外化于行",环境司法工作的推进至关重要。

在"政策与治理"板块中,喻海松与马剑的文章《环境刑事司法的发展趋势》,总结分析了最高人民法院、最高人民检察院《关于办理环境污染刑事案件适用法律若干问题的解释》实施两年半以来,特别是新环保法实施后的情况,展望环境刑事司法的发展趋势。他们认为,从"史上最严厉的环保司法解释"到"史上最严格环保法",我国已迈入环境法治蓬勃发展的新时期,环境行政执法与刑事司法有序衔接,稳步推进。2013年7月至2015年12月,全国法院新收污染环境、非法处置进口固体废物、环境监管失职刑事案件3049件,审结2824件,生效判决4185人。从1997年《刑法》施行以来的情况看,环境刑事案件数历经了从一位数逐步迈向四位数的发展历程。2007~2012年,案件数基本为20件/年左右;2013~2014年,案件数从104件上涨到988件;而2015年,相关案件数达1691件。在2013年7月至2015年12月环境污染犯罪的构成中,非法处置进口固体废物占0.32%,环境监管失职所占比例仅为1.74%,污染环境高居97.94%。从中我们发现,环境监管失职与环境污染刑事犯罪入罪比例很悬殊,而两者之间的相关性却不应该那么微弱。其实，只要清楚导致污染环境罪发生的根源，政府各部门在项目审批和过程监管环节的责任就应该大大地强化，这将有利于预防因经济开发失控导致的环境污染和生态灾害。司法进步给环境治理带来的最大利益不仅仅是惩治污染者，更应促使监管者及时出手制止污染行为，避免环境遭受进一步伤害。

此外，作者也提出环境司法领域需要面对的重要挑战。一方面，环境司法日益面对环境专业化的挑战，不同特点的污染物面临难以检测和固定证据的问题，危险废物犯罪惩治向纵深推进，危险废物犯罪团伙化、专业化倾向明显，重特大危险废物犯罪案件凸显，危险废物处置企业污染环境犯罪案件也在显现。环境污染犯罪案件的检验鉴定难和周期长的问题远未解决，而检验鉴定结论是决定案件性质至关重要的环节。另一方面，监测数据既是环境管理的重要支撑，也是认定超标排放的第一手证据。然而，近年来，监测数据的真实性屡遭质疑，特别是污染源自动监控设施及数据弄虚作假现象屡禁不止，甚至成为行业"潜规则"。诸如监测数据的认可、污染环境罪结果加重情节的适用等问题，在实践中也较为突出。针对检测数据造假的问题，除了技术上的措施之外，如何引入第三方独立机构和社会组织加入监督的行列，显得至关重要。

向春的文章《2015：环评制度改革：亟须加快发展》，对一年多来环评制度改革的主要进展做了回顾和评价，对环评制度及其有效实施进行了深刻的反思并提出了重要建议。环境影响评价是我国环境管理的一项基本制度，作为从源头防止污染产生的第一道防线，却在实施过程中存在严重的有法不依、有效性欠缺、制度落实不到位等问题，很大程度上损害了这项法律制度的严肃性和权威性。2015年的现状是，战略环评启动，政策环评仍无突破，规划环评效力不足，项目环评机制不顺，环评管理改革亟须加步快行。2015年2月，中央巡视组对环保部专项巡视通报的问题主要集中在环评领域，也体现了环评体制机制运行中问题的严重性。

向春指出，新环保法填补了一些修法前与《环境影响评价法》之间不相匹配的重要缺失，如将环评仅仅从针对建设项目提升到规划环评的层面；

强化了环评违法的法律责任,由《环境影响评价法》规定的"罚款和限期补办"强化为"罚款和恢复原状",力图从法律层面杜绝之前大量存在的"先上车后买票"的环评违法行为;同时,新环保法也在促使《环境影响评价法》与时俱进地重新修订。2015年,环保部先后启动了《建设项目环境保护管理条例》和《规划环境影响评价条例》的修订,期望两个环评条例的修订将强化环评的实施效果。

可以说在环评管理领域,2015年最大的事件莫过于肃清"红顶中介"的危害和政策"毒瘤"。2015年11月1日,环保部发布实施了修订后的《建设项目环境影响评价资质管理办法》,并颁布了与之一同实施的6个配套文件。新的办法杜绝了环保系统所属单位的从业可能性,也限制了非环保系统事业单位的资质申请和延续,保障环评机构体制改革得以顺利进行,"红顶中介"或将彻底退出环评市场。另外,新办法还提高了环评机构资质的环评工程师数量要求,使得现有的小环评公司要么退出市场,要么合并重组,将在很大程度上减少环评机构的数量。这既减少了环保部门对环评机构的管理难度,又降低了环评机构的市场化水平。

作者认为,在中国的环境影响评价制度中,建设项目环评比较成熟,规划环评处于摸索阶段,战略环评处于研究阶段,政策环评处于空白阶段。综观国际上相应的制度,美国《国家环境政策法》设立的环境影响评价制度,主要是针对政府机构所制定的法律、规划、决策等进行评价,而我国的环境影响评价,主要是以建设项目为对象,在环境影响评价的广度、力度与深度上有着实质性的不同。加快战略环评、政策环评的发展,全面实施规划环评,在宏观层面做好规划和政策的环评影响评价,将大大减少现今建设项目环评的问题,也将减少建设项目环评面对的社会矛盾。

《2015年环境立法亮点与不足》的作者郄建荣,以长期跟踪环境法制领域的记者视角,梳理了2015年环境立法的进展。新修订的《大气污染防治法》虽有一定突破,但仍被指"不接地气";新环保法实施一年多,成效有所彰显,但一些重要配套法规仍未出台,影响其作用的进一步发挥;因备受争议的野生动物利用问题被写入总则,《野生动物保护法》修订草案引发公众广泛的质疑和担忧。

新《大气污染防治法》的修订时间跨越了15个年头，仍然延续了部门主导的立法体制。其修订过程主要由部门主持下的环境科学家提出草案，而不同视角与功能的专家、法律人士参与不足。除了认为科学家立法"不接地气"之外，更有观点指出，新法宣示性规定太多，法律的可实施性被大打折扣。其中大量出现的诸如"国家鼓励""国家支持""国家推行""地方各级政府应当"等提法与法律应该体现的规范性、强制性无法统一，不可避免地出现法律"好看不好用"的问题。

现行的《野生动物保护法》是1989年施行的。2015年12月26日，全国人大常委会对《野生动物保护法》修订草案进行审议，同时开始公开征求意见。截至2016年1月29日，各界提交的意见达6000余条，关注的焦点之一是野生动物的"利用"在总则中四次被提及，学者、环保组织、公众纷纷就这一规定提出意见和建议。最终能否在法律的修订中有所体现，实际上是对政府立法理念的考验。

在"自然生态"板块下的文章《生态文明视野下的〈野生动物保护法〉修订——回与前瞻》中，作者莽萍为我们详细梳理了该法的立法背景和过程。除了继续质疑上述有关野生动物利用的立法立场以及修法过程不能突破部门法的旧辙之外，作者重点拷问了为什么公众越参与，法律条文却越修越倒退。每次草案修改之后，立法机关对公众疑问和建议并没有提供值得信服的反馈。在此次修法过程中，公众和环保组织的参与程度相当高，甚至出现公众针对官方的修法草案，在网络上主动草拟民间版本的"野生动物保护法"。在环保领域的修法实践中，如此高的公众参与程度是不多见的。

公众对《野生动物保护法》修订存在的疑虑，政府和立法者应该比较正面地看待和处理。实际上，这是社会公众理解和参与生态文明新常态建设的积极行动之一。如何处理人类与野生动物的关系，并不只是野生动物值多少钱的问题，也远远超越了国家主管部门的利益和权力边界。这种关系体现的立法意志，正是生态文明价值观在一个具体问题上给社会和公众做出的示范。在中国日益承担和扮演国际社会重要角色的今天，这部法律如何修订，还关乎中国声称以生态文明为基本价值的大国形象。简单来说，野生动物保护真的不只关乎一些物种如何利用，还具有生态和伦理的重要价值。

6. 新常态下的观察与思考

"经济新常态"板块中张世秋的文章，对经济新常态进行了不同角度的梳理和思辨，特别是针对中国产业结构中正在发生的深刻变化和伴随而来的阵痛。"生态文明"的道路选择能否帮助中国抓住"善治"的"窗口期"值得期待，但既然是"窗口期"，就隐含着稍纵即逝的意思，如果抓不住这个机会，又将付出什么代价？

"气候变化与能源"板块指出，2015年中国已拉开了"能源革命"的序幕。《巴黎协定》的成功出台，意味着"先发展后治理"或"气候问题是西方发达国家的问题"等传统主流论述已经不再应景。严峻的空气污染现实和水资源压力正在倒逼中国能源转型。而能源革命，将深刻影响全体中国人生产、生活方式的改变，因而注定了将是全社会必须共同参与的社会变革。

"城市环境"板块主要针对的是威胁城市宜居状况的重要问题和发展趋势。如检视生活垃圾管理"十二五"规划的执行情况、生活垃圾处理面临的多重矛盾、污水厂污泥处理的困局、方兴未艾的城市自然体验活动等。

"自然生态"板块的自然观察报告大量使用了由民间自然观察者收集的物种分布点信息。这说明，中国蓬勃兴起的自然观察机构与兴趣小组，使得民间的自然观察填补了中国物种分布和数量统计的一些空白，是物种和生态系统基本信息收集、保护成效监督监测的可靠力量。中国生物多样性的保护，挑战众多，而其改善路径，无论是政策、法律还是科学，都应该鼓励"自下而上"的民间参与和监督。

三 不同视野中的展望和期待

对中国环境挑战的年度审视，也许很难说清楚2015年究竟比上一年或者下一年有多少实质的不同，进步和退步都有哪些，环境改善的希望分别在什么方面。至少从环保部年年发布的环境公报来看，很难回答此类问题。用民间的视角记录、整理和反思年度环境工作的小高潮、重要事件及显著问题，就成了本报告每年试图完成的任务。

在经济下行的新常态下，把环境和资源的矛盾上升到生态文明建设的高度，意味着选择新的发展路径和相应的能源转型，同时依靠更有力的司法制度和更专业、更高效的环境管理制度来倒逼解决长期积累的环境和生态"欠债"。可是，这谈何容易！以美国为样本的西方发达国家，几乎在150年前就开始了相当于今天中国"生态红线"概念的制度建设和社会建设。西方发达国家在政治、经济、司法、技术、环保制度不断完善的过程中，较好地解决了保护与发展的矛盾，后果和代价还部分转移到海外，特别是在气候危机出现之前的时代。而中国的国情是，保护与发展的矛盾和国家各项基本制度转型的挑战几乎同时爆发，问题集中，原因交错，支撑不足，手段乏力。而且在经济全球化的时代，把环境外部性危害转嫁到海外的行为于理有亏，地球村的透明与监督力度在日益增强。

新的环境政治理论（诸如 Jedediah Purdy）认为，在地球地质年代进入人类世之后，试图重复美国发展模式的经济和生态发展观——先把生态优先保护区域划定并保护好，并利用科学技术的手段，把新自由主义的经济和市场发展到极致，一个国家的经济发展和人民小康就八九不离十了——已经远远不合时宜。一方面，人类世时代的地球，从地方性生态破坏和环境污染，到全球性的气候危机和海洋生态危机，深层次挑战已经层层叠叠不断累加，人类经济活动对环境的影响之大，已经很难再单独划定一个不受影响的、能实施有效保护的生态区域。事实上，中国各类生态功能区的边界和功能屡屡被突破、被修改就是一个例证：中国大江大河的西部上游区域，不仅受到气候变化的影响，而且受到各种大型水利工程的影响，河流的水文和生态都在发生不可逆转的巨变。另一方面，正是新自由主义经济主导下的发展模式"栽培"了现今的世界经济体系，对地球和自然生态进行没有节制的掠夺，同时导致深重的社会不公平、不公正问题。Purdy 认为，在人类世，人类社会必须重新审视全球治理下的各国政治制度、经济制度以及生态文化伦理，不能新瓶装旧酒。简言之，基于之前所述的中国国情，用国家资本主义的方式解决中国的环境问题，实现可持续发展，恐怕会起到饮鸩止渴的效果。

当然，前景并非一片灰暗，还有一些乐观的理由，因为我们对生态文明建设蓝图下的新常态寄予希望。正因为各种因素的叠加缠绕，生态环境问题很难孤立地得到解决，建设和完善符合中国国情与公平包容的社会制度、政治制度和经济制度，几乎是生态文明建设的题中应有之义。没有后者的建设，生态环境问题的任何解决方案都只会停留在片面和技术层次上。

2015年，在环境治理的技术层次上，无论是新的环保法，还是环评制度和战略环评，以及环境类法规的修法和执行，我们都看到令人鼓舞的进步。几乎在本报告每一个板块中，有关公众参与的权利诉求和对方法的探讨，都让我们感受到公众对环境改善的期待日益迫切，关注日益具体，知识和技能日益专业化。尤其是有关专业协会的独立性和职业化权利边界问题，让人眼前一亮。没有这类组织的广泛参与，再庞大的政府也无法完成对所有企业污染行为的监督和管制。

正是基于这点，我们对在制度建设和结构改善上呈现意义的各种民间环境保护行为给予更多的关注和记录。河流保护是十多年来中国本土环保组织持续关注的议题之一。在河流保护的议题上，很多环保团体和个人不断努力，与大型工程决策各方不断博弈，成效值得期待。2015年不断传出有关重庆小南海电站和云南怒江系列电站的建设将被搁置的消息，不论其最终结果与民间持续的呼声及行动有没有直接的因果联系，民间的坚持和努力还是让人看到公众行动的一丝曙光。

一如既往，2015年度环保大事，除了收集新闻热点与环境政策、立法、执法等标志性事件之外，还突出了民间环保机构所做的努力。这些努力的结果不一定短期内有所显现，但是编委会认为这是中国环境走向善治的重要事件，需要作为年度事件记录在册。本年度的公众倡议数量不多，除了很多公

众关注的环境议题已经进入常态，倡议不再是有效的改变手段之外，环保组织的工作，多数已深入公众参与的更深层面，如参与立法、申请信息公开、独立调查、提起公益诉讼、开展实际保护行动等。这说明，民间环境保护的参与途径逐渐趋向多元，而不只局限在呼吁和倡议的层面了。值得注意的是，本土民间环保机构的调查报告、研究报告数量仍然不多，在生态、海洋、气候变化等方面的报告数量更少。在这方面有作为和成果的，更多还是具有国际背景的机构。

需要特别提示的是，通过首次收入本书附录的民间环境保护组织数量与现状调查，我们不无尴尬地看到，"民间环保组织"，包括在中国各级民政部门注册的、以环境生态保护为主要业务范围的社会团体、基金会以及民办非企业单位，一共只有几百个。当然会有一些统计遗漏，但这也许是相对实在、清醒的数据。与各类成千上万的统计数据相比，13亿人汇集的中国环境保护现状中，公众参与远远不足既让我们困窘，也将激发更多的人投身进来，努力寻求改变。

最后，借用编委会成员马天杰的表达结束全文：要想公正地评价中国2015年在环境保护方面取得的成就，区分意图和现实是关键。很多情况下，对意图的宣誓总是清晰嘹亮，而最终的结果往往含混模糊。回顾2015年的环境记录，我们可以看到那些用意良好的政策虽然并不总是"一纸空文"，但要把它们转化为实实在在的进步，仍需要综合性改革的配合与实施策略的落地。

在此，向为本书的编辑出版做出贡献的编委会成员、板块负责人、作者及志愿者们，致以衷心的感谢！

特别关注

Special Focus

2015年是新《环境保护法》正式实施的第一年，这部被称为"长出了牙齿"的法律落实效果如何，引发了社会各界和国内外的一致关注。一年多以来，环境执法、环境司法、公众参与有了新进步。新环保法的实施让人感受到"最严格制度"的威力，环保部依照法律所赋予的各项权力，铁腕执法，取得了不俗的成绩；新环保法各项配套法规、规章、政策相继出台，法院、检察院成立专门审判组织，制定司法解释和司法政策，建立司法机制、畅通审判渠道，环境司法的生态环境保护职能日益彰显；公众参与也在不断深入。同时，我们必须看到，新环保法的实施仍面临一系列困难，既遭遇了"法外执法"的责难，也背负了加大经济下行压力的骂名。因此，对新环保法一年多落实情况进行客观而全面的梳理，很有必要。

2015年也是重大环境安全事故和群体性事件频发的一年。从年初的福建古雷PX项目爆炸到下半年的天津港重大爆炸事故，从6月上海因化工厂选址引发的群体性事件到年底兰州石化搬迁造成的规划争议，这些问题指向了同一个背后的原因——规划环评。我国规划环评虽然有相关条例，但立法位阶较低，落实情况也极为有限。最近环保工作的重心转向"以环境质量的改善为核心"，规划环评开始受到前所未有的重视，但规范化和强制力的提升仍步履维艰。为避免更多社会争议和悲剧性事故发生，规划环评责任重大。

"特别关注"板块负责人：张伯驹（自然之友总干事）

G.2
新环保法实施一年回顾与展望

吕忠梅*

摘　要： 本报告从立法配套、执法行动、司法进展、公众参与，以及新《环境保护法》颁布后第一年的执行落实情况进行了评述。

关键词： 新《环境保护法》　环境立法　环境执法　环境公益诉讼　公众参与

2015年1月1日，《中华人民共和国环境保护法修正案》（以下简称"新环保法"）开始实施。这部被称为"长出了牙齿"的法律，有着鲜明的特点：一是突破了"为城市立法、为企业立法、为污染立法"的窠臼；二是明确了"为保护和改善环境，防治污染和其他公害，保障公众健康，推进生态文明建设，促进经济社会可持续发展"的立法宗旨，宣示了环境保护的基本国策地位；三是确立了"保护优先、预防为主、综合治理、公众参与、损害担责"的原则；四是推动建立基于环境承载能力的绿色发展模式，建立多元共治的现代环境治理体系，完善了生态环境保护与环境污染防治的制度体系，增加了环境信息公开和公众参与制度，强化了政府、企业、公民的义务与责任。[1] 一年多来，新环保法带着"用一部法律的修订去卫护这一片青山绿水"的美好愿景，承载着"保障公众健康，推进生态文明建设"的使命，在实施过程中既令人充满期待，也让人们感受到"最

---

* 吕忠梅，法学博士，中国环境资源法研究会副会长，武汉大学法学院环境法研究所兼职教授，博士生导师。
[1] 吕忠梅：《〈环境保护法〉的前世今生》，《政法论丛》2014年第5期。

严格制度"的威力；既遭遇了"法外执法"的责难，也背负了加大经济下行压力的骂名。如何评价和理性看待这部法律及其实施效果？在对中国具有特别重要意义的"十三五"时期，环保法治建设应如何推进？值得深思。

一 立法先行，制度的"笼子"日益细密

法治之路，立法先行。新环保法针对体制机制不顺、制度无法落地、实施困难等问题，通过明确政府、企业、个人的权利与义务，建立多元共治、社会参与的环境治理体制；同时，强化政府义务与责任，完善监督制度，建立官员环境保护考核制度、公众参与和公益诉讼制度、行政问责制度。这体现了"用最严格的制度体系"保护生态环境的要求，让新环保法带上了"高压电"。但由于新环保法被定位为环保领域的基础性法律，不可能规定具体的操作性内容，高压如何"输电"、如何让"高压"发挥作用，依然是极大的问题。

为了保证新环保法的实施，制定配套法规、规章、政策成为首要任务。2015年的环保立法十分活跃，制定发布法律、法规、规章和规范性文件85件。据统计，除了全国人大常委会通过新修订的《大气污染防治法》以外，国务院和国务院办公厅发布相关法规和规范性文件18件，如《水污染防治行动计划》《企业信息公示暂行条例》等；环保部制定或修订部门规章和规范性文件21件，[1]如《环境保护公众参与办法》《突发环境事件应急管理办法》《环境保护主管部门实施按日连续处罚办法》《企业事业单位环境信息公开办法》等；国家发改委、国土资源部、水利部、农业部等部门发布部门规章和规范性文件33件，如《2015年循环经济推进计划》《矿山地质环境保护规定》《水土保持生态环境监测网络管理办法》等；中共中央办公厅、国务院办公厅以及各部委联合发布规章和规范性文件12件，如《党政

---

[1] http://www.chinalaw.gov.cn/article/fgkd/xfg/.

领导干部生态环境损害责任追究办法（试行）》《行政主管部门移送适用行政拘留环境违法案件暂行办法》等；此外，环保部还与商务部、工业和信息化部联合发布《企业绿色采购指南（试行）》，向社会推荐《环境损害鉴定评估推荐方法（第Ⅱ版）》等技术指南。这些规章和规范性文件的发布，把新环保法的"笼子"编织得更细，使以法治思维和法治方法保护生态环境的理念能够真正落实。

针对法律只能规定行政问责但党委的环境保护责任不能由法律明确规定而被虚化的情况，从2015年7月开始，中共中央办公厅、国务院办公厅陆续发布了《环境保护督察方案（试行）》《生态环境监测网络建设方案》《开展领导干部自然资源资产离任审计的试点方案》《党政领导干部生态环境损害责任追究办法（试行）》《编制自然资源资产负债表的试点方案》等文件，① 建立了环境保护"党政同责"制度，要求党政领导干部"同有职责"，在违反职责时"同样承担责任"，并且实施"终生追责"，进一步完善了"多元共治"的体制机制，制度的"笼子"更加牢固。②

从理论上看，党的十八届四中全会决定明确将党内规定纳入国家法治体系，解决了"党政同责"从"事理"到"法理"、从"政策"到"法规"的问题。在实践中，采取了中共中央和国务院党政联合出台文件的方式，明确党委和政府共同落实党政同责、一岗双责、齐抓共管的要求，其效力在国家方面属于行政规章，在党的方面属于党内法规。

从制度设计上看，环境保护督察、生态环境监测网络建设、领导干部自然资源资产离任审计、自然资源资产负债表编制与党政领导干部生态环境损害责任追究之间具有内在的逻辑联系，它们共同形成了党政领导干部生态环境损害终身追责制度。

其中，建立环保督察工作机制是抓手，它为严格落实环境保护主体责任、完善领导干部目标责任考核制度、追究领导责任和监管责任奠定了基

---

① http：//www.chinalaw.gov.cn/article/fgkd/xfg/.
② 欧昌梅：《中央文件首提环境损害"党政同责"，强调终身追责》，http：//www.thepaper.cn/baidu.jsp？contid＝1365250，2015年8月17日。

础。完善生态环境监测网络是科学依据，通过全面设点、全国联网、自动预警，为依法追责提供事实证据。编制自然资源资产负债表、开展领导干部自然资源资产离任审计试点是途径，通过建立比较成熟、符合实际的审计规范，推动领导干部守法守纪、守规尽责，促进自然资源资产节约集约利用和生态环境安全。终身追责是底线，按照"客观公正、科学认定、权责一致"的原则，针对决策、执行、监管，明确责任追究。其实，建立了完善的配套制度后，终身追责在技术上并不困难。但是，追责本身并不是目的，而是一种倒逼党政机关慎重决策、对人民群众利益负责、对生态安全负责的手段。

二 严格执法，铁腕治污的"棒子"初现威力

法律的生命在于实施，再细密的"笼子"，弃之不用也无异于纸上谈兵。以新环保法实施为契机，加大严格执法力度，必需而且必要。环保部作为法律授权的环境保护主管部门，依法行使按日计罚、查封扣押、限产停产、公开约谈等多种执法权力。2015年，环保部高举法律的"大棒"，铁腕执法，令人振奋。

新环保法明确规定了地方政府的环境质量责任制度，2014年5月，环保部出台《环境保护部约谈暂行办法》，列举了11种约谈情形，以督促地方政府履职尽责[1]。截至2015年11月底，环保部已约谈15个城市的主政官员，与地方"主官"直接约谈，让地方政府切实承担起保护和改善环境的职责。这种督政约谈是一种"柔性"行政行为，对责任主体以诫勉和警示为主，但随着"区域限批""挂牌督办""媒体披露"等"硬性"措施的跟进，环保督政约谈的"刚性"逐步显现。[2] 2015年3月，环保部以"严守生态保护红线"为由，叫停了争执多年的金沙江小南海水电站项目。

---

[1] 《环保部关于印发〈环境保护部约谈暂行办法〉的通知》，http：//www.360doc.com/content/15/0917/16/27788668_499764811.shtml，2015年9月14日。
[2] 《环保部约谈暂行办法实施一年多 多地政府负责人被约谈》，《人民日报》2015年9月12日。

目前被约谈事由占首位的为大气污染，2015年在被约谈的15个城市中，至少有沧州、临沂、承德、吕梁、马鞍山、郑州、百色七地涉及空气质量或大气排污问题。2015年11月初以来，东北地区持续出现大范围空气重污染过程，环保部启动重污染天气督查工作，派出8个督查组对辽宁、吉林、黑龙江三省进行全面督查，重点检查各省、市、县重污染天气应急预案的启动、预警发布、各项响应措施的落实情况及秸秆禁烧、燃煤污染治理、建设工程施工现场扬尘控制、渣土运输车辆密闭、黄标车和老旧车辆淘汰等工作情况。① 11月下旬，环保部又启动了对京津冀地区的重污染天气督察。②

新环保法赋予了环保部门按日计罚、查封扣押、限产停产、公开约谈等多种执法权力，党政同责也有了明确规定，制度的"落地"有赖于严格执行，更有赖于对敢于"以身试法"者的严肃处理。

公开约谈作为一种督政形式，其"威力"在于各项法律措施的落实以及对党政领导"言而无信"的责任追究到位。2015年11月，环保部通报2014年度重点流域水污染防治专项规划考核结果，点名通报流域考核不及格省份中水质得分最低、不及格控制单元覆盖全行政区的北京市朝阳区、天津市静海县、河北省廊坊市、河南省新乡市、湖北省宜昌市，对于这些被通报的城市（区），明确了暂停其新增主要水污染物排放建设项目环评审批的行政处理。③

地方党委和政府的环境保护职责的真正落实，必须问责到人。党政同责制度的实施，需要多部门协同执行。2015年9月14日，中央纪委监察部网站通报，对河南省驻马店市平舆县县委书记王兆军、县长张怀德进行诫勉谈话处理，对平舆县副县长杨荔行政记大过处分，对平舆县环保局副局长胡超

---

① 金煜：《环保部派专家组赴东北治霾》，《新京报》2015年11月10日。
② 《环保部派14个组赴京津冀等地督察空气重污染处理》，http：//www.chinanews.com/gn/2015/12-21/7680133.shtml，2015年12月21日。
③ 《环保部"点名批评"14个城市亦喜亦忧》，http：//cpc.people.com.cn/GB/64093/64103/13190108.html，2015年11月11日。

峰、平舆县产业集聚区管委会副主任霍林分别给予行政降级处分。① 他们被处分的直接原因，是对环保部的约谈表态未能落实。这是被追究环境责任的首个案例。纪委监察追究，落实党政同责、同时问责，成为新环保法实施的"重武器"。

新环保法明确规定了企业在防治环境污染、保护生态环境方面的主体责任。加大处罚力度，提高违法成本是新环保法实施的一个"大棒"。2015年以来，环保部对一批企业进行了调查并严格依法惩处。10月20日，甘肃中粮可口可乐饮料有限公司伪造污水监测数据，逃避环保监管，兰州市公安局对中粮可口可乐饮料有限公司的主管人员处以行政拘留5天的处罚。② 11月5日，中石油四川石化有限责任公司被责令限期整改，同时对该公司污染物超标排放的违法行为进行立案查处。③ 环保部部长陈吉宁在向全国人大常委会法工委做的报告中，列举了2015年1~8月环保部门的执法成果：全国范围内实施按日连续处罚案件405件，罚款数额近3.3亿元；实施查封、扣押案件2400件；实施限产、停产案件1524件。全国共检查企业100余万家次，责令停产近2.3万家，关停取缔1.5万余家，罚款3.5万余家。④

三 建立机制，环境司法的"路子"渐趋畅通

环境保护以行政机制为主，是过去环保立法的基本思路，司法在环境保护方面发挥的作用非常有限。新环保法完善了环境法律责任体系并建立了环

---

① 《监察部通报：河南平舆取缔环境违规企业不力，书记县长受处理》，http：//www.thepaper.cn/newsDetail_ forward_ 1375077，2015年9月14日。
② 黄志远：《甘肃中粮可口可乐伪造环保数据 主管被拘》，http：//m.china.caixin.com/m/2015-10-22/100865672.html，2015年10月22日。
③ 郄建荣：《中石油四川公司烟尘超标排放被立案》，http：//www.legaldaily.com.cn/government/content/2015-11/06/content_ 6343830.htm？node=81798，2015年11月6日。
④ 冯军：《学者部长陈吉宁如何打造实施中国最严格的环保制度》，http：//finance.qq.com/a/20151109/009554.htm，2015年11月9日。

境公益诉讼制度，为司法机关依法履职、保护环境提供了制度基础。为配合新环保法的实施，法院、检察院成立了专门审判组织，积极推进试点，制定司法解释和司法政策，建立司法机制，畅通审判渠道，环境司法的生态环境保护职能日益彰显。

最高人民法院于2014年7月颁布《关于全面加强环境资源审判工作为推进生态文明建设提供有力司法保障的意见》，加强顶层设计，提供政策指引，还先后制定《关于审理环境民事公益诉讼案件适用法律若干问题的解释》《关于审理环境侵权责任纠纷案件适用法律若干问题的解释》，发布典型案例，统一裁判尺度。最高人民法院、最高人民检察院发布《关于办理环境污染刑事案件适用法律若干问题的解释》。[①] 2014年以来，全国各级法院发挥审判职能，依法惩处污染环境、破坏资源等犯罪行为，加大环境权益保护力度，严格贯彻损害担责、全面赔偿原则，共受理环境资源类案件23万余件。[②]

审判机构专门化取得重大进展。2014年6月，最高人民法院成立环境资源审判庭。截至2015年9月，全国24个省份的人民法院设立环境资源审判庭、合议庭、巡回法庭共计456个。贵州、福建、海南、江苏、河北、山东、广西、河南等地的高级人民法院设立了环境资源审判庭，福建、贵州、江苏、海南4省建立三级环境资源审判组织体系。[③]

专门化审判机制逐步建立。环境公益诉讼积极稳妥进行。贵州、山东、江苏、福建、海南、重庆、甘肃、北京、宁夏、辽宁、河南、安徽、浙江等13地法院共受理公益诉讼案件36件；贵州受理并审结检察机关提起公益诉讼2件。海南、昆明、贵阳、无锡、龙岩等地法院设立了公益诉讼专项资金。福建、贵州、江苏等地在公益诉讼案件审判中实行了环境保护禁止令，

---

① 《两高关于办理环境污染刑事案件适用法律若干问题的解释（全文）》，http://legal.people.com.cn/n/2013/0618/c42510-21878290.html，2013年6月18日。
② 乔文心：《江必新接受人民网访谈强调：加强环境资源司法保护 维护人民群众环境权益》，《人民法院报》2016年3月12日。
③ 《全国法院两年审结23万余件环境资源案》，http://finance.sina.com.cn/sf/news/2015-11-13/104410465.html，2015年11月13日。

并积极探索生态恢复型司法。

2015年1月1日，新环保法实施第一天，福建南平市中级人民法院受理了自然之友环境研究所和福建绿家园提起的环境公益诉讼。2015年10月29日，该案一审宣判原告胜诉，法院判定败诉方支付原告律师费和合理办案费用16万元、诉讼费3万元；限期5个月进行补种复绿并管护3年，若不能完成，则承担生态修复费用110.19万元；补偿破坏期间生态服务功能损失费用127万元。[1] 该案不仅是新环保法实施后的公益诉讼第一案，而且是首次由民间环保组织对生态破坏提起公益诉讼并胜诉，法院探索公益诉讼裁判方式、责任承担方式的案件，具有标本意义。

审判理论专门化助力环境司法。最高人民法院在2015年5月成立环境资源司法研究中心，聘请了全国30多位法学专家学者作为中心研究人员，同时聘请了50多位来自不同领域的专家学者作为咨询人员。[2] 最高人民法院在中国人民大学法学院、武汉大学法学院建立环境司法理论研究基地，设立唐山中院、呼伦贝尔中院、吉林中院、黑龙江林区中院、无锡中院、龙岩中院、漳州中院、东营中院、洛阳中院、武汉海事法院、海口中院、重庆万州区法院、贵州清镇市法院、昆明中院、玉树中院15个首批环境资源司法实践基地。[3] 贵州、江苏、云南等地法院聚焦环境司法热点问题，举办环境司法论坛，推出了一批高质量的理论研究成果。

国际合作与交流扩大中国环境司法影响力。2015年，最高人民法院首次在博鳌亚洲论坛设立环境司法分论坛，[4] 举办金砖国家大法官论坛，举行中韩、中法环境司法研讨会。

案件管辖制度改革。一些地方法院积极探索建立与行政区划适当分

---

[1] 刁凡超：《新环保法环境公益诉讼第一案宣判：赔127万》，http://www.thepaper.cn/newsDetail_forward_1390476，2015年10月29日。

[2] 《最高法成立环境资源司法研究中心 周强讲话》，http://www.court.gov.cn/fabu-xiangqing-14509.html，2015年5月19日。

[3] 罗书臻：《第一次全国法院环境资源审判工作会议召开》，《人民法院报》2015年11月7日。

[4] 秦天宝、孙若丰：《从博鳌亚洲论坛环境司法分论坛谈环境司法的国际保护机制》，《中国审判》2015年第7期。

离的环境资源案件管辖制度。贵州高级人民法院根据主要河流的流域范围将全省划分为4个生态司法保护板块，由4个中级人民法院、5个基层法院对环境保护案件实行集中管辖。湖北、广东、新疆生产建设兵团法院经最高人民法院批准，确定部分中级人民法院就环境公益诉讼案件实行跨行政区划集中管辖。福建、江苏、贵州等地在全省三级人民法院全面实行环境资源民事、行政、刑事案件"二合一"或"三合一"归口审理模式，贵州清镇、重庆万州、山东兰陵等地法院则实行包括执行职能在内的"四合一"模式。最高人民法院与民政部、环保部联合下发《关于贯彻实施环境民事公益诉讼制度的通知》，为环境保护公益组织提起诉讼提供了便利。① 福建、云南、重庆、河北、江苏等地法院推进与公安、检察、环境资源行政执法部门工作联动，构建并完善环境多元化纠纷解决机制，形成环境资源保护合力。

2015年7月1日，全国人大常委会通过《关于授权最高人民检察院在部分地区开展公益诉讼试点工作的决定》。② 次日，最高人民检察院正式发布《检察机关提起公益诉讼试点方案》，③ 在北京、内蒙古、江苏、贵州、福建等13个省份的检察院开展公益诉讼试点。在试点工作中，检察机关通过诉前程序纠正行政机关违法或不依法履职保护生态环境案件8起，相关行政机关已经纠正或者履行职责的6件。

2015年11月，最高人民法院召开第一次全国环境审判工作会议，对新环保法实施以来的环境审判工作进行回顾，分析环境审判工作面临的新形势、新任务、新挑战，明确了"以专门化助推环境资源审判工作，为加快推进生态文明建设提供更加有力的司法保障"的工作方向，确定了推进

---

① 《最高人民法院、民政部、环境保护部关于贯彻实施环境民事公益诉讼制度的通知》，http://www.chinacourt.org/law/detail/2014/12/id/148057.shtml，2014年12月26日。
② 《全国人民代表大会常务委员会关于授权最高人民检察院在部分地区开展公益诉讼试点工作的决定》，http://news.xinhuanet.com/legal/2015-07/01/c_1115784894.htm，2015年7月1日。
③ 《最高人民检察院：检察机关提起公益诉讼试点方案》，http://news.jcrb.com/jxsw/201507/t20150703_1522582.html，2015年7月3日。

"审判机构专门化、审判机制专门化、审判程序专门化、审判理论专门化、审判队伍专门化"的目标。

四 鼓励支持,公众参与的"篮子"逐步加大

新环保法专设一章,规定信息公开与公众参与,建立我国的环境保护公众参与机制。2015年环保部部长陈吉宁上任伊始即向媒体宣告:"让所有的污染源排放暴露在阳光下,要让我们每一个人成为污染排放监督者,动员全社会力量一起来形成共治雾霾的局面。"①

完善的公众参与需要赋予公民知情权、参与权、表达权和监督权,并需要有切实可行的参与程序。2015年7月,环境保护部发布《环境保护公众参与办法》,②根据我国环境保护公众参与现状,明确了公民、法人和其他组织获取环境信息、参与和监督环境保护的权利,强调依法、有序、自愿、便利的公众参与原则,从实际出发,明确了基本的程序性规则,为新环保法的实施提供了可操作的规范。一些地方环境保护主管部门也发布了引导民间组织参与环境保护的指导性意见。

政府环境信息公开,让社会公众知情,是公众参与的前提。环保部大力推进信息公开,开通了官方微信、微博,同时要求各级环保部门也开设网站、微博、微信,鼓励环保厅/局长开设自己的微博、微信。与此同时,一些过去很难看到的信息在环保部的网站或其他媒体上得到公开。

据公众环境研究中心(IPE)与自然资源保护协会(NRDC)发布的120个城市污染源环境公开指数评价报告,污染源信息公开工作进展显著。2014~2015年度,120个城市污染源环境公开指数平均得分为44分,较2013~2014年度的28.5分有了大幅提升,其中115个城市得分有明显提升。

---

① 吕忠梅:《建立实体性与程序性统一的公众参与制度》,《中国环境报》2015年10月8日。
② 《环境保护公众参与办法》,http://www.zhb.gov.cn/gkml/hbb/bl/201507/t20150720_306928.htm,2015年7月13日。

浙江、山东成为平均得分位于前两位的省份。①

各级法院大力推进司法信息公开，畅通案件受理渠道，明确主体资格，鼓励社会组织提起环境民事公益诉讼。选任人民陪审员，建立环境资源审判专家库。上网公开生效裁判文书，实行环境公益诉讼案件受理、调解情况公告制度，保障社会公众的知情权。对重大案件实行庭审直播，及时发布环境资源审判信息，龙岩、漳州、南平、昆明、贵阳等地法院还建立了碳汇教育基地、公益林和生态示范园，加强法律法规宣传，提高公众生态文明意识。

一些环境保护公益组织积极参与，在环境影响评价、生态保护、监督污染者、提起公益诉讼等方面发挥了重要作用。据民政部民间组织管理局统计，截至2014年第三季度，我国符合提起环境公益诉讼资格的民间组织有700多家。② 2015年新环保法实施以来，有9个社会组织提起的30余起环境公益诉讼被法院受理，其中保护古村落、保护生物多样性等公益诉讼案件，都是首次由环境保护公益组织提出。

五 任重道远，环保法实施的"号子"尚待奏响

新环保法实施以来，环境执法、环境司法、公众参与有了新进步。但环境保护"应急多，缺常态；关注多，缺进展；制度多，缺保障；成效多，缺口碑"还是不争的事实。这既与生态环境污染破坏容易、治理恢复困难的客观规律有关，偿还多年的环保欠账绝非一日之功，需要有持之以恒的定力，也与新环保法实施之初，许多刚刚出台的制度尚未真正运行有关，建立健全机制不可能一蹴而就，需要有足够的耐心。

我们必须清醒地看到，新环保法实施乃至整个环境法治建设，依然存在诸多薄弱环节，这也是环境保护形势严峻的重要原因。如果说，"十三五"

---

① 《格局·创新——2014~2015年度120城市PITI报告发布》，http://www.ipe.org.cn/about/notice_de.aspx?id=1350，2015年8月11日。

② 王亦君：《环境公益诉讼有了"尚方宝剑"》，《中国青年报》2015年1月7日。

时期是中国环境保护的重要战略机遇期,"十三五"规划也将在"绿色发展"的理念下对环境保护进行全面布局,那么生态环境法治建设必须进一步加强,运用法治思维与法治方法建设生态文明的任务还非常艰巨,需要各方面付出巨大努力。

临沂被环保部约谈后,市政府突击对全市57家污染大户紧急停产整顿,成为全国唯一在约谈后采取停产整顿的城市,由此引发了新环保法是否拖累地方经济发展的争论。虽然在环保部的迅速有力回应下得到平复,但也让人感受到以缓解经济下行压力之名放弃环境保护的势力之强大,调结构、转方式还没有真正在各级地方政府及其领导干部中"内化于心,外化于行"。"GDP崇拜"仍然有相当大的市场。这对环境立法如何通过健全自然资源产权制度,建立资源价格的市场形成机制,形成环境资源使用权交易市场,完善环境税收制度等,促进发展方式转变,提出了新课题。

多年来一直延续的防止秸秆焚烧造成大气污染的行政强制方式,2015年遭遇了各方面的强烈质疑。[①] 牺牲农民利益、耗费大量行政资源的"禁烧"不仅无法真正实现环境保护目标,而且会带来新的环境问题。这暴露了我国现行的环境治理体系和能力的严重不适应,秸秆利用政出多门,行政命令简单,管理碎片化,缺乏应对环境问题的整体性、系统性、协同性考量,新环保法建立的环境与发展综合决策机制形同虚设。这对环境法治建设如何真正理顺体制,在强调相关部门各负其责的同时,更加注重部门联动、协同管理、整合执法,建立现代化的环境治理体系,提出了新挑战。

各种形式的立案难、审理难、判决难、执行难依然存在,在推进环境资源审判专门化过程中,有的法院畏难、拖延甚至抵制专门审判机构建设,有的法院不按立案登记制的要求及时受理环境资源案件,有的法院受制于各方面的干扰不敢依法保护环境权益。由于环境资源案件的特殊性、重要性,环

---

① 廖海金:《如何让秸秆"禁烧令"不再"禁而不止"》,《光明日报》2015年10月23日。

境资源审判的规则、队伍、体制机制建设也都还需要进一步推进，裁判尺度不统一、法律适用问题多、公益诉讼审理难度大等，既有新环保法提供的司法依据不足的问题，也有司法理念亟待更新、司法能力与素质急需提升的问题。这对在生态文明建设中如何更加充分地发挥司法功能，建立维护环境公平、环境正义的环境法治秩序，切实保障公民环境权益，提出了新任务。

在700多个有资格提起环境公益诉讼的环境保护公益组织中，仅有不足10个提起公益诉讼，而且公益组织提起的多起公益诉讼未被立案，反映了我国公众参与环境治理是"短板"。这里既有公益组织自身的能力、实力不足问题，也有国家对环境保护公益组织的发展鼓励不够、司法机关对公益组织提起诉讼态度不明、社会对公益组织开展活动认同不高的问题。这对在实现国家治理体系与治理能力现代化过程中，如何正确认识并发挥社会组织的作用，切实保障公众的知情权、参与权、表达权、监督权，采取积极措施鼓励、引导环境保护公益组织依法有序参与，提出了新要求。

G.3 2015：规划环评的挣扎与阵痛

刘伊曼*

摘　要： 2015年是中国工业化的"副作用"在区域规划"短板"上集中爆发的一年。4月，福建漳州爆炸，古雷镇上万人撤离；6月，上海金山区爆发群体性事件，官方暂停化工区规划环评工作；7月，山东日照岚山一停产8年的化工厂发生连续爆炸，道路封锁、居民撤离，周边复杂交错的管线、罐区使得抢险工作一度危险重重；8月，天津大爆炸，港口区规划布局的混乱引发集中反思；年底，兰州石化的搬迁问题引发兰州新区规划环评争议；等等。《规划环评条例》自2009年生效，而2015年度的事件彰显了其挣扎与阵痛，如何因规划埋下隐患，导致环境风险增大，因安全生产事故带来环境问题，进而因环境矛盾引发社会矛盾。本报告深入具体案例，分析历史上与现实中规划环评的弱点和缺陷，指出为何其难以起到作用，以及未来的改革方向何在。

关键词： 规划环评　邻避运动　环境风险评估

一　漳州的那一声巨响

"腾龙芳烃"这个名字注定要和"妖魔化PX"的历史责任绑定在一起。

---

* 刘伊曼，《新京报》环境调查记者。

如果说在厦门的邻避风波中，它还算是稍显无辜的一方，但搬家到漳州古雷之后，它违法变更的劣迹和反复发生的爆炸，让很多人努力捍卫的"PX词条"再度"沦陷"。2015年4月6日18时55分左右，福建漳州古雷的腾龙芳烃PX项目发生了一场安全生产责任事故。据现场120急救人员表示，有2人重伤被送往漳浦县医院救治，12人伤势较轻。

1. 中石化"躺枪"

安全评价、环境影响评价在现实面前已然成了纸上谈兵。此次泄漏的芳烃加热炉的工程EPC（设计、采购、施工）方中国石化集团洛阳石油化工工程公司也遭到质疑。当然，中石化旗下的另外两家单位——负责工程安装的山东胜越石化工程建设有限公司，以及南京金陵石化工程监理有限公司，也一并涉入。

2015年4月7日，笔者数次致电该项目公司所属翔鹭腾龙集团总经理陈由豪，但一直没人接听。又致电腾龙芳烃（漳州）有限公司董事长黄耀智，他的秘书林某接听了电话，并告知："现在黄总很忙，所有领导都在找他，实在没有时间接受媒体采访。"

在找不到该单位领导的情况下，笔者在被"重兵把守"得难以靠近的现场指挥部旁边，向数位该公司的中层管理人员和工程技术人员了解相关情况。"是装置的问题，不是人的问题。""人的素质相当高，操作绝对不会失误，这个不是开一次两次，每次都按照这个程序走。"他们纷纷表示，出问题的是中石化负责总包的这部分装置，而并非因为这家新建不久的民营企业管理不善或者缺乏熟手——事实上，因为民企工资更高，大量的工程技术人员是从中石化、中石油"挖"来的。

而中石化一位不愿透露姓名的专家则表示坚决反对装置有问题的说法，他告诉笔者：第一，在刚检修完的情况下，该换的换了，该修的修了，说装置出问题不靠谱；第二，加热炉与罐区之间隔了几百上千米，中间通过管道相连接，如果加热炉着火，管道的阀门应该立刻关闭，至少可以手动关闭，如果没关闭，就是操作失误，这样才会让火势蔓延到罐区引起爆炸。

4月22日，安监总局新闻发言人黄毅在国务院新闻办公室举行的新闻发布会上说，漳州古雷PX事故的原因，是二甲苯装置在运行过程中由于输料管焊口焊接不实而断裂，泄漏的物料被吸入炉膛，因高温而燃爆。而设施在安装过程中就存在重大隐患。

2. 环保部和发改委的"PK"

早在2013年7月底，腾龙芳烃就已经发生过一次爆燃事故，不过当时因为设备没有进物料，并没有造成实质性的损失或污染。

"腾龙芳烃"为什么又出事？偶然或者必然不好说，但环保部早在2012年10月就提出过意见，并且将其原料调整项目的变更环境影响报告书"打"了回去，认为这一版本的报告书未能结合原料调整后的污染特征进行分析，并且在污染源核算、环境现状评价、污染防治措施、风险防范措施、公众参与等方面存在诸多问题。

"原料变更并不是很简单的事。"参与过该项目审查的一位专家告诉笔者："在全国，对于年产80万吨规模的PX项目，这是第一家用全凝析油做原料的，相当于第一个吃螃蟹的人。"

凝析油，简单地说，是一种比原计划要用的石脑油和减压馏分油劣质得多的原材料，含有大量杂质，性质也有所差异，还会在生产过程中产生恶臭等问题。因此，究竟应该用怎样的工艺设计和装置来与之匹配，目前国内并没有成熟的经验。

除了原料的质与量的变化，很多装置的规模也有不小的增加。

然而，未能通过环评变更的腾龙芳烃依然自顾自地按照新的计划建设，因为他们已经从国家发改委那里拿到一张"发改办产业〔2012〕1752号文"，该文件直接越过环评，同意了该项目原料方案的调整。

2013年1月，环保部公开叫停了项目建设，并依据当时《环保法》的要求，对其违法行为罚款20万元，同时，受理了修改后的变更环评报告。

在进行变更环评审批的过程中，环保部曾提出，变更后的该项目，建设的400万吨/年凝析油加工装置不符合产业政策，在国家发改委于2011年发

布的产业结构调整指导目录中属于"限制类"。但因国家发改委以"发改办产业〔2012〕1752号文""同意腾龙芳烃（漳州）有限公司调整80万吨/年对二甲苯项目原料方案"，这个"限制"也就不再存在。在环保部又提了很多加强环保措施的要求后，最后这个已经建成的项目终于通过了变更环评。

3. 扩张的发展欲望

漳州古雷半岛原本并不是一个非常理想的化工园选址。早在2009~2010年，环保部组织相关专家团队，对包括古雷半岛在内的整个海峡西岸经济区进行战略环评的时候，就已经指出了这个区域的环境敏感性——整体上位于陆域生态系统与海洋生态系统的过渡地带，对维护海洋生态安全发挥着缓冲区的功能和作用。古雷规划的石化产业基地，不仅临近漳江口红树林国家级自然保护区，而且对省级的东山石珊瑚自然保护区带来隐患。[①]

当时的战略环评报告已经做出预警："在古雷布局炼油基地，将大幅增加原油、成品油等化学原料的海上运输量，可能对东山湾及周边海域造成一定的环境风险。"并多次建议产业的布局往湾内发展，尽量不要填海。"对保护生态环境的角度看，这些围填海是不受支持的，需要慎重。"

而根据2011年6月修编的《漳州古雷石化基地发展规划》，这一区域的整个产业规模又进行了扩大调整，面积从约88.6平方公里调整为约116.68平方公里，其中，填海面积达41.1平方公里；炼油产能也不再限于2000万吨/年，而是在2015年就要达3000万吨/年，到2020年达5000万吨/年；下游产业规模也翻倍。[②]

而修编之前的规划，填海面积只有新版规划的一半左右，产能也要小得多，即便如此，在旧版的规划环评过程中，也有超过1/3的参与"专家咨询调查"的专家"持慎重态度不予表态"，而在公众参与问卷中，有38.6%的公众认为"不能接受"。

[①] 环保部环境工程评估中心编《海峡西岸经济区战略环境影响评价报告》，2010。
[②] 福建省发改委：《福建漳州古雷石化基地总体发展规划》，2012。

和"腾龙芳烃"项目变更的情况一样，新的规划也是在尚未进行规划环评审批的情况下，直接从国家发改委拿到"通行证"。当时，同样"越过规划环评"获批的，还有大连长兴岛的石化产业规划。

4. 环保部和国家发改委"PK"的升级

2014年5月22日，环保部向国家发改委发出一份"〔2014〕93号"函件，并一时失误将其归为"公开类"文件挂在了环保部的官网主页上。虽然很快撤下，但不少环评类的论坛已经迅速截屏并转发，引发了热烈讨论。

该函件告诉国家发改委：位于福建漳州古雷和大连长兴岛（西中岛）的两个石化产业基地，还没有完成总体规划的环境影响评价，因此，国家发改委对这两个规划的审批行为违反了《环境影响评价法》第十二条、第十四条及《规划环境影响评价条例》第十六条、第二十二条之规定。环保部建议，将已经发出的这两个规划的批文（"发改产业〔2014〕633号文"和"发改产业〔2014〕637号文"）撤销。而且，如果规划环评没有完成就要开始建设，对于单个项目的环评，环保部也将不予受理。

在这份函件中，环保部提醒国家发改委：2011年，两部委就联合发过《关于进一步加强规划环境影响评价工作的通知》。环保部呼吁严格执行规划环境影响评价制度，加强部门沟通协作，并根据新修订的《环境保护法》第十九条第二款"未依法进行环境影响评价的开发利用规划，不得组织实施"的立法精神，将石化基地总体规划环境影响报告书及审查意见作为规划审批决策的法定依据。

随后，笔者向国家发改委产业司询问回应，被产业司的官员推诿至国家发改委办公厅，说是需要经办公厅协调方能接受采访。而催促多次，办公厅的回答一直是"还在走程序"。其间，环保部一位官员告诉笔者，国家发改委没有给任何官方回复，倒是指责"你们这是什么意思？把记者都招来了。"迄今，发改委的批文未撤，规划环评未批，关于采访的回复也一直杳无音讯。

5. 民众的逃离

"轰隆"一声巨响之后，岱仔村村民黄永荣身后的窗户玻璃碎了一地，当时是2015年4月6日19时左右，他家就在腾龙芳烃工厂下风向2~3公里处。

爆炸之后，他在震惊之余还在观望，没有决定逃走。过了一会儿，不受控制的大火迅速扩张成一片火海，映红了天际。

"我们家一共9个人，全塞进一辆5座的小车里，后备厢里还塞了两个，只想着赶紧逃命。"他回忆起当时的情景，仍是满脸惊恐。被塞进漆黑的后备厢里逃了几十公里远的，是他的儿媳和4岁的小孙子。

整个古雷半岛的形状和意大利有些类似，从北向南伸进海湾，只有一条路进出。比较麻烦的是，腾龙芳烃的工厂在几个村子的背面，掐住了道路的"要塞"，风又裹挟着滚滚黑烟向南飘，此时的恶臭和污染是平日的不知多少倍。南面的民众一时陷入两难境地，往西、往南、往东逃，都是大海，往北的话，要经过紧贴熊熊燃烧的工厂罐区的那条必经之路。

"我们好多人乘船，往海里躲，然后划到对面的东山。"渔民洪义龙第二天告诉笔者："昨晚上那味道太臭了，不逃不行。"

而黄永荣一家，则是飙车闯过了最危险的罐区路段，往北逃到大陆，结果发现到处的宾馆爆满，于是又开了几十公里，才找到酒店住了一晚。

在4月7日漳州市的新闻发布会上，古雷港经济开发区管委会主任沈永祥说，事故发生后，漳浦县委、县政府对400多位附近居民进行了转移。

村民们告诉笔者，古雷镇一共13个村，共3万多人，有5个村已经搬迁了，还有8个村计划搬迁。而他们搬迁并不是因为腾龙芳烃这个项目需要1公里的"卫生防护距离"，而是因为这个半岛已经规划为石化产业园，他们原本住的地方，今后还将建起更多的化工厂。

二 上海金山区的"亡羊补牢"

如果说漳州的爆炸是迟早的苦果，那么2015年6月爆发于上海的

"邻避运动",则是民众试图防患于未然的一场抗议。在政府准备启动金山化工区的规划环评之时,大量民众涌上街头,拒绝"PX"项目。旋即,当地政府发表了《告市民书》,解释说:"上海化工区上炼化一体化项目主要是为园区现有企业的原料配套,这次化工区规划(修编)环评不涉及 PX 项目,上海化工区规划环评不涉及 PX 项目,将来上海化工区也不会有 PX 项目。"

上海市金山区漕泾镇的东海村居民历代以打鱼为生。在村民徐兵的回忆中,早在 20 世纪 90 年代,下海打鱼还是一份不错的工作,"一个人打鱼的收入是在工厂打工收入的五倍"。徐兵告诉记者,这里以前盛产馒头鱼,但是,自 2000 年左右上海化工区发展起来以后,鱼类的数量急剧减少。不仅数量减少,他和村民们发现,因为严重的化学污染,"鱼都不能吃了,别人也不敢买了"。

在那个时候,杭州湾一带已经是赤潮高发区,在 2005~2014 年的环保部《中国环境状况公报》上,杭州湾的水质一直是"一红到底"的劣 IV 类,被定义为"水质极差"。

29.4 平方公里的上海化工园区并不是杭州湾唯一的化工区。早在 1974 年,在东海村以西 10 公里左右的上海石化厂就已经开工建设。因为急需劳动力,上海各区都抽调了一些青壮年人员支援建设。在当时的年轻人看来,这是一个为上海人民造福的工程。时年 20 岁的金山区向阳村村民胡阿元光荣入选,和许多工人一起,扛着扁担,将一筐筐的泥挑到海边,为上海石化建设防波大堤。

40 多年后的今天,胡阿元仍坚持认为,化工厂带给他们更多的是经济发展的期望。

"金山过去是个穷海滩,经济很差,石化来了之后,发展好了一些。"如今,胡阿元是金山区石化街道的一名道路清洁工,在他清扫的路段,一抬头,就能看到化工厂的大烟囱。"是有污染,味道不好闻,可是没有这个厂,金山发展也没有这么好。"胡阿元说。

2006 年 9 月,原国家环保总局在对上海石化的炼油和乙烯异地改扩建工程、60万吨/年的芳烃联合装置项目进行环评审批的时候发现，区域城市发展与产业发展规划已出现较严重的矛盾，整个区域已经形成了化工园区与周边城镇、学校、休闲旅游区等环境敏感区交错分布的格局。并且，随着石化产业带的不断发展和城市范围的扩大，整个区域环境风险隐患越来越大。

于是，国家环保总局明确提出"需高度重视该区域的环境问题"以及"地方政府应调整城市发展规划"。当年11月，国家环保总局又正式下发《关于上海市杭州湾沿岸化工石化集中区区域环境影响评价问题的通知》，要求上海市尽快组织开展杭州湾沿岸化工石化集中区的区域环评。于是，历史上首次通过规划环评调整城市规模及规划布局的尝试拉开了序幕。

1. 环境风险有多大

从地图上看，占地近10平方公里的上海石化厂区以北是发展精细化工的上海第二工业区，以东是规划了40万人口的金山新城。2006年，距上海石化2公里范围内的职工住宅区早已建成，邻近上海化工区一带及其他地区的新型居住项目刚刚开始启动。

金山新城再往东，就与整体呈三角形的上海化工区接壤，当时，这一片区已经形成了以赛科乙烯为龙头、以异氰酸酯为中游、以聚异氰酸酯和聚碳酸酯为终端的产业链。并且，还规划新增1000万吨/年的炼油和100万吨/年乙烯的"炼化一体"项目。并以"炼化一体"为龙头，拓展下游产品以及多功能产品相配套。[①]

上海化工区再往东2公里，北部区域就是奉贤的海湾大学城，南部区域就是奉贤海湾旅游度假区。当时，大学城中的华东理工大学和上海应用技术学院（今上海应用技术大学）已经部分建成，占地1平方公里的华东理工大学已经入住学生9000人，还规划入住学生共2万人；占地0.7平方公里

---

① 上海市环境科学研究院：《上海杭州湾沿岸化工石化集中区规划环评报告书》，2007年2月。

的上海应用技术学院将入住学生7000人，规划学生人数1.5万人；面积1.1平方公里的上海师范大学已经建成，学生1.5万人；另外，上海商学院还在规划建设中，计划入住学生5000人。

大学城南面，是13.2平方公里的尚未开发的海湾旅游度假区，一直到2012年，根据奉贤区的统计年鉴数据，这里都还只有5500人的规模。

2006年12月，上海市正式启动了区域环评报告书的编制工作。

在规划环评的过程中，通过模拟和评估，杭州湾一带"巨大的环境隐患"愈发清晰。比如说，海湾旅游区和大学城分别距化工区东部的光气装置区2.6公里和2.7公里，而光气装置和氯气管廊发生事故时造成的致死浓度半径分别为2.6公里和1.2公里（其中氯气管廊发生事故时造成严重影响的范围为2000米）。

根据液氨泄漏的风险模拟，赛科罐的液氨一旦泄漏，只需半个小时，污染物就会到达大学城，50分钟后，覆盖大学城的污染物浓度值就会超过3500毫克/立方米。

金山新城这边也不乐观。根据上海石化丙烯腈泄漏的模拟演示，只需要10分钟，泄漏的污染物就能到达金山新城。停止泄漏30分钟后，半致死浓度（1500毫克/立方米）才会消失。而需要停止泄漏110分钟后，覆盖金山新城部分区域的致残浓度（300毫克/立方米）才会消失。

2007年底，规划环评的主要结论已经出炉——园区与周边城镇、大学园区、旅游区等的发展规划不协调，存在区域性布局不合理问题，需要对周边居住区、学校、旅游区等环境敏感区的建设进行调整和限制，同时对各园区重大危险源的布局进行必要限制。

2. 积极调整

虽然这一区域的基本布局已经难以从根本上调整，但是规划环评还是提出了一系列非常详细的"补救措施"，具体如下。

第一，上海化工区、上海石化的主要化工生产区周边1公里、2公里、3公里范围分设限制带、控制带和防范带，执行不同的规划控制及风险防范要求。限制带（1公里以内）：逐步搬迁已有居民，土地功能应转向工业、

仓储或者绿化用地。控制带（1~2公里以内）：控制人口规模，不再批准建设新的集中居住区、医院等敏感目标，已规划但尚未动工的项目应停止建设。防范带（2~3公里以内）：控制人口集聚，不再批准建设新的人口规模3000人以上的大型集中居住区、大学园区等人口密集建设项目，已规划但尚未动工的项目应停止建设。

对于海湾大学城，规划环评也明确提出了应该限制进一步发展，其南侧的旅游度假区不宜再规划建设新的集中居住区；海湾旅游区应该向东发展，奉贤碧海金沙和金山城市沙滩应控制在现有规模；等等。

第二，对化工区的产业结构做出具体要求。原则性地提出了限制环境风险大、污染大的项目入区；园区规划光气装置单一设备在线量应控制在现有最大的12.9吨水平以下，严格限制规划丙烯腈、液氨及其他毒性物质的单罐容量；发展MDI、TDI下游聚氨酯、涂料项目及废弃物综合利用项目；完善产品方案，形成以上海石化、上海化工区为龙头的下游延伸产业链，限制重化工项目；在天然气供应有保障的情况下，以天然气为原料，采用国际先进技术生产氨，满足集中区化工石化生产对原料氨的需求，降低氨的储运风险。

当时参与此项工作的一位环保官员告诉记者，上海市委、市政府对规划环评高度重视，非常积极地直面存在的问题。原上海市副市长杨雄和沈骏先后于2007年12月和2008年3月听取专门汇报，要求落实相关措施。

2008年4月，上海市政府组织专题会议听取杭州湾区域环评工作汇报，韩正市长部署了相关工作：由市应急办牵头，组织建立区域性的环境风险应急联动机制，制定相应的工作预案和防范措施；由市规划局牵头，会同金山、奉贤两区政府根据报告书的分析和结论，调整该区域总体规划；由市发改委牵头，会同相关部门落实限制带内重点动迁项目的计划和措施，并研究相关配套政策。

2008年6月，上海市正式上报了规划环评的报告书。

在接下来的几年时间内，规划环评的要求得到了相应落实：上海化工区1公里限制带内的奉贤区柘林镇已部分完成动迁，迁至3公里范围以外的新塘村；漕泾镇的1455户人也于2014年底完成动迁。金山新城的规划面积由原来的80平方公里缩小至41平方公里，漕泾镇总体上并入金山新城，原镇区规划以公用设施用地为主，规划居住用地总体向北发展，居住用地与主要化工生产区边界的最近距离由3.4公里调整为5.4公里。海湾大学园区也控制在原有规模，原规划建设的上海商学院停建。海湾旅游度假区基本维持原有面积，其余区域规划以工业、港区用地为主。

3. 房地产的诱惑

2014年4月，国家发改委宣布了新规划的中国"七大世界级石化基地"，上海漕泾位列其中。在上海化工区新一轮的规划中，不仅面积，而且规模和产能都有了进一步扩大。比如，在最重要的"炼化一体"项目中，炼油1000万吨/年的规划规模已经扩大到1500万吨/年。

同时，金山新城和奉贤海湾旅游区的新建楼盘和居民也在逐步增多。在金山区学府路的御景龙庭小区，是距离上海石化厂区最近的新式高层小区，于2013年11月开盘。该楼盘共有9栋高层建筑，可容纳1000余户居民，目前入住率超过80%。

"能闻到化工厂的味道，怎么说呢，习惯了还好。"居住在这里的一位中学生对记者说。

"平时偶尔能闻到味道，尤其是风大的时候。"一位项姓住户称。2014年，他与妻子退休后，从上海市区搬到这里。相对于本地居民，他们对气味更为敏感。当然，搬到这里有其缘由，他们看中了这里较低的房价。目前，该楼盘价格在每平方米9000元左右，在金山同类小区中，价位偏低。

御景龙庭开发商为上海丰合置业有限公司，该公司销售部工作人员称，该楼盘于2006年左右开工建设，土地性质为住宅用地。

"我们都是按照规定来做，这里政府规划就是住宅用地。"上述工作人员称。

在该楼盘北侧，学府路与龙轩路路口附近，分布着多个新建以及正在修建的大型居住区，华东理工大学的金山校区也建在这里。

在传统街区石化街道的北侧，金山新城的西侧附近，还分布着绿地、正荣等地产开发商开发的楼盘。

奉贤海湾旅游区的情况更甚，在上海化工园以东2公里开外，大学城以南，已经密密麻麻地建起了以别墅和洋房为主的高档地产楼盘。绿地香颂、阳光海岸、棕榈滩东海岸、海湾世纪佳苑、圣地雅歌海墅、碧海金沙嘉苑、招商海廷、旭辉圆石滩等，大多数是近三年开盘的。在这些楼盘的销售网站上，多呈现了阳光沙滩、绿树园林的美景，没有一家提到任何临近化工园区的污染和事故风险。

上海当地一位环保系统研究人员告诉记者，金山区是上海人为挥发性有机污染物排放量最多的一个区，靠近石化企业的地方，在夏季经常臭氧超标。而另一位环保专家则提出了他的担忧：又要大石化，又要房地产，显得贪婪了，不可避免地会激化邻避矛盾。他说："原本规划环评的目的是让人群远离化工风险，也的确起到一定的作用，但如果在后期发展过程中，遏制不住产业与人口的双重扩张，只一味寄希望于上环保措施和加强管理等手段，那环境隐患的风险依然会扩大，之前付出的努力也可能会付诸东流。"

三 兰州的"纠错"：规划环评如何"沦陷"

兰州石化与兰州市之间的恩怨已经持续了半个多世纪。一方面，兰州石化是拉动地方经济的产业龙头；另一方面，历次的爆炸、泄漏、"邻避"事件、自来水苯超标事件、"逼迁"风波等，让二者之间的矛盾不断升级。石化矛盾的兰州样本与大连、南京、广州、厦门等地的案例一样，成为城市规划的卷宗里被反复提及的"历史教训"。

终于，这一"历史遗留问题"等来了彻底得到解决的契机——在兰州主城区以北，兰州中川机场所在的秦王川盆地里，正在建设一座新城，兰石化将整体搬迁到这里。目前，新城的总体规划和规划环评已经分别编制完成并进入报批程序。

"按现在的情形，兰州新区很可能将会重蹈老城区的覆辙，进入下一个恶性循环。"兰州大学原副校长、环境专家艾南山说："规划环评和具体的项目环评不一样，它是从源头化解环境矛盾、促进地方经济可持续发展的重要工具。但是如果我们的思路不摆正，不能正确合理地运用这个工具，那就很可能掉进打着环保旗号为破坏环境开路的陷阱。"

"兰州新区的总体规划根据环评的意见做了修改，是规划环评指导了总规，正是体现了环保的优先性。"兰州新区管委会规划局局长助理胡勤勇告诉笔者。

同样一件事，引来的却是截然相反的评论，真相究竟是什么样的？图纸上的兰州新区究竟是开启新发展的金钥匙，还是开启新麻烦的潘多拉魔盒？

1. 决定石化选址的风向变了

胡勤勇说的"总体规划根据规划环评的意见做了修改"，指的是在规划编制过程中，新区规划的石化园区选址根据"主导风向"的改变而改变的事。艾南山说的"打着环保的旗号为破坏环境开路"，也是因这件事而起。兰州新区的总体规划已经编制了数年，几易其稿。但最初的时候，规划使用的气象资料来源于中川机场，采纳的主导风向为西北风，考虑避开主导风上风向的因素，石化园区的选址定在新区的东北角。然而，2013年，负责兰州新区规划环评工作的中国环境科学研究院的专家通过模拟发现，兰州新区的主导风向应该是东北风。这样的话，石化产业园区就将位于新区规划城市中心的上风向。根据已经报批的规划环评报告，"石化行业的发展建设将对新区的规划城市中心产生较大污染，而且环境风险隐患非常突出"。

于是，根据中国环境科学研究院的这一"重大发现"，从2014年1月开始，兰州新区建设了4座70米高的测风塔和4座10米高的气象区域站进行实测，大约半年后，兰州新区启动了总体规划的修改工作。2015

年5月，兰州新区的总规完成修改，规划范围由原来的821平方公里调整为1744平方公里，石化产业园区选址由东北段家川调整到西北苗联村。①

"这个风向改得很草率，也很蹊跷。"曾经参与兰州新区规划的一位当地专家对笔者说："首先，中川机场位于秦王川盆地腹地，它的气象资料有几十年的实测累积，它的跑道方向（北偏西两度）也是依据当地的主导风向来定的——飞机的起飞和降落受风向影响很大，逆风起降最为有利，侧风起飞难度就会增大，甚至可能滑出跑道，这个数据攸关安全，是马虎不得的。其次，根据环评导则，一个地方的风向究竟如何认定，至少需要连续三年的实测数据作为支撑，兰州新区只测了几个月，连一年四季都没有测完，就匆匆改了规划图纸上的主导风向，调整了规划布局，这不得不让人怀疑，是否风向的'新发现'只是决策者想要改规划的一个口实？"

一时间，各种猜测四起。有一种说法是，中石油不满意原来的选址，与兰州市一起选定了西北方向的苗联村，而兰州市因为迫切想要兰州石化搬迁过去，以拉动新区的产业发展，所以有求必应，最后的结果是规划环评做了配合，以风向为理由将原选址否定了。更有人质疑，兰州石化如果异地重建，据估算至少需要600亿元，要是建错地方，难道过几年再搬迁吗？谁来为如此巨额的投资损失以及长久的污染损失负责？

但对于这种说法，中石油安全环保部副总经理周爱国立即表示否认。他说，中石油不会这样做。中石油不会干涉地方化工园区的划定，只是要求自己的企业必须要进园区。而关于兰州石化的搬迁，中石油与当地政府正在研究，最后究竟怎么选址，都要根据专家论证的结果，不会先定了一个地方，再去把它论证为最合适。"我们现在对厂址的比选肯定是要有充分的论证，专家论证的结果是我们选址决策的依据。"他说。

兰州市市长袁占亭则告诉笔者："选址必须要根据新区的风向，一开始

---

① 中国环境科学研究院：《兰州新区总体规划（2011~2030）环境影响评价》，2015年4月。

我们用的是兰州机场的风向，是以西北风为主，后来选址的那个地方是以东北风为主，所以就从东北角换到西北角。现在环保部正在做环评，最后到底是不是合适，要环保部的专家组来认定。"

2. 不管吹什么方向的风都不是主要矛盾

民航总局一位航空气象专家告诉笔者，不管是东北方向还是西北方向，只要石化基地建在秦王川盆地里，都会对中川机场有影响。并不是说吹什么风才会把污染物带过来的问题，而是在这样一个盆地里建一个排放量巨大的石化基地，会影响机场的能见度。根据民航的规定，能见度低于350米，飞机就不能起飞；能见度低于800米，飞机就不能降落。

污染物的扩散与风之间的关系也很复杂，并不仅仅与风向简单相关。根据机场的监测，秦王川盆地的静风频率和逆温现象都比较突出，这都不利于污染物的扩散，易发生灰霾。目前，当风速小于3米/秒的南风吹来的时候，兰州机场的能见度降低就会比较明显，而当东北方向的强冷空气化为大风吹来的时候，反倒有利于消除逆温层，吹走污染物。按照不同的风速区间统计，得出来的主导风向可能就是不同的。该专家说，如果要以避开污染物的扩散方向为目的来统计主导风向，更应该统计低速的风。他解释说，主导风向是指按照一定风速范围、一定角度划分，常年平均下来发生频率最多的风向，并不是全部风向，甚至不是占多数的风向，而更为关键的是，大气污染物的扩散方式并不仅仅与主导风向有关，也与当地的大气环境容量、大气环流、风速、静风频率、湿度、逆温现象等多种因素相关。

"风是非常复杂的东西，需要大量的观测、模拟、实验，才能把一个区域风的情况基本摸清楚。"甘肃省气象局一位气象专家告诉笔者，近地面的风受地形等影响变化多端，兰州新区2014年设置的那4个70米高的测风塔和4个气象站所取得的数据，代表的仅仅是那几个点位的情况。

"这个地方的环境容量依然有限，不能什么都要，你如果又要大体量的石化产业，又要建100万人口的大城市，又要同步发展装备、汽车、制药、电子等产业园，还要搞商业地产和旅游地产项目，更要扩建机场和铁路以建设西北的交通枢纽中心，结果就可能是环境根本不足以承载，重蹈兰州老城区的覆辙。"上海南域石化环境保护科技有限公司教授级高级工程师彭理通告诉笔者："不是简单的选出一个概率最高的风向来调整污染产业的布局就能解决问题。说实话，你要去做一个大气的流场分析，那石化基地摆在东南西北哪儿都不好。产城一体的历史教训已经比比皆是，新建一座城，你肯定是要明确定位，尽量优化，而不是一开始就在无可奈何地想着怎样做细节调整才能减少损失。"

3. 中川机场的来函

新选定的石化园区地址，正好位于机场跑道起飞方向的北方。根据规划环评的模拟以及石化园区的规划选址报告，石化园区的部分区域还在机场的净空控制区范围之内。其建设将来会受到净空区高度的限制。比如，净空要求在100米以下，那么石化厂的烟囱和火炬就不能建在这些区域。

一位石化专家告诉笔者，一个石化基地通常会有很多烟囱以及排放口，也会常年蒸腾起浓密的水蒸气团，整个覆盖范围远高于100米。一旦发生点什么事故或者不良工况，还可能会冒起滚滚黑烟。污染问题都在其次，这样的选址是否会影响航空安全，值得做更深入的分析判断。而这样的分析尚未在规划环评报告中体现。

"连基本安全都不顾及的话，真的有那么在乎环境污染吗？"参与兰州新区规划的一位专家告诉笔者，在新区规划与建设过程中，有关方面并没有充分征求机场和民航方面专家的意见。有些可能涉及对机场有影响的事项，民航方面可能并不能预先知情。而根据笔者从民航总局获得的一份文件，2015年5月7日，甘肃机场集团兰州机场公司向兰州新区管委会发去了一份公函，公函中说："在兰州新区近三年的建设项目中，有大部分建设项目未按国家、民航相关法规征求机场所在地民航部门的同意。我机场在近期飞行程序排查中，已发现机场净空状况非常严重，个别建筑物高度已接近极限限高，在建设中随时可能因修改设计或施工设备成为超高障碍物而危及航空器安全……"因此，机场要求兰州新区管委会依法依规，尽快协调制止超高建设项目，拆除违反机场规划及净空安全的建筑物，未征求民航净空意见的建设项目尽快办理净空审核。

兰州新区石化产业园区的规划选址报告也明确提出了西北苗联村选址存在受机场净空区限制的缺点，不仅如此，还有其他的一些隐患，比如在厂址区域内有一条东西偏北走向的新疆至兰州成品油管线通过。只不过，比选的几个选址，都各有优缺点，综合考虑之后，选址报告依然推荐西北角的苗联村为最优选址。

4. 规划环评优先性的"误区"

"石化的选址不仅要考虑空气污染的影响，还要考虑水污染的影响。"彭理通告诉笔者："最后的这个选址从水的角度来说也不好，挨着'引大'灌渠的主干渠，离泄洪沟的保护区也很近，地下水的渗漏系数也很高。那块地方的地质结构本来就是冲积下来的平地，地下水容易被污染。"

在兰州新区的规划环评报告中，区域地下水环境质量现状，以及区域排洪、排水现状的相关内容均语焉不详，未能提供完整的环境"家底"。

"水的风险问题、机场的风险问题，100万人口搬过去的话还有社会关系问题，这些都得综合考虑。如果限制因素很多，你再来上措施，企业要花多少精力啊？要做最严格的防渗，污染物要做最严格的减排，企业也是要算成本的啊，再稍微出点问题，周围也闹起来了，就会造成很大的影响。"彭理通说，这些矛盾，完全可以在规划环评的时候就充分考虑和规避。但首先决策者需要想清楚，一个地区的规划，其目标和定位是什么，是要解决什么问题：是要新建一座城，缓解兰州老城发展空间受限、人口密度过高的压力，还是要产业转移，把重化工业搬过来缓解邻避矛盾。要有舍有得，什么都想要的结果，就是换一个地方制造同样的、已经让我们付出了沉重代价的矛盾。

因此，环评所谓"前端介入"的这个"前"并不仅仅是一个时间概念，也是一个价值排序的概念。就算什么都没有开建的时候，就开始做规划环评了，但是依然只能在细节上做"伤害最小"的选择，这个优先性是没有多大意义的，反而可能成为一个"环保优先"的幌子，科学的评估到最后却可能成了语言学的游戏。价值优先的"前端"，是指从发展大局上衡量这里适合有什么，不该有什么，策划最优最可持续的发展路径。这才能真正在经济大局的蓝图设计之中体现环保的作用。

5. 兰州石化非搬不可还必须留在兰州的原因

"兰州石化是我们国家最早的炼油厂，设备确实老化了，安全隐患、环保隐患都比较大，而且兰州石化处于黄河上游，对这样一条重要的河流而言威胁比较大。"兰州市市长袁占亭对笔者说："兰州石化往新区搬，是个凤凰涅槃的过程。很多东西一搬家其实就不能用了，实际上是在新建，设备和环保设施都会比以前好得多。以前兰州石化主要是炼油，生产汽油和柴油，我们现在在兰州新区建石化园区，主要是把炼油作为上游，重点做下游的精细化工。"

在兰州新区规划的过程中，中国城市规划设计研究院曾经提出建议，兰州石化及兰州市的重化工业可以整体搬到与兰州市相邻的白银市。比起空间狭小、人口密集，本身又是西北政治、文化、交通中心的兰州市而言，白银市的地理空间要游刃有余得多，不仅环境容量大，而且这样布局对推动"兰白金三角"地区一体化发展、区域统筹具有较大作用。

但根据2011年甘肃省政府常务会的决议和甘肃省政府与中石油的会谈纪要，这一方案被否决。为什么不能去白银？在中规院后来的选址论证报告中，只有简单的一句话："在兰州行政区划外，需要体制创新统筹发展，行政分隔阻力较大。"兰州市市长袁占亭回答笔者也是简单的一句话："因为兰州石化不同意，他觉得太远了，离兰州超过120公里了。"而如果要留在兰州的话，也就只有目前的选址，再没别的地方可去了。

事实上，不仅是兰州石化，全国大多数石化基地，都紧邻各省的中心城市。笔者统计，近年来新建的石化项目，其项目环评的基本任务均未能脱离"采取怎样的措施弥补选址缺陷"的窠臼。看起来都是"专家论证"的结果，但从其社会反响看，专家们屡屡难逃为决策者意志"编台词"的质疑。

一位参与多次石化项目评审的环保专家告诉笔者："这也是'石化围城'成为普遍现象，石化的'邻避'矛盾此起彼伏，'PX'在中国被'妖魔化'成风的内在原因——'病根'在规划，但要'治病'首先要解决思想上的问题，其次需要规划环评本身进一步规范化、科学化以及权威化。"

四　总结：规划环评的应有之义

《规划环评条例》自 2009 年生效以来，已经有了不少城市的、工业园区的规划环评实践，也有了更大范围的战略环评试点。有一些实践，比如上海化工园区的规划环评，对调整产业布局、设置容量上限、化解环境矛盾以及促进地方经济的可持续发展起到了积极作用。但是还有很多规划环评难以"落地"，也起不到应有的作用，这与规划环评本身一直以来受到的重视不够、思路体系不够清晰，以及法律的保障和约束不足相关。

以兰州新区的规划环评为例，表面上看，在规划报批之前，环评的意见被采纳，本身是环保得到重视的表现，但是否真正能起到好的作用，值得商榷。因为规划环评并不仅仅是要回答一个石化选址的问题，也不是打了捆的项目环评，它首先需要从大处着眼，回答清楚一个基本问题：再建这样一座新城，这个地方自然资源可利用的上限和环境承载力的底线究竟在哪儿？从原则上先给出一个框架：哪些东西能在这儿建，哪些东西不适合在这儿建，能在这儿建的东西能建多大规模，摸清短板，而不能是没有思想没有体系，别人给什么原材料就做什么，在微观和低层次的矛盾上下功夫，在细枝末节上做修补。

在兰州新区的规划环评报告中，"给什么就做什么"的倾向十分明显：大气方面根据风向的模拟建议调整石化的选址，"几害相权取其轻"。水方面更甚，秦王川盆地自古以来干旱缺水，后来依靠"引大入秦"工程从大通河调水来解决这里的饮水和灌溉难题，规划环评并未从资源上限的角度做出原则性限制，而是在详细地计算要依靠哪些节水手段，加强哪些人工措施，或者再申请到黄河委多少指标，才能勉强让已经定好的 100 万人口和偌大的产业集群在这里"装得下"。

目前，规划布局的各种选择造成的环境损害究竟有多大，也并没有一个审计的方法学，"环境红利"究竟透支了多少，与预期所能获得的价值比较是否合算，完全是一笔糊涂账。在环评报告中没有相应的测算规范，没有刚性的约束，没有可以摊开让监督者一目了然的账本，仅仅成了一个定性的选择，而这个选择往往还是由地方主政者拍板决定的。

不仅如此，规划环评本身也缺乏权威性和约束力，对地方政府而言，它没有法律上的强制力；对做规划环评的人员而言，也没有资质审核，没有约束和问责的机制。

环保工作的重心转向"以环境质量的改善为核心"以来，规划环评开始受到前所未有的重视。而无论是完成巡视之后的整改任务，还是环评制度的大改革；无论是完善环保自身的顶层设计，还是使环保管理与国际接轨，规划环评的规范化与强化都是必经之路。如果兰州新区的规划环评真的要成为一个典型，那希望人们能借此反思以往规划环评存在的问题，以及明晰环评制度的改革方向和题中之意。

经济新常态

China's New Normal

中国经济进入新常态近几年来已经成为主流话语的一部分。经济新常态的核心特点是经济增速放缓、结构性失调与调整、投资和要素驱动的经济增长动力衰减。那么，经济新常态对环境领域而言意味着什么？它是不堪重负的大自然的喘息期、休养期，还是经济刺激卷土重来的"危机潜伏"期？

本板块的三篇文章，分别探讨了经济新常态对中国环境保护工作的整体影响，以及对电力行业、金融行业的影响，希望能通过这些观察和分析，探讨经济新常态给环境保护工作带来的机遇和挑战。

本板块的作者对中国经济新常态的生态环境影响多持乐观态度。这种乐观基于一些判断，如经济下行和结构调整对特定污染行业的影响、对主要污染物排放的影响等，均有翔实的数据支撑。"绿色善治窗口期"的概念，是本板块的一个亮点。经济新常态的多种主客观因素交错而形成的合力，为中国走向绿色"善治"提供了一个难得的窗口期。作者认为，有效利用经济调整期所带来的重要历史机遇，不仅可推动环境保护，而且可倒逼结构调整、社会发展转型，是新时期环境保护制度建设的关键所在。

随着经济新常态下生态环境在中国发展中的优先级上升，生态环境领域的资金需求也逐步攀升，对新的融资渠道和工具的需求也水涨船高。绿色金融迎来了重大发展机遇。

但经济新常态所带来的不仅仅是机遇，同时还带来各种环境隐忧，包括：火电逆势投资增长；一次污染物排放总量得以控制，但污染形势依旧严峻，污染损失仍在持续增加；经济新常态下，环境与经济发展以及民生之间的矛盾也有可能被激化；环境保护投资和投入的稳定性与长效性，有可能会受到经济下行、企业经济效益下降、国家财政收入下滑等因素的影响。因此，绿色转型说易行难。

"经济新常态"板块负责人：马天杰（"中外对话"运营副主编）

G.4
经济新常态创造中国绿色善治窗口期

张世秋*

摘　要： 本报告探讨了中国经济的新常态及其环境效应，认为新常态及其转型是中国环境保护工作的重要窗口期，指出环境善治是国家环境治理现代化的必然要求，并提出了相应的政策建议。

关键词： 环境管理　绿色善治　生态文明　环境政策

一　转型中的中国：中国经济进入新常态

改革开放的前30年，中国是全球经济增长速度最快的国家，并在2010年成为全球第二大经济体。近年来，中国经济进入调整期，经济增速从2011年的9.3%下降到2012年的7.65%以及2015年的6.9%。这个经济增长放缓的过渡期，被称为中国经济的新常态。[①]

---

* 张世秋，北京大学环境科学与工程学院、北京大学环境与经济研究所教授。
① 除与各经济体发展路径类似的趋势外，中国社会经济进入新常态，还与世界经济格局，各国竞争优势变化，技术进步，以及环境、资源、劳动力等要素成本及相对价格的变化有关，特别是：(1) 依托外向型经济特别是外贸出口的高速增长趋势大大放缓，从出口增速年均20%～30%下降到2008年之后的5%～10%，而2011～2013年，出口的经济增长贡献率甚至为负。根据商务部2016年1月20日发布的信息，2015年全国进出口总值为24.58万亿元，同比下降7%。(2) 由于各新兴经济体的发展、技术进步和变革以及环境和资源压力的增大，中国的低要素成本优势丧失。人口红利衰减，劳动力成本持续升高；资源短缺加剧，能源对外依存度升高，环境容量资源和环境承载力消耗严重，生态环境恶化，经济发展的环境、能源和资源基础削弱。与此对应，中国边际投资效益递减，投资拉动经济增长的作用持续下降，经济下行压力不断加大。中国进入了影响长期发展走向的关键过渡期，即经济新常态。

中国经济的新常态，其关键特点是：（1）经济增速放缓；（2）结构性失调与调整，特别是产能过剩等问题大量出现，比如钢材、水泥等在过去30多年实现了二三十倍的超高速增长，投资驱动下导致重复建设、重复引进；（3）投资和要素驱动的经济增长动力衰减。

国内外对中国经济新常态非常关注，尽管观点和战略思考有差异，但共同点都在于，中国必须深化制度建设、进行深度改革和结构调整，完成发展方式的转型，从传统的投资驱动向创新驱动转型，从要素驱动向资源－环境友好型社会转型，从而使中国跨越可能的中等收入陷阱，走向社会经济长期可持续发展路径。

推动生态文明建设，不仅是本届政府应对环境退化、生态失衡、资源短缺的高度政治意愿，而且是应对经济新常态、实现中国可持续发展的关键战略性举措。

二 环境和自然保护的窗口期：机遇与挑战并存

中国是全球二氧化硫、氮氧化物、颗粒物等污染物的最大排放国，更是全球主要污染较严重的国家之一，大气污染、水污染、土壤污染、生物多样性丧失形势堪忧，局部地区甚至达到临界点，环境容量资源有限，环境承载力不足。环境污染和破坏，不仅带来巨大的经济损失，而且对民众身体健康带来极大风险，仅以空气污染导致的过早死亡为例，相关研究表明，保守估计，中国每年因空气污染导致的过早死亡为 30 万～50 万例。[1] 根据《柳叶刀》（*The Lancet*）杂志于 2013 年 12 月 14 日发表的《2010 全球疾病负担报告》，中国因 PM2.5 带来的过早死亡人数是 120 万。[2] 2015 年 9 月 15 日《自然》杂志发表的研究则估算，每年全球范围内因室外污染而过早死亡的

---

[1] Chen Zhu, "Wang Jinnan, China Tackles the Health Effects of Air Pollution," *The Lancet*, Dec. 14, 2013, No. 9909.
[2] Yang G., Wang Y., Zeng Y., et al., "Rapid Health Transition in China, 1990 - 2010: Findings from the Global Burden of Disease Study 2010," *The Lancet*, Jun. 8.

人数有300多万，其中，中国因空气污染而过早死亡的人数有近140万。[1]

经济下行和致力于绿色转型的结构调整战略，是中国从污染的临界点向转折点转变的重要窗口期。这一窗口期的产生，部分与不断提高的公众环境意识和环境权益诉求以及因此引发的社会冲突等密切相关。近年来，"邻避效应"[2] 不断涌现，因环境问题引发的社会冲突事件频发，集中体现和映射了当今中国社会有关环境与发展的诸多问题与矛盾冲突。环境问题已经超越了污染和污染解决的技术问题，演变成经济问题、社会问题、外交问题、政治问题和社会稳定问题，政府和公众在改善环境质量的诉求和意愿上出现了前所未有的高度一致。此外，国际社会对中国环境问题的关注以及气候变化等全球环境问题，也使得中国必须尽快转变增长和发展方式。

经济新常态下的增速放缓和结构调整，对中国环境和自然保护都具有极其重要的意义，在如下几个方面将会产生突出与重要的影响。

第一，污染排放总量得以控制并有望逐步下降。

相关研究以及公布的统计和监测数据均表明，中国采取的环境政策，特别是"十一五"以来实施的节能减排政策，已经有效地控制了污染物排放增加的趋势，部分一次污染物排放甚至已经出现下降的趋势。比如，2005~2010年，全国单位GDP能耗下降了19.1%；化学需氧量的排放总量下降了12.45%；二氧化硫排放总量下降了14.29%。[3] 而国务院发展研究中心资源与环境政策研究所在2015年2月14日公布的一份课题研究报告指出，未来5~10年，中国主要污染物排放的"拐点"将全面到来，即污染物排放量总

---

[1] J. Lelieveld, J. S. Evans, M. Fnais, D. Giannadaki, A. Pozzer, "The Contribution of Outdoor Air Pollution Sources to Premature Mortality on a Global Scale", *Nature*, 17 September, 2015.
[2] 邻避效应（not-in-my-back-yard，译为"邻避"，意为"不要建在我家后院"），指居民或当地单位因担心建设项目（如垃圾场、核电厂、殡仪馆等设施）对身体健康、环境质量和资产价值等带来诸多负面影响，激发嫌恶情结，滋生"不要建在我家后院"的心理，以及采取强烈和坚决的、有时高度情绪化的集体反对甚至抗争行为。
[3] 温家宝：《政府工作报告》，http://www.gov.cn/2011lh/content_1825233.htm，2011年3月15日。

体上将由上升转为下降。①

此前的一次污染物排放总量下降主要得益于节能减排等各类环境和产业政策的实施，未来将更多地受益于：（1）经济增速放缓，对资源、能源的消耗下降；（2）产业结构调整，淘汰落后产能；（3）技术创新，环境绩效整体改进；（4）环境法和环境政策的有效实施，以及持续增加的环境保护投资；（5）民众环境意识提高，环境行为改进。

第二，环境友好与资源节约的产品、服务及行为具有更大的市场竞争性和社会偏好。

在这一新的发展阶段所进行的制度建设和政策实施，特别是有效执行，可纠正长期存在的环境和资源低价乃至无价的状态，使得环境友好与资源节约的产品、服务及行为，与污染产品/服务的相对市场价格比值发生变化，形成更强的市场竞争力，不仅有利于提高环境友好与资源节约的产品/服务的市场需求，而且会使得相应的产品和服务提供者从保护环境和自然的活动中获取直接的经济回报。比如，对污染企业的污染排放行为进行足额排污收费，一方面，因增加了排污成本，企业会进行技术创新，降低污染排放；另一方面，排污少或者不排污的同类企业，则因为少缴纳或者不需缴纳排污费，与污染企业相比生产成本低，会增加其产品在市场上的竞争力。

同时，伴随环境意识的提高，公众对绿色、低碳产品/服务的需求提升，也将为环境友好、资源节约产品和服务提供更大的市场需求和获利空间，进而推动相关产业的发展。47%的欧洲人更喜欢购买绿色食品，其中67%的荷兰人、80%的德国人在购买时会考虑环保因素。此外，中国53.8%的人乐意消费绿色产品；37.9%的人表示已经购买过诸如包括绿色食品、绿色服装、绿色建材、绿色家电等在内的绿色产品。②

第三，环境和自然保护得以纳入综合决策过程。

---

① 刘毅：《污染物排放拐点将全面到来（绿色焦点·新常态下看环保·趋势篇）》，http：//politics.people.com.cn/n/2015/0214/c1001-26565564.html，2015年2月14日。

② 中国环境文化促进会、中国发展战略学研究会社会战略专业委员会：《中国碳平衡交易框架研究》，2008年11月6日。

推动生态文明建设，落实"五位一体"① 和绿色化/绿色发展，提升国家治理能力，体现和实施"节约优先、保护优先、自然恢复"的基本方针和基本准则等举措，将有望扭转环境管理与环境政策的设计、执行和实施不能有效纳入社会经济发展及决策过程的"边缘化"趋势。② 首先，生态文明体制建设，不仅涉及国家机关对社会的管理，而且涉及正确处理国家机关之间的环境管理职权关系、国家与公民间的环境权利义务关系、公民与公民之间的环境权利义务关系，涉及全面有效协调与环境有关的社会关系，还涉及如何进行更好的权力配置、提高政府自身管理水平等问题。③ 其次，经济政策和社会发展政策在制定和实施中，将必须体现环境和自然保护优先的原则。再次，环境、生态不再是可以被牺牲用于换取经济增长的条件，而是刚性的"红线"约束。最后，环境政策有望成为具有行为激励、行为调控的社会政策和经济政策，并成为综合决策手段和政策手段。

2015年5月，中共中央、国务院《关于加快推进生态文明建设的意见》正式发布。2015年9月，中共中央、国务院又印发了《生态文明体制改革总体方案》，对生态文明建设的战略性决策进一步细化，特别是明确了生态文明建设在经济新常态过渡转型期所需遵循的基本准则：（1）以节约优先、保护优先、自然恢复为基本方针；（2）以绿色发展、循环发展、低碳发展为基本途径；（3）以深化改革和创新驱动为基本动力；（4）把培育生态文化作为重要支撑；（5）重点突破和整体推进并

---

① 十八大提出的"五位一体"，指的是经济建设、政治建设、文化建设、社会建设、生态文明建设的五位一体布局。
② "环境政策的边缘化，意即环境政策的设计、执行和实施不能有效纳入社会经济发展和决策过程的主流，导致环境政策实际上发挥着消防队的作用，具有典型的末端治理特征，无法从根源上解决环境与发展的矛盾"，"表现在环境政策的末端管理特征、尚未建立一体化的政策体系、公平和效率准则未纳入政策设计过程、缺乏综合绩效评估、环境投资总量不足和低效率等"。参见张世秋《环境政策边缘化现实与改革方向辨析》，《中国人口·资源与环境》2004年第3期。
③ 常纪文：《生态文明体制全面改革的必然、实然、应然和使然性问题》，《中国环境管理》2016年第1期。

重。中共中央十八届三中全会《关于全面深化改革若干重大问题的决定》明确提出"推进国家治理体系和治理能力现代化",明确要"改革生态环境保护管理体制"。

这种强烈的政治意愿和中国强政府特色的推动,对环境和自然保护无疑是重大的机遇,中国经济将有望进入一个与过去30多年高速增长不同的新阶段——中国将转变单纯以GDP为导向的发展模式和增长方式,强调绿色、循环、低碳的经济增长和发展路径;同时,也意味着中国致力于以不损害环境和自然资本的方式实现有质量的增长,广泛提高民众福祉,实现社会、经济、环境协调的长期可持续发展愿景。

三 经济新常态带来的环保隐忧

尽管面临窗口期,但中国绿色转型说易行难,依旧存在诸多挑战:首先,经济增长路径依赖和结构失衡的调整非一朝一夕可以完成;其次,绿色创新和应用不足,研发投资低,清洁生产技术、新能源技术、污染治理等各类环保技术发展动力不足,技术转化依旧障碍重重,尚不能有效支撑绿色转型所需;最后,缺乏有效的财政、金融和价格等制度设计,无法提供有效的市场信号保障和激励绿色转型。

此外,下述若干问题也是新常态下环境保护工作面临的关键挑战。

第一,一次污染物排放总量得以控制,但污染形势依旧严峻,污染损失仍在持续增加。环境质量变化以及环境污染带来的损失,不仅与污染物的排放量有关,而且与污染形成的各类条件,比如气象、水文、地质条件等有关,与污染物之间复杂的物理化学反应过程有关。部分污染问题,比如雾霾和地面臭氧等,既来自污染源的直接排放,也来自二次生成。污染对社会经济和人体健康的影响则更为复杂,不仅与人口数量和结构有关,而且与民众的生活水平以及环境意识有关。因此,总量控制,并不必然意味着环境质量的必然改善,而质量的改善也不必然意味着因污染导致的经济损失的降低。以我们最近完成的一项研究工作为例,不管是全国整体还是绝大部分省份,从 2000 年起每年因 PM2.5 暴露造成的健康影响带来的经济损失,呈现持续增加或波动增加的时间变化特点(见图 1)。[①]

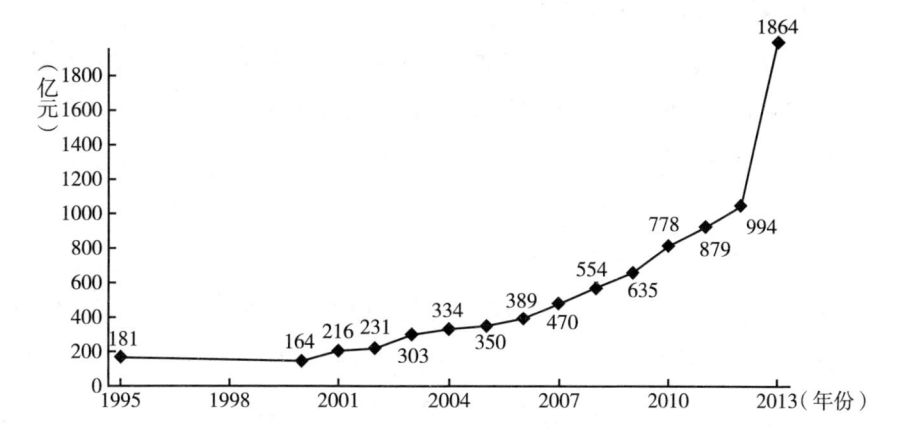

图 1 1995~2013 年中国 PM$_{2.5}$ 污染的健康损失(2010 年不变价)

第二,新常态下,环境与经济发展以及民生之间的矛盾也有可能被激化。经济下行、增速放缓、结构调整,一方面,意味着对自然资源、能源等的需求压力降低,有利于降低对环境的压力;另一方面,当经济增速放缓、淘汰落后产能等对就业、民生带来关键性影响的时候,政府可能采用经济激励和社会稳定政策,可能倒转环境和经济的关系,甚至放弃环境和生态优先的原则,也可能减小环境执法等监管和执行力度。比如,一系列淘汰落后产能政策的实施,如果不能很好地解决从业者的再安置等问题,可能会引发其他的社会矛盾,进而影响相关政策的执行。

第三,环境保护投资与投入的稳定性和长效性,有可能会受到经济下行、企业经济效益下降、国家财政收入下滑的影响,导致政府和企业环境保护投入不足,并可能影响污染控制措施的正常运行,进而降低环境保护的有效性。

第四,经济新常态并不仅涉及产业和经济结构的调整,而且与区域布

---

① 穆泉、张世秋:《中国 2001~2013 年 PM2.5 重污染的历史变化与健康影响的经济损失评估》,《北京大学学报》(自然科学版)2015 年第 4 期。

局、城乡发展、国内外市场、社会群体等有关，如何避免在经济下行和结构调整期间，污染从东部发达地区向中西部转移，从城市向乡村转移，依旧是中国环境保护工作面临的关键问题。

第五，因环境问题引发的利益冲突有可能持续加剧。当前，环境形势依然严峻，同时，环境容量和环境承载力成为影响经济发展的重要约束性因素，环境资源在区域、行业、企业、社会群体间的配置（包括污染治理责任和环境保护成本分担等），不仅涉及效率问题，而且涉及各类主体的环境权益以及经济利益和社会公平与公正。这类"生存性环境权益"（与基本民生相关的环境权益，如安全饮用水、符合健康基本要求的空气质量）、"生产性环境权益"（确保经济生产活动得以正常进行的环境容量和质量）以及"发展性环境权益"（有助于提升生活质量的更高的环境质量）之间的冲突已经广泛存在，并可能继续加剧。以水资源为例，水是稀缺性的资源，无法满足各个方面的所有需求，因此，出现不同用途、不同主体以及不同主体的环境权益诉求的冲突是必然的。如何在新常态下，既能够发展经济、解决民生问题，又能推进环境保护、保障公民的合法环境权益，同时，避免社会因环境和自然资源的使用以及管理引发进一步的自然资本配置两极分化，是本届政府需要直面的根本问题。

四 实施绿色善治，促进经济发展与社会进步，推动改革深化

有效利用经济调整期所带来的重要历史机遇，推动环境保护，同时倒逼结构调整、社会发展转型，是新时期环境保护制度建设的关键所在。新时期环境治理的基本目标可以概括为：第一，通过环境和自然保护制度的建设与政策的实施，确保环境和自然资产/资本总量的不耗减甚至提升；第二，发挥环境和自然保护的制度与政策的信号及引领作用，推动绿色转型；第三，践行生态文明，实现社会、经济、环境的共生共赢，以及长期的社会可持续发展和民众整体福利改进。具体的制度建设应注意如下几个

方面。

1. 绿色善治是国家治理现代化的必然要求

环境治理是国家治理体系中的重要组成部分。绿色善治需体现国家治理现代化/善治的五个基本要素：制度化、民主化、法治、效率、协调,[①] 并具体体现多方参与、法治完善、决策和管理透明、有效性－效率－公平以及问责等要义，特别是必须推进行政管理、市场激励、社会制衡这三种调整机制的有机结合。

绿色善治应在如下方面提升/转变：第一，提高基于科学认知的多方参与的决策能力，以确保所制定的政策和决策既符合客观变化的规律，又能充分反映多利益主体的诉求和平衡；第二，强化行政部门的政策执行能力及司法机关的司法能力，维护环境法律和政策的公信力与尊严，避免选择性执法给社会带来的长期影响；第三，充分发挥市场配置资源的作用和能力，通过政策和制度释放恰当的信号，引导各主体的环境行为；第四，保障公众环境保护公共事务的参与权、监督权及其有效行使。

2. 强化和落实政府环境责任

完善和落实政府环境责任，既是环境法治的基本要求，也是环境公共需求变化和环境基本权利发展的客观必然，具体包括：强化政府作为全社会委托的环境和自然资产管理者的自然资本保育与增值的责任；对政府公共权力的有效应用及边界进行明确和规制，强调依法行政，提高行政效率；强调并提高基于科学认知的决策过程的民主化水平及透明度；通过多方利益相关者及公众的广泛参与，确保利益协调机制的有效运作，并确保社会的环境公平和环境正义底线；强化政府与公民的互动，以及公民对公共管理的监督。[②]

---

① 俞可平：《没有法治就没有善治——浅谈法治与国家治理现代化》，《马克思主义与现实》2014年第6期。
② 张世秋：《应对环境挑战须强化政府环境责任》，《中国环境发展报告（2013）》，社会科学文献出版社，2013。

3. 强化环境优先/生态优先的原则

转型期，环境优先和生态优先是必须坚持的原则，包括严守生态/环境红线、环境准入制度、环境标准体系和制度等。

4. 通过政策手段，纠正市场失灵，提供有利于环境保护的价格信号，激励环境友好行为

强调污染者支付、使用者支付、受益者支付原则的应用，实现基于全社会成本的环境资源和经济资源的有效配置，使得污染者承担其污染环境的经济和法律责任，环境容量占用者负担其占有共有资产和资本的成本，以及借助受益者支付原则激励生态服务和环境服务。具体的政策措施有多种，但类型主要是从价和从量管理两类，即环境税收制度建设以及环境资源的市场创建等。

5. 构建政府–企业–公众的联合与制衡关系，积累中国长期发展的社会资本

在环境领域，政府、企业和公众客观上可以形成三方相互制衡、相互激励的正向促进关系。而公众权利的保障和有效发挥，不仅是现代社会治理的基本要义，而且是降低政府监管成本的最好方式。这个变革的过程，不仅有助于确保公民的环境权益实现，而且有可能通过环境保护这个公共问题和公共事务，尝试和推进中国社会治理模式变革，为中国向和谐社会的平稳过渡积累必要的社会资本。

G.5
2015年中国绿色金融发展回顾

郭沛源　蔡英萃　吴艳静　刘玉俊　杨方义*

摘　要： 2015年是中国绿色金融发展靓丽的一年，政策引导、金融创新都迈上了一个新台阶。本报告全面回顾了2015年中国绿色金融的发展，并就企业环境信息披露和非政府组织在绿色金融发展中的参与情况进行了专题阐述与展望。

关键词： 绿色金融　信息披露　非政府组织　公众参与

绿色金融是指金融机构在经营时考虑环境与社会风险，遏制资本流向污染领域，并积极实施有利于环境保护的金融创新，它有助于实现经济效益与社会效益的双赢。绿色金融也涵盖金融机构自身的环境管理，如建筑节能、绿色办公等，但相对来说，金融业务所造成的间接环境影响要比金融机构自身的直接环境影响大得多，因而是绿色金融讨论的焦点。

在发达国家，绿色金融已成为环境保护与可持续发展体系的一部分。早期，金融机构多出于避险考虑引入环境与社会风险管理。最近十年，绿色金融开始渗透到金融机构的各个业务环节，特别是产品创新环节。2008年以后，国际金融危机触动全球反思华尔街文化，人们开始更系统地思考将金融

---

* 郭沛源，管理学博士，商道融绿董事长，专注于企业社会责任和社会责任投资领域；蔡英萃，金融学硕士，商道融绿共同创办人兼总经理，专注于金融和可持续发展领域；吴艳静，国际商务英语硕士，商道融绿项目经理，专注于社会责任投资和绿色金融；刘玉俊，环境研究和可持续发展硕士，商道融绿高级分析师，专注于社会责任投资和绿色金融；杨方义，硕士，阿里巴巴公益基金会项目主管，专注于环境资助。

体系与环境保护、资源可持续开发与利用融合起来。2014年，联合国携手世界银行、国际货币基金组织（IMF）等国际金融机构及中国和英国等大国央行，推动构建全球金融新秩序，探索将环境因素纳入整个金融治理体系的基础框架，把绿色金融提升到前所未有的政策新高度。

近十年，中国绿色金融有了长足发展。从监管到市场，从金融机构、第三方咨询机构、企业、学术机构、媒体到非政府组织（NGO），都开始关注和参与绿色金融的各个领域，包括绿色信贷、绿色债券、绿色产业基金、绿色股票指数、环境责任险、碳金融等。2015年更是中国绿色金融发展靓丽的一年，政策引导、金融创新都迈上了一个新台阶。下文将全面回顾2015年中国绿色金融的发展状况，并对信息披露和NGO参与给予专题阐述。

一 历史及2015全年回顾

一般认为，中国绿色金融发展的开端是绿色信贷政策的出台。早在2007年，中国人民银行、中国银行业监督管理委员会（简称"银监会"）和当时的国家环境保护总局就联合推出绿色信贷政策，要求银行金融机构关注环境风险，并倡导环保部门与金融部门共享企业环境违规信息。[1] 2012年，银监会在多年实践的基础上编制发布了《绿色信贷指引》，向银行金融机构提出更加明确的要求，包括组织架构、风险控制的措施、信息披露等。2014年底，在银监会的支持下，中国银行业协会发起成立绿色信贷专业委员会，29家银行加入，意在进一步推动绿色信贷在银行中的实践。2015年1月，银监会与国家发改委联合印发《能效信贷指引》，引导银行资金支持能效信贷业务。在政策推动下，一些银行及地方监管部门的积极性被有效调动起来。如青海省银监局宣布将2015年定为"绿色信贷示范年"。

与往年相比，2015年中国绿色金融发展最大的变化是绿色金融政策快

---

[1] 原国家环境保护总局、中国人民银行、中国银行业监督管理委员会：《关于落实环保政策法规防范信贷风险的意见》，2007。

速从银行业扩展到类别更广的其他金融机构,从信贷资产延伸到其他类别资产。这很大程度上得益于中国人民银行的牵头推动及中国金融学会绿色金融专业委员会(简称"绿金委")的成立。2014 年,中国人民银行研究局开始关注绿色金融问题,在当年的贵阳生态文明论坛之后,联合联合国环境规划署(UNEP)发起成立绿色金融政策研究工作小组,研究国内外绿色金融政策的发展现状与未来趋势。2015 年 4 月,工作组发布研究成果并出版《构建中国绿色金融体系》,提出了十多项绿色金融政策建议,涵盖绿色银行、绿色保险、绿色债券、绿色 IPO(首次公开募股)、信息披露、绿色评级、环境成本核算等多个主题。以此为契机,中国金融学会在中国人民银行的支持下发起成立绿金委,成为中国绿色金融发展史的里程碑事件。成立以来,绿金委加强国际合作,推动政策扶持,加强业内沟通,在一些方向上取得了实质性的进展,譬如绿色债券鼓励政策的出台[1]、《证券法》有关环境信息披露的修法建议[2]等。

在多方推动下,绿色金融的政策定位获得进一步提升,成为国家层面金融政策和环境政策的一部分。这从 2015 年出台的几份重要的纲领性文件可以看出来。譬如,《关于加快推进生态文明建设的意见》指出,要"推广绿色信贷,支持符合条件的项目通过资本市场融资。探索排污权抵押等融资模式。深化环境污染责任保险试点,研究建立巨灾保险制度";[3]"十三五"规划也指出,要"发展绿色金融,设立绿色发展基金"。与此同时,绿色金融也成为 2015 年中国国际合作的重要内容。2 月,中国环境与发展国际合作委员会将"绿色金融改革与促进绿色转型"列为年度重点研究课题。3 月,中国倡议发起的多边金融机构亚洲基础设施投资银行(简称"亚投行",AIIB)宣布三个构想目标,而"绿色"是其中之一。9 月,中英经济财金对话成果特别包括了绿色金融的内容,并称"英格兰银行和中国人民银行承

---

[1] 中国人民银行:《中国人民银行公告〔2015〕第 39 号》,2015 年 12 月 15 日。

[2] 刘宝兴:《马骏:已建言上市公司环境信批纳入新〈证券法〉》,《证券时报》2015 年 11 月 3 日。

[3] 中共中央、国务院:《关于加快推进生态文明建设的意见》,2015。

诺推动就绿色金融和绿色投资达成全球共识,普及绿色金融概念和相关最佳实践"。① 10月,中国人民银行副行长易纲在参加国际货币基金组织年会时表示,中国2016年成为20国集团(G20)轮值主席国后,将把"绿色金融"作为G20的首要任务。

政策环境向好,加上环境问题尤其是雾霾问题的紧迫性,极大地刺激了市场对绿色金融的热情。2015年有如下一些绿色金融热点值得关注:(1)绿色债券。2015年12月,中国人民银行、国家发改委分别发布绿债公告和指引,中国人民银行在公告中还引用了绿金委组织编制的《绿色债券支持项目目录(2015年版)》。此前数月,金风科技和中国农业银行已先后在境外市场成功发行绿色债券。(2)绿色资产证券化(ABS)。2014年,证监会表示要加快推动资产证券化业务,绿色资产也被纳入ABS的框架。当年9月,兴业银行发行国内首单绿色金融信贷资产支持证券。2015年12月,嘉实资本与中国节能打造了首单央企环保领域资产证券化产品。不久之后,深能南京电力光伏上网收益权ABS落地,成为中国首单光伏电站收益权ABS项目。(3)环保产业股票受资本热捧。据统计,2015年前三季度,环保板块48家上市公司中的38家盈利同比获得不同程度增长;截至11月,新三板环保企业总数达151家,资产规模达257亿元。(4)绿色投资指数开发。2015年10月,中证指数公司发布上证180碳效率指数,剔除碳足迹较高的股票,并将剩余股票按照碳足迹倒数进行加权;同月,中证指数公司和阿拉善生态基金会共同发布生态100主题指数,上海的富国基金管理有限公司和深圳的大成基金管理有限公司计划将该指数产品化。(5)绿色PPP(公私合作模式)及绿色股权投资。2015年,政府大力推动PPP项目,不少项目投向与环保相关的基础设施,如污水处理厂等。此外,绿色股权投资也越来越活跃,并延伸到"一带一路"之上,2015年3月,亿利集团等机构联合发起"绿丝路基金",致力于丝绸之路经济带生态改善和光伏能源发展。(6)碳金融。这一直是绿色金融的一项重要内容,2015年,全国7个

---

① 财政部国际经济关系司:《第七次中英经济财金对话政策成果》,2015。

交易所试点有条不紊地进行，与碳相关的金融创新渐次展开，碳排放权的质押融资业务增加，碳排放权抵押融资、碳排放权场外掉期合约等新业务类型涌现。

在金融市场之外，学术机构、媒体、NGO等力量也越来越多地参与绿色金融的行动。在学术方面，中央财经大学、中国社科院、中国人民大学分别承担了绿金委的部分研究工作。在媒体方面，关于绿色金融的报道明显增加，根据百度搜索引擎的新闻检索，2014年有关绿色金融的新闻达46300多条，2015年这一数字猛增为163000多条。在NGO方面，不同背景的NGO从绿色信贷、海外投资、气候金融及供应链融资等角度助推绿色金融发展。

二 信息披露

企业环境信息披露是绿色金融的基础设施之一。如果信息披露不足，市场各方就很难判断企业绿色程度，从而无法测算环境风险成本或环境绩效溢价。国际上，金融市场常用ESG（环境、社会和公司治理）作为环境信息披露的概念。在全球面临气候变化、水资源短缺、环境恶化、长期贫困、文化冲突等挑战的背景下，越来越多的监管机构和投资人认为企业ESG表现会对业绩产生实质性影响，因此会要求或鼓励企业披露更多的ESG信息。目前，国际上已有多家证券交易所提出上市公司ESG信息披露要求，如巴西、加拿大、印度、马来西亚、挪威、南非、斯里兰卡和泰国等国的证券交易所。有的交易所还推出了ESG信息披露指引，如德国、菲律宾、波兰、新加坡、土耳其等国的证券交易所，明确引导上市公司披露ESG信息。南非约翰内斯堡证券交易所的措施最为积极，强制要求上市公司披露综合报告，即将财务信息和ESG信息合而为一。

2015年，中国环境信息披露最重要的突破之一是香港证券交易所发布了修订版的ESG报告指引，对2012年版的ESG报告指引进行了修订。修订版指引最重要的调整是将原来指引中自愿披露要求上升到"遵照或解释"

（comply or explain）的半强制性要求。所谓"遵照或解释"，即上市公司应按港交所要求披露 ESG 信息，可以是独立的 ESG 报告或社会责任报告，也可以是在公司年报或公司网站上进行披露。若不进行披露，则应进行声明并解释不披露的原因。此举引起市场各方广泛关注，也将有数百家在港交所上市的中国内地公司受到影响。

事实上，中国内地多年前就已在推进上市公司社会责任信息披露（但未使用 ESG 信息披露的称谓），深交所和上交所分别于 2006 年和 2008 年发布指引和通知，要求或鼓励上市公司发布社会责任报告。[①] 在此推动下，内地上市公司社会责任报告数量不断增加，质量也逐步提升。据统计，2015年深沪两市共 700 多家上市公司发布了企业社会责任报告。不过，当前中国上市公司的 ESG 信息披露还存在如下突出问题：（1）尚未全面在所有上市公司强制推行 ESG 信息披露；（2）现有信息披露缺乏关键定量数据，市场很难运用所披露的信息。

在资本市场以外，环保部门也在积极推动企业环境信息披露。从 2015年起实施的新环保法用专门章节提出了企业环境信息披露的要求，特别是要求污染企业公开主要污染物名称、排放方式、排放浓度和总量、超标排放情况，以及防治污染设施的建设和运行情况。此外，新环保法也明确，公民、法人和其他组织依法享有获取环境信息、参与和监督环境保护的权利；各级人民政府环境保护主管部门和其他负有环境保护监督管理职责的部门，应当依法公开环境信息，完善公众参与程序，为公民、法人和其他组织参与和监督环境保护提供便利。这为未来推动企业环境信息披露奠定了良好的法律基础。

新成立的绿金委在 2015 年也专门就企业环境信息披露进行研究，并提出如下建议：第一，制定强制性环境信息披露规定；第二，要求上市公司或者发债公司按照披露标准对关键的信息予以定量披露；第三，发挥中介机构

---

① 深圳证券交易所：《上市公司社会责任指引》，2006；上海证券交易所：《上市公司环境信息披露指引》，2008。

对环境信息披露评价、监督、引导、激励的作用；第四，强化监管和执法。部分建议在中国人民银行绿色金融债券公告中被采纳。公告明确指出，相对于普通金融债券，绿色金融债券信息披露要求更高，发行人不但要在募集说明书中充分披露拟投资的绿色产业项目类别、项目筛选标准、项目决策程序、环境效益目标，以及发债资金的使用计划和管理制度等信息，债券存续期间还要定期公开披露募集资金使用情况。

三 非政府组织（NGO）的参与

绿色金融的发展离不开NGO的参与。按照不同角色，参与绿色金融活动的NGO大致可以分为四类：一是以监督者的身份，督促金融机构绿色投资；二是通过推动环境透明度提升，使金融机构意识并重视环境风险的存在；三是组建绿色投资者网络，搭建绿色投资多方交流平台；四是通过直接参与绿色金融相关课题研究等方式建言献策，甚至直接制定市场化的绿色金融相关规则。

国际上扮演绿色金融监督者且较有影响力的NGO有银行监察组织（Bank Track）、银行信息中心（Bank Information Center）、欧盟银行观察网络（Bankwatch Network）等。这类NGO往往会密切跟踪金融机构的重大项目并提出质疑，甚至发起抗议行动。在中国，NGO的监督行动要温和得多。代表性的机构是云南的绿色流域，该机构自2009年以来每年出版《中国银行业环境记录》，通过多个绿色信贷指标评估16家中资上市银行的环境表现，倡导银行执行国家绿色信贷政策，呼吁公众关注银行的环境表现，选择绿色银行进行储蓄或者投资。[1] 同时，为增强社会问责力量，绿色流域对国内200多家NGO提供能力建设与培训，影响力遍及中国大部分省份。[2] 2015年9月，亚投行发布《环境和社会保障框架》，并启动利益相关方的磋商程

---

[1] 绿色流域：《中国银行业环境记录2014》，云南科技出版社，2014。
[2] NGO代表云南绿色流域于晓刚在2013中华环保民间组织可持续发展年会上的发言，2013年12月5日。

序,绿色流域就保障框架内容提出意见和建议,包括完善环境和社会保障政策与执行机制;完善理事会参与银行政策制定与监督的机制;等等。①

也有一些国内 NGO 尝试不同的道路,开始与银行、基金公司等金融机构探索信息共享等方面的合作。这以公众环境研究中心(IPE)为代表。IPE 最为人知的是污染地图数据库,公众与金融机构可以便捷地查询各类环境违规企业的信息。过去几年,IPE 主要基于绿色供应链的原理通过对品牌企业施加压力,迫使品牌企业的供应商进行绿色转型。最近一两年,IPE 也在探索绿色金融链的新模式。一方面,IPE 将污染地图数据库的信息与金融机构共享,推动金融机构选择更绿色的投资标的,或持续监测投资标的的环境风险。2015 年,IPE 与宜信公司共同发起"蔚蓝贷"项目,为绿色供应链表现优异的中小企业提供金融服务。另一方面,IPE 将上市公司的环境违规信息公布,尝试通过资本市场倒逼上市公司改善环境绩效。2015 年,IPE 与《证券时报》每周发布上市公司排污榜,引起了市场与舆论的极大关注。

关于绿色投资者网络,在国际上出现已久,有些已发展成 NGO 组织,以促进投资者与政策制定者、技术专家、绿色企业交流合作为宗旨。各国常见的投资者网络型 NGO 是责任投资论坛(Social Investment Forum,SIF),如美国责任投资论坛(US SIF)、英国责任投资论坛(UK SIF)、欧洲责任投资论坛(EURO SIF)等。在中国,绿色金融咨询公司商道融绿和《证券时报》在 2012 年发起中国责任投资论坛(China SIF),②邀请国内外绿色金融领域的专家探讨了"气候变化与碳融资""绿色股票指数""化石能源撤资运动"等 30 余个责任投资相关议题。2015 年,China SIF 的年度主题是"绿色金融与可持续证券交易所",探讨了证券交易所可持续发展、绿色债券、绿色银行等话题。除此之外,2014 年中国清洁空气联盟发起中国清洁空气投资者沙龙,并在 2015 年组织了多次活动,还发起了《清洁空气投资倡议》。③ 目前,已有近 30 家投资机构签署了该倡议,承诺在进行投资决策

---

① 创绿中心:《亚投行进展更新——环境和社会保障框架》,2015。
② 参见 http://csr.stcn.com/zrtzlt。
③ 清洁空气投资者沙龙:《清洁空气投资倡议》,2014 年 5 月 27 日。

时考虑项目带来的空气质量影响，关注能够改善空气质量的投资机会。

在建言献策方面，从2013年起，国际可持续发展研究院（IISD）与国务院发展研究中心合作开展"绿化中国金融体系"课题研究，总结中国绿色金融体系发展的经验和教训，分析国际绿色金融前沿热点问题，比较总结国内外最新实践和趋势，提出中国发展绿色金融的行动框架。2015年，IISD还与世界自然基金会（WWF）、世界资源研究所（WRI）、能源基金会（EF）等在绿色金融领域积累了多年研究经验的国际NGO一起加入了新成立的绿金委，直接参与绿色债券、绿色银行、绿色基金、绿色对外投资等多个绿色金融子课题的研究，为相关政策的出台提供智力支持。

四 未来展望

各种利好政策出台，让2016年迎来绿色金融发展的历史性机遇。2016年1月，绿色金融有了良好开局，金融机构在政策引导下发行绿色金融债，预计全年还会有更多新政策、新产品涌现。

长期看来，中国绿色金融发展还要夯实若干基础设施，才能走得更稳、更远。这些基础设施包括执法力度、信息披露、环境成本核算、环境信用评级等。政策红利可以促进一段时期内的繁荣，但长期发展还要依靠长期投资人，特别是养老金、主权基金及个人投资者的发现与培养。

和许多环境问题一样，公众及民间机构的参与对绿色金融的长期健康发展十分重要。如果没有良好的公众参与和监督机制，绿色金融难免会出现"劣币驱除良币"及"漂绿"的乱象。为此，我们建议进一步做好信息公开，实施行业监督，鼓励个人及机构投资者参与。

（1）信息公开及披露。这依然是公众参与绿色金融监督的最基本的要求。一方面，金融机构应以公开的环境数据为风险控制的依据，并且企业公开环境数据的真实性需要有效的监督，避免数字游戏。另一方面，金融机构在对绿色及环保产业进行投资或融资支持如发行绿色债券时，标的企业及项目需要及时披露环境信息，让公众及NGO进行有效监督。

（2）绿色金融行业监督。绿色金融的基本思路是让污染企业增加融资成本，让绿色环保企业降低融资成本。能否对融资主体的环境绩效做出客观判断，对绿色金融是否能真正有效至关重要。金融监管部门、环保部门在绿色金融行业监督上应起到主导作用，同时也应该加大公众及环保组织监督的力度。

（3）绿色金融的普及和传播。绿色金融利用市场机制，让人人参与环境保护成为可能。当个人和机构作为投资者，开始关注环境保护和绿色发展时，企业将会有更大的动力进行环境保护和绿色发展。对绿色金融进行普及和传播，让所有个人和投资者都能意识到投资行为对环境保护的影响和贡献，吸引更多的个人和机构投资者参与，可以使绿色金融真正主流化。

G.6
中国经济新常态下的电力行业趋势

张　凯*

摘　要： 本报告将2013年作为中国经济步入新常态转型的第一年，将2013~2015年的电力和GDP数据作为步入经济新常态后的代表数据，以2010~2012年的电力和GDP数据为经济步入新常态前的对照数据，提出在中国经济新常态下电力行业发生的变革以及由此带来的环境影响。报告认为，导致电力行业变革的主要原因为经济结构调整、能源结构的低碳化和更严格的环境政策。

关键词： 经济新常态　能源结构　电力

一　导言

电力行业不仅是和中国经济发展紧密相关的行业，而且是大气污染物以及温室气体排放量最大的行业。电力行业发展在过去几年已经受到中国经济结构调整、因治理空气污染而产生的环境约束力，以及向低碳发展倾斜的能源政策等多方面的影响。

2013年，中国的经济发展开始进入新常态，其主要表现，一方面是GDP从之前的高速增长变为中高速增长；另一方面则是第三产业替代了第二产业，成为拉动经济增长的火车头。2016年2月公布的《2015年国民

---

* 张凯，绿色和平气候与能源项目副经理。

经济和社会发展统计公报》显示，2015年，中国的第三产业增加值占GDP的比重达50.5%，历史上首次突破50%。① 除了经济结构调整以外，政府部门和公众对环境保护的重视，尤其是对空气污染问题的关注度的逐渐提高，以及在巴黎气候大会上世界各国达成的减排协议，都将在"十三五"（2016~2020年）持续发挥作用，并进一步降低来自电力行业的大气污染物和温室气体排放，助推中国空气质量的改善和温室气体的减排。

但2015年的火电投资逆势上扬，为上述美好愿景埋下了隐忧。

二 中国经济新常态下全社会用电量的重新解读

经济新常态对中国的电力行业产生了很大影响，全社会用电量增速放缓就是表现之一。

2015年，中国GDP增速下降到6.9%，创25年来的新低。这一方面说明中国经济在从高速增长转为中高速增长，如仔细分析GDP构成的变化，还可以发现中国经济正在由原来的工业主导型经济向服务主导型经济转变，由仅重视GDP的数量向数量与质量并重转变。

2009年，中国第三产业增加值仅占GDP的44.4%，低于第二产业增加值占GDP的45.7%。但第三产业在过去几年得到大力发展，到2015年，第三产业占GDP的比重达50.5%，高出第二产业10.0个百分点。这也是历史上首年第三产业增加值占GDP的比重超过一半。

表1 2009~2015年中国GDP、同比增速及结构

单位：亿元，%

年份	GDP	GDP同比增速	第一产业占比	第二产业占比	第三产业占比
2009	345629	9.2	9.9	45.7	44.4
2010	408903	10.6	9.6	46.2	44.2
2011	484124	9.5	9.5	46.1	44.3

---

① 国家统计局：《2015年国民经济和社会发展统计公报》，2016年2月29日。

续表

年份	GDP	GDP 同比增速	第一产业占比	第二产业占比	第三产业占比
2012	534123	7.7	9.5	45.0	45.5
2013	588019	7.7	9.4	43.7	46.9
2014[①]	635910	7.3	9.2	42.7	48.1
2015[②]	676708	6.9	9.0	40.5	50.5

资料来源：国家统计局数据库，http：//data.stats.gov.cn/easyquery.htm? cn = C01。

在第三产业迅猛发展的同时，工业，尤其是以钢铁和水泥为代表的重工业却增长乏力，2015 年生铁和水泥等产品产量分别出现了不同程度的负增长（见图 1、图 2）。[①]

以钢铁和水泥为代表的高耗能行业[②]在近几年的发展减速，导致了重工

图 1 2009~2015 年规模以上企业的生铁产量

资料来源：2009~2014 年生铁产量数据来源于国家统计局数据库；2015 年生铁产量数据来源于国家统计局公布的 2015 年 12 月及全年主要统计数据，参见 http：//www.stats.gov.cn/tjsj/zxfb/201601/t20160119_1306083.html。

---

① 国家统计局：《2015 年国民经济运行稳中有进、稳中有好》，http：//www.stats.gov.cn/tjsj/zxfb/201601/t20160119_1306083.html，2016 年 1 月 19 日。
② 《2015 年国民经济和社会发展统计公报》对高耗能行业的定义为：六大高耗能行业包括石油加工、炼焦和核燃料加工业，化学原料和化学制品制造业，非金属矿物制品业，黑色金属冶炼和压延加工业，有色金属冶炼和压延加工业，电力、热力生产和供应业。参见 ttp：//www.gov.cn/xinwen/2016-02/29/content_5047274.htm。

环境绿皮书

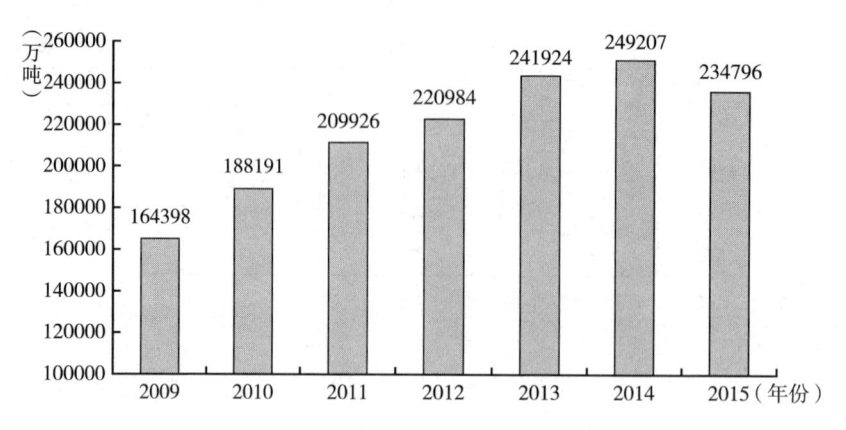

```
(万吨)
260000                                    249207
                                   241924        234796
240000                      220984
                    209926
220000
            188191
200000
    164398
180000
160000
140000
120000
100000
     2009  2010  2011  2012  2013  2014  2015(年份)
```

图 2　2009~2015 年规模以上企业的水泥产量

资料来源：2009~2014 年水泥产量数据来源于国家统计局数据库；2015 年水泥产量数据来源于国家统计局公布的 2015 年 12 月及全年主要统计数据，参见 http://www.stats.gov.cn/tjsj/zxfb/201601/t20160119_1306083.html。

业的用电量增速也出现了明显放缓，从 2010~2012 年的年均增速 10.7% 下降到 2013~2015 年的年均增速 2.8%，2015 年则首次出现了 -2.0% 的负增长。重工业用电量 2009~2014 年占全社会用电量的 60% 以上，而 2015 年这一比例下降到 58.8%。（见表 2）由于重工业用电量占全社会用电量的比重较大，重工业用电量增速的放缓在很大程度上导致全社会用电量增速放缓。2009~2012 年中国的全社会用电量平均增速高达 10.7%，而 2013~2015 年这一数字下降到 2.1%。

表 2　2009~2015 年全社会用电量、重工业用电量及年均增速

年份	全社会用电量（亿千瓦时）	全社会用电量增速（%）	重工业用电量（亿千瓦时）	重工业用电量同比增速（%）	重工业用电量占全社会用电量百分比（%）
2009	36595	6.4	22119	5.3	60.4
2010	41999	14.8	25631	15.9	61.0
2011	46928	11.7	28803	12.4	61.4
2012	49657	5.8	30008	4.2	60.4

续表

年份	全社会用电量（亿千瓦时）	全社会用电量增速（%）	重工业用电量（亿千瓦时）	重工业用电量同比增速（%）	重工业用电量占全社会用电量百分比（%）
2013	53223	7.2	32226	7.4	60.5
2014	55233	3.8	33272	3.2	60.2
2015	55500	0.5	32620	-2.0	58.8

资料来源：2009~2014年全社会用电量及相关的资料来源于中国电力企业联合会公布的年度数据，http://www.cec.org.cn/guihuayutongji/tongjxinxi/niandushuju/；2015年的全社会用电量及相关资料来源于中国电力企业联合会发布的《2016年度全国电力供需形势分析预测报告》，http://www.cec.org.cn/yaowenkuaidi/2016-02-03/148763.html。

尽管全社会用电量增速因为重工业的萎靡而大幅放缓，但第三产业用电量进一步佐证了中国经济在近几年发生的深刻转型。2015年第三产业用电量达7158亿千瓦时，相比2012年的5693亿千瓦时增长了25.7%，年均增长7.9%。

用电量，尤其是工业用电量，曾被作为衡量中国经济增长的重要指标之一。其中由英国著名政经杂志《经济学人》创造的"克强指数"，就是用工业用电量增速、铁路货运量增速和银行中长期贷款余额增速来评估中国GDP增长量的指标，以中国国务院总理李克强的名字命名。[1] 这一指数源于李克强在2007年担任辽宁省省委书记时用这三项指标衡量真实的经济情况。现如今中国的GDP构成与2007年相比已经产生了巨大的差异，2007年第二产业增加值占GDP的比重比第三产业高3.8个百分点，而2015年第三产业增加值占GDP的比重比第二产业高10.0个百分点。因为这种经济结构的变化，工业用电量的增速已经无法成为衡量中国经济增长的有效指标。

在中国经济新常态下，由于经济从高速增长转为中高速增长以及由工业主导型经济向服务主导型经济转变，全社会用电量由过去的高速增长变为中低速增长，同时第二产业的用电量低增速和第三产业用电量的高增速，将成为中国电力行业趋势的重要特征。

[1] "How China's Next Prime Minister Keeps Tabs on Its Economy," *The Economist*, Dec. 10, 2010.

三 全社会用电量中低增速助推经济增长与火力发电脱钩

2009~2012年中国的全社会用电量平均增速高达10.7%，意味着在这期间每年的发电量只有保持一定的高增速，才能在保证发电设备正常运转的同时，避免出现电力短缺的问题。2009~2012年中国新增13053亿千瓦时的发电量，其中来自火电的新增发电量为9138亿千瓦时，占全部新增发电量的70%，火力发电量年均增速为9.23%。可以说过去中国的经济增长依赖火力发电的发展，经济增速与火力发电增速紧密挂钩。之所以出现这种情况，与中国电力装机的结构是密不可分的。

2010年，中国的火电装机占全部装机的73.4%，发电量更是占全部发电量的80.8%；水电的装机占全部装机的22.4%，发电量占16.2%；风电和光伏的装机仅占3.1%，发电量更是仅占1.0%左右（见图3）。当时中国的可再生能源无论是在装机规模上，还是在发电量上，都无法满足中国每年10%以上的用电增速。

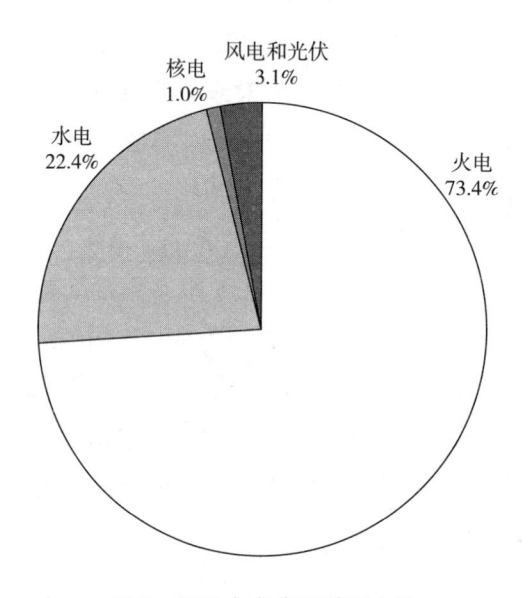

图3 2010年各电源装机占比

然而在经济新常态下，2013~2015年中国的全社会用电量年均增速下降到2.1%的中低速，这为可再生能源支持全社会新增用电量提供了重要前提。"十二五"期间，中国的光伏和风电装机取得了飞跃式发展，年均增速分别达191%和37%，风电和光伏装机占总电力装机的比例从2010年3.3%上升到2015年的11%，新增装机数量远超能源发展"十二五"规划中设定的目标。因为可再生能源的迅猛发展，2015年，火电占全部装机的比例下降到66%（见图4），比2010年下降了7.7个百分点。[①]

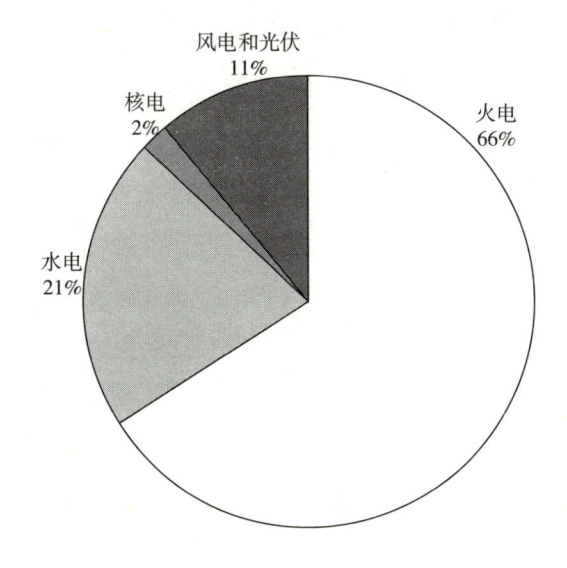

图4 2015年各电源装机占比

资料来源：2015年火电、水电、核电装机资料来源于国家能源局公布的2015年全国电力工业统计数据，http：//www.nea.gov.cn/2016-01/15/c_135013789.htm；2015年光伏发电装机资料来源于国家能源局公布的2015年光伏发电统计信息表，http：//www.nea.gov.cn/2016-02/05/c_135076636.htm；2015年风电装机资料来源于国家能源局公布的2015年风电产业发展统计数据，http：//www.nea.gov.cn/2016-02/02/c_135066586.htm。

火力发电量更是从2013年起就停止了增长。而2013~2015年来自水电、风电和光伏的新增发电量达3010亿千瓦时，占全部新增发电量的

① 参见http：//www.cec.org.cn/yaowenkuaidi/2016-02-03/148763.html。

130%（因火力发电量为负增长，全部新增发电量低于以上三者之和），[①]是全社会新增用电量的132%，[②] 这意味着从2013年起，可再生能源已经支撑了中国的新增电力需求。

2010~2012年，中国的GDP年均增速达9.3%，火力发电量年均增速为6.8%。而2013~2015年，中国的GDP年均增速为7.3%，而火力发电量的年均增速连续两年负增长，2015年火力发电量与2012年火力发电量几乎持平（见图5），这说明在经济结构调整和能源结构调整的双重作用下，中国的经济增长已经与火力发电量的增长完全脱钩了。

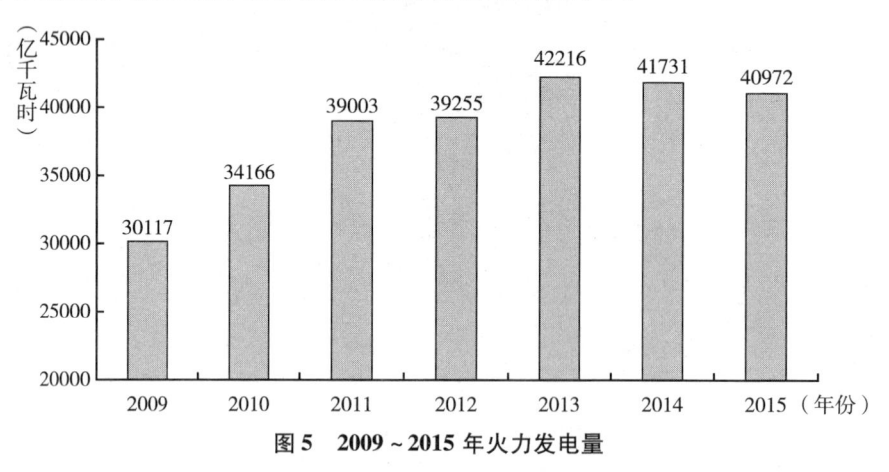

图5　2009~2015年火力发电量

资料来源：2009~2014年火电发电量来源于中国电力企业联合会公布的年度数据，http://www.cec.org.cn/guihuayutongji/tongjxinxi/niandushuju/；2015年火电发电量资料来源于中国电力企业联合会公布的《2016年度全国电力供需形势分析预测报告》，http://www.cec.org.cn/yaowenkuaidi/2016-02-03/148763.html。

四　在环境政策的约束下更清洁的火电

除了经济结构和能源结构调整的因素外，中国民众高涨的环保呼声和新一届政府对环境保护的愈发重视，也成为一种新的态势，这也成为促进电力

[①] 2015年各电源的发电量资料来源于国家能源局公布的相关统计数据。2013年各电源的发电量资料来源于中国电力企业联合会公布的相关统计数据。
[②] 2013年和2015年的全社会用电量资料来源于国家能源局公布的相关统计数据。

行业大气污染物减排的主要推手之一。李克强总理多次在公开场合发言表达中央政府"对污染宣战"的决心。2013年中国的74个城市开始公开PM2.5实时监测数据后，无论是政府部门还是公众，对空气污染的关注度都逐渐提高。

尽管关于电力行业对中国空气污染造成的影响的争论从未终止，但根据《中国环境统计年鉴》提供的数据，2009~2013年，电力行业都是中国大气污染物排放最多的行业，其中煤电行业排放量分别占2013年全国二氧化硫、氮氧化物、烟尘排放量的38%、43%和17%。[1] 作为造成空气污染的主要行业之一，2013年电力、热力生产和供应业排放的二氧化硫、氮氧化物和烟尘分别占总排放量的35.3%、40.3%和21.1%（见表3）。考虑到煤电厂巨大的排放效应，环保部门也对燃煤电厂排放限值不断收紧，以减小现有燃煤电厂的大气污染物排放强度。

表3　2011~2013年电力、热力生产和供应业的主要大气污染物排放情况

单位：吨，%

年份	二氧化硫		氮氧化物		烟尘	
	年排放总量	占总排放量的比例	年排放总量	占总排放量的比例	占总排放量的比例	占总排放量的比例
2011	9011882	40.6	11068392	46.0	2155978	16.9
2012	7970337	37.6	10187321	43.6	2227883	18.0
2013	7206252	35.3	8969204	40.3	2702839	21.1

资料来源：2011年、2012年、2013年的二氧化硫、氮氧化物、烟尘的总排放量资料来源于《中国环境统计年鉴（2014）》P43的全国废气排放及处理情况；2011年、2012年、2013年的电力、热力生产和供应业的二氧化硫、氮氧化物和烟尘的排放量数据分别来源于《中国环境统计年鉴（2012）》P52的各行业工业废气排放及处理情况、《中国环境统计年鉴（2013）》P49的各行业工业废气排放及处理情况，以及《中国环境统计年鉴（2014）》P49的各行业工业废气排放及处理情况。

---

[1] 陈炜伟：《我国将严控利用小时数过低地区火电建设规模》，http://www.gov.cn/xinwen/2014-10/09/content_2761709.htm，2014年10月9日。

2014年7月1日,《火电厂大气污染物排放标准》(GB 13223-2011)中的排放限值对现有的火电机组生效。相较于2004年1月1日生效的上一版《火电厂大气污染物排放标准》(GB 13223-2003),新标准大幅收紧了燃煤电厂的排放限值,理论上燃煤电厂的烟尘、二氧化硫、氮氧化物排放强度会降到之前的60%、25%和44%。

2014年9月,国家发改委、环保部和国家能源局印发《煤电节能减排升级与改造行动计划(2014~2020年)》,其中规定东部地区新建燃煤发电机组大气污染物排放浓度基本达到燃气轮机组排放限值,实现该排放的燃煤机组一般被称为"超低排放"机组。[①] 2015年12月2日,国务院总理李克强主持召开国务院常务会议,决定全面实施燃煤电厂超低排放和节能改造,大幅降低发电煤耗和污染排放。2020年燃煤电厂全面超低排放改造完成后,预计每年可节约原煤约1亿吨,减少二氧化碳排放1.8亿吨,电力行业主要污染物排放总量可降低60%左右。[②]

2004~2015年,中国两次收紧了燃煤电厂排放限值,2020年左右中国燃煤电厂的烟尘、二氧化硫和氮氧化物的理论排放强度将分别下降到2004年最严格限值的20%、9%和11%。目前,中国的超低排放标准已经是全世界对燃煤机组较严格的排放限值标准之一(见表4)。

表4 《火电厂大气污染物排放标准》(GB 13223-2003)、《火电厂大气污染物排放标准》(GB 13223-2011)、超低排放限值中三种主要大气污染物限值的比较

排放标准	污染物项目	适用条件	限值(毫克/立方米)
《火电厂大气污染物排放标准》(GB13233-2003)	烟尘	从2004年1月1日起,通过建设项目环境影响报告书审批的新建、扩建、改建燃煤锅炉项目	50
	二氧化硫		400
	氮氧化物		450

[①] 国家发改委,环保部,国家能源局:《关于印发〈煤电节能减排升级与改造行动计划(2014~2020年)〉的通知》,2014年9月12日。

[②] 王尔德:《国务院重拳治霾:2020年之前燃煤电厂全面超低排放》,http://www.gov.cn/zhengce/2015-12/03/content_ 5019198.htm,2015年12月3日。

续表

排放标准	污染物项目	适用条件	限值(毫克/立方米)
《火电厂大气污染物排放标准》(GB13223 – 2011)	烟尘	全部	30
	二氧化硫	从2012年1月1日起,环境影响评价文件通过审批的新建、扩建、改建燃煤锅炉项目	100
		现有	200
	氮氧化物(以二氧化氮计)	全部	200
超低排放限值	烟尘	全部	10
	二氧化硫	全部	35
	氮氧化物	全部	50

资料来源：超低排放限值资料来源于国家发改委、环保部、国家能源局《关于实行燃煤电厂超低排放电价支持政策有关问题的通知》，2015。

在不断提高燃煤电厂的排放标准后，政策又开始约束重点地区新建燃煤电厂，以杜绝新的大气污染物排放。2013年9月，国务院印发《大气污染防治行动计划》，提出2017年京津冀、长三角、珠三角的细颗粒物浓度比2012年分别下降25%、20%和10%，作为配套措施之一，要求上述区域新建项目禁止配套建设自备燃煤电站；耗煤项目要实行煤炭减量替代；除热电联产外，禁止审批新建燃煤发电项目；现有多台燃煤机组装机容量合计在30万千瓦以上的，可按照煤炭等量替代的原则建设为大容量燃煤机组。

随着益发严格的环境标准的逐一生效，来自煤电行业的大气污染物理论上也出现大幅下降，但超标排放情况使得严格的环境标准的减排效果被大打折扣。2015年底，环保部部长陈吉宁指出，如果现有的工业污染源能全部做到稳定达标排放，主要污染物排放量可以再减少40%左右。[①] 而实施工业污染源全面达标排放，将是环保部"十三五"的目标和重点任务之一。面

[①] 陈吉宁：《加大环境治理力度》，《经济日报》2015年11月30日。

对来自环境标准和行政部门的双重压力,煤电行业在未来必将不得不继续加大在环境保护方面的投入。

五 2014年和2015年中国的空气质量改善明显

随着诸多环境政策的出台、生效,以及中国经济进入新常态和能源结构的低碳发展,过去两年中国的空气质量出现了大幅改善,尤其是在出台了控制煤炭消费和煤电扩张的京津冀、长三角和珠三角地区。

根据环保部公开的2014年重点区域和74个城市空气质量状况和2015年全国城市空气质量状况,2014年和2015年,京津冀区域13个城市平均达标天数分别同比提高5.3%和9.6%;长三角区域25个城市平均达标天数分别同比提高5.3%和2.6%;珠三角区域9个城市平均达标天数分别同比提高5.3%和7.6%(见表5)。①

表5 2014年和2015年京津冀、长三角、珠三角空气质量平均达标天数比例及同比提高状况

单位:%

年份	京津冀区域13个城市		长三角区域25个城市		珠三角区域9个城市	
	平均达标天数比例	同比提高	平均达标天数比例	同比提高	平均达标天数比例	同比提高
2014	42.8	5.3	69.5	5.3	81.6	5.3
2015	52.4	9.6	72.1	2.6	89.2	7.6

资料来源:《环境保护部发布2014年重点区域和74个城市空气质量状况》。

如果仅关注与煤电行业排放的大气污染物紧密相关的PM2.5污染,也可以得到相似的结论,即中国的PM2.5浓度在过去两年也出现了显著下降。

---

① 《环境保护部发布2014年重点区域和74个城市空气质量状况》,http://www.zhb.gov.cn/gkml/hbb/qt/201502/t20150202_295333.htm,2015年2月2日;《环境保护部发布2015年全国城市空气质量状况》,http://www.zhb.gov.cn/gkml/hbb/qt/201602/t20160204_329886.htm,2016年2月4日。

国际环保组织绿色和平公布的中国城市 PM2.5 排名显示，2013 年公开了 PM2.5 的 74 座城市到 2015 年，其平均浓度下降到 54.9 微克/立方米，下降了 21.8%。与 2013 年相比，2015 年京津冀、长三角和珠三角的 PM2.5 浓度分别下降了 25.6%、19.5% 和 25.5%。其中特大型城市北京、上海、广州、深圳 2015 年的 $PM_{2.5}$ 年均浓度分别为 80.4 微克/立方米、53.9 微克/立方米、38.8 微克/立方米和 29.9 微克/立方米。① 尽管离《环境空气质量标准》中要求的 35 微克/立方米的年均浓度尚有一定距离，但与 2013 年的 PM2.5 污染程度相比已经有了大幅改善。

六 煤电逆势扩容给"十三五"电力发展埋下隐忧

在中国电力的新趋势下，全社会用电量保持中低速增长将成为电力新趋势的重要特征。这意味着在未来五年内，由电力行业带来的环境资源压力将有可能减缓，也意味着发电设备的建设速度将在一定程度上放慢，同时可再生能源装机规模的不断扩大也将在未来进一步挤压火电的装机规模和发电量。但电力行业中的火电在 2015 年出现了逆势的投资"大跃进"。

2015 年，火电的装机规模达 9.9 亿千瓦，比 2014 年增长了 7.8%，全年净增 7202 万千瓦，为 2009 年以来年度投产最多的一年。但火电的发电量同比下降 2.3%，从而导致火力发电设备利用小时数创 1969 年以来的年度最低值 4329 小时，同比降低 410 小时。②

更为严重的是，在已经投入运营的火电机组已经过剩的情况下，还有大

---

① 绿色和平：《2013 年城市 $PM_{2.5}$ 污染排名出炉　全国需要治霾重拳》，http://www.greenpeace.org/china/zh/news/releases/climate - energy/2014/01/PM25 - ranking/，2014 年 1 月 10 日；绿色和平：《绿色和平发布 2015 年度中国 366 座城市 $PM_{2.5}$ 浓度排名》，http://www.greenpeace.org.cn/pm25 - city - ranking - 2015/，2016 年 1 月 20 日。
② 《中电联发布〈2016 年度全国电力供需形势分析预测报告〉》，http://www.cec.org.cn/yaowenkuaidi/2016 - 02 - 03/148763.html，2016 年 2 月 3 日。

量的火电项目在2015年拿到最终的行政审批许可。[①] 随着2015年初火电项目的环境影响评价审批权由环境保护部下放到省级环保部门,火电项目的审批如"脱缰野马"般狂奔。据统计,2015年共有210个燃煤电厂项目通过了环评审批,相当于每周有4个燃煤电厂闯过环保部门最后一道关,其装机容量合计达1.69亿千瓦。而在2014年同期,拿到环评批复的燃煤电厂项目装机容量合计只有0.48亿千瓦。

火电行业的逆势扩容,一方面将导致未来火力发电设备的利用小时数继续走低,降低行业的盈利;另一方面大量新上马的火电项目将挤占可再生能源未来的发展空间,拖慢电力行业绿色转型的步伐。根据国家能源局公开的数据,2015年,全国风电平均利用小时数同比下降9.1%,弃风电量339亿千瓦时,同比增加169.0%,弃风率达15%。[②]

2006年生效、2009年修订的《可再生能源法》第十四条提出"国家实行可再生能源发电全额保障性收购制度",这意味着风电的发电量本应被电网全部收购。但2015年的弃风情况如此严重,背后的原因之一是,在经济新常态下,全社会用电量保持中低速增长,大大减少了新增发电量空间,火电逆势扩容挤占了本应属于风电的发电份额。考虑到大量2015年通过环评审批但尚未投入运营的火电项目,未来在火电和可再生能源间的竞争和博弈很可能会越发激烈。而无论从改善空气质量还是从推动能源结构低碳化的角度来考虑,可再生能源都是比火电更优的选择。

七　结语

中国经济进入新常态后,经济结构从原来的工业主导型经济向服务主导

[①] 绿色和平:《2015年中国煤电逆势投资的后果》,http://www.greenpeace.org.cn/wp-content/uploads/2015/11/The-consequences-of-coal-investment-in-china.pdf,2016年3月2日。

[②] 国家能源局:《2015年风电产业发展情况》,http://www.nea.gov.cn/2016-02/02/c_135066586.htm,2016年2月2日。

型经济转变，由此带来的工业用电量的减速、全社会用电量增速的放缓和过去几年中国可再生能源的迅猛发展，促使中国经济在新常态下的增长不再依赖火力发电的增长。与此同时，公众高涨的环保呼声和新一届政府对环境保护的益发重视，尤其是对空气污染治理的力度加大，也成为一种环保新常态。在这种环保新常态下，煤电行业加大在环境保护方面的投入也将成为其未来的必然选择。有了上述转变，以煤电为代表的化石能源发电不应再作为中国电力行业进一步发展的主力军，中国的电力新趋势必然是整个行业往更清洁和低碳的方向发展。

气候变化与能源

Climate Change and Energy

2015年是中国和全球应对气候变化的关键之年。

包括中国在内的全球170多个国家在联合国缔约方COP 21会议上达成《巴黎协定》,旨在将全球平均升温控制在2℃以内,并努力实现温控1.5℃目标,以大幅减少气候变化的风险和不利影响。对于《巴黎协定》的签署,中国也发挥了建设性作用,中国在气候外交上的积极进取,与国内政策不断加大的"绿化"力度,是一种良性互动:一方面,外交上的积极承诺对国内行动产生一定的倒逼作用;另一方面,国内行动的积极成果又增强了实现国际承诺的信心。

落实《巴黎协定》的核心任务是要构建一种低碳发展模式。对中国来说,就是要引领经济发展方式向绿色低碳转型。中国是世界煤炭生产和消费第一大国,以煤炭为主的能源结构支撑了中国经济的高速发展,但同时也对生态环境造成了严重破坏。严峻的空气污染问题和水资源压力倒逼国内能源转型,由此,中国的"能源革命"拉开序幕:煤炭消费控制目标出台,可再生能源发展迅速,在能源结构中的比重日渐显著。2015年,可再生能源第一次实现了"存量替代",这无疑是一个革命性的突破。而如何在供需平衡中实现能源的低碳转型,是"能源革命"面临的现实问题。

本板块的三篇文章,梳理了中国在气候变化方面的外交行动与国内政策,探讨了在气候变化问题上内政与外交的互动关系,提出了在后巴黎时代的气候治理中中国所面临的新挑战。要实现中国在气候变化方面的国际承诺，改善国内环境质量，国内能源系统必须实现低碳转型。2015年，可再生能源的发展虽然取得进展，但是也遭遇了很多挑战：风电在平稳发展的过程中遭受"弃风"这一逆流，产业和企业因此遭受重创；正在起步的太阳能产业应用市场在扩大其在能源结构中的权重的同时，也在补贴不及时和限电的双重压力下发展受阻。中国能源系统的低碳转型是一项巨大的系统性"工程"，因此，有针对性地分析中国能源转型过程中所遇到的问题，拓展关于中国能源转型的公共政策讨论，促进政策制定者、研究者、倡导者和行动者之间的理性沟通，对寻找问题的解决方案将大有裨益。

"气候变化与能源"板块负责人：白韫雯（创绿中心研究院主任）

G.7
能源革命开局：可再生能源发展曲折前行

袁瑛[*]

摘 要： 在2015年这个中国"能源革命"和"能源互联网"的元年，可再生能源的发展坚定地、曲折地前行着。风电在平稳发展的过程中遭受"弃风"这一逆流，产业和企业因此遭受的重创将严重影响风电的健康发展；正在起步的光伏产业应用市场在扩大其在能源结构中的权重的同时，也在补贴不及时和限电的双重压力下发展受阻，中国东部地区分布式光伏产业的逆势发展，体现了更多与新电改结合带来的发展机遇。

关键词： 能源革命 风电 分布式光伏 新电改 弃风

2015年，可以称为中国的"能源革命"元年。在国际减排承诺、国内产业转型和环境压力的多重压力下，"能源革命"成为决策者、学界以及产业界等的共识。占中国能源结构比重最大的煤炭带来的严重空气污染等环境问题日益突出，也引发了煤炭消费控制目标等政策的出台，煤炭正在快步走上"下滑"的轨道。与此同时，可再生能源发展迅速，在能源结构中所占的比重日渐增大。2015年，可再生能源第一次实现了"存量

---

[*] 袁瑛：绿色和平气候与能源部副经理，负责在中国推广可再生能源项目，曾任《南方周末》绿版资深记者、《纽约时报》撰稿人，美国麻省理工大学奈特访问学者。

替代"①，这无疑是一个革命性的突破。新电改方案以及6个配套实施细则的推出，也让人们对迟迟到来的电力体系改革充满了遐想：长期以来围绕化石能源建立的电力体系在外部可再生能源发展以及内部市场化动力的双重驱动下，是否有可能开始松绑？垄断是否能够打破？市场化的电力交易体系是否能够建立？是否能够形成更为"可再生能源友好"的灵活、智慧的电网？种种问题的答案都在这场已经到来的"能源革命"中。

目前，学界和产业界对"能源革命"的实施路径、路线图的讨论不绝于耳。新电改方案和6个配套实施细则的落地为这场革命提供市场化制度设计的保证，能源互联网从技术路线上引导和承接电改实施细则的落地，云南、贵州以及山西等地作为综合电改试点为这场革命探索实施路径。在新旧变革交错之际，可再生能源面临的机遇和挑战都可谓重重。一方面，包括风电、光伏在内的可再生能源从补充到对化石能源"存量替代"，在能源结构中有着逐渐主流化的趋势，带领能源供给端转型；另一方面，主流化也带来了可再生能源与化石能源和基于化石能源形成的电力体系的矛盾日益加剧，电改带来的"红利"也并非对可再生能源都是利好。无论是机遇还是挑战，我们都在见证这场"能源革命"大幕揭开的重要时刻。

本报告将从可再生能源中的风电、光伏与新电改的关系角度，对2015年做出年度观察，并展望2016年的发展趋势与方向。

一 风电：弃风之痛

与光伏、生物质能不同，中国的风电产业经过十余年的发展，已日益成熟，产业发展的目标已经向精细、高效和更低成本的方向发展。截至2015年底，中国风电总装机容量近1.3亿千瓦，发电量占全部发电量的3%，超过核电成为中国第三大电源，带动非化石能源占一次能源消费的比例提高到

---

① 《国家能源局发布2015年全社会用电量》，http：//www.nea.gov.cn/2016-01/15/c_135013789.htm，2016年1月15日。

12%。可以说,风电是中国能源革命的"先锋部队"。

然而,2015年风电产业面临了前所未有的挑战——"弃风"。① 2010年,弃风限电问题开始显现,全国平均弃风率约为10%,2012年上升到17.1%。2015年,弃风限电形势明显加剧,全年弃风电量339亿千瓦时,同比增加213亿千瓦时,平均弃风率达15%,同比增加7个百分点,其中弃风较严重的地区是内蒙古(弃风电量91亿千瓦时,弃风率18%)、甘肃(弃风电量82亿千瓦时,弃风率39%)、新疆(弃风电量71亿千瓦时,弃风率32%)、吉林(弃风电量27亿千瓦时,弃风率32%)。2015年第四季度,甘肃、宁夏、黑龙江等地区的一些风电项目弃风率高达60%。弃风限电问题已经成为关乎中国风电产业生死存亡的大问题。

据测算,2010~2015年,弃风限电带来的直接经济损失约为540亿元。2015年全国风电限电量相当于中国一年新增风电的全年发电量,产业全年的增量效益几乎全部被抵消,由此造成的直接经济损失超过180亿元。

若不着手解决,伴随着更高比例的风电装机以及煤电下滑、运行小时数下降带来的更严峻的并网压力,弃风现象未来只能愈演愈烈,严重威胁风电产业的健康发展。追本溯源,弃风问题,一部分是因为中国东西部资源分布和电力负荷中心不对称,以及输电通道建设落后,更重要的以及本质的原因,是中国以煤为主的能源和电力结构以及由此形成的体制机制不能适应可再生能源的发展。如何从捍卫《可再生能源法》的严肃性入手,从配合电改进程出台有效的消纳政策入手,解救风电于"弃风"之难,将是可再生能源产业2016年面临的最大挑战。

二 光伏:自西向东、自集中向分散

相比风电产业,中国光伏产业的发展,尤其是从制造向下游应用市场的

---

① 根据国家能源局《2015年风电产业发展情况》,2015年风电新增装机容量达3297万千瓦,创历史新高,但平均利用小时数同比下降,弃风限电形势加剧,全年弃风电量339亿千瓦时,同比增加213亿千瓦时,平均弃风率达15%。

转移发展，不过是近几年的事情，还处在蹒跚起步的阶段。然而，光伏是目前中国可再生能源发展的一个焦点，也充满了无限潜力。

截至2015年底，中国光伏发电新增装机容量约1500万千瓦，同比增长40%，中国已经连续三年位居全球当年新增装机容量第一，累计装机容量约4300万千瓦，[①] 已经是全球最大的光伏市场。到2020年，中国光伏装机容量目标有望设定在1.5亿千瓦。在如此高速发展的态势下，一方面，光伏，尤其是华东分布式光伏，在煤炭消费控制和就地消纳两个政策引导下，表现了巨大的发展潜力和活力；另一方面，补贴到位问题、融资问题、土地问题等也一直困扰光伏产业的发展，更不用说在中国西部，光伏电站与风电一样，面临严重的"弃光限电"问题。

在中国，目前地面光伏电站主要集中在西部地区，虽然拥有充足的土地和光照资源，但是由于受到弃光限电的影响，其发展面临巨大的瓶颈。在2015年光伏年会上，甚至有能源局官员表态：西部弃风弃光恐将成为"常态"。数据表明，在连续两年限电20%的情况下，一类资源地区电价需上升0.04元/度，二类资源区电价需上升0.2元/度。

另外，补贴问题依然是光伏从业者挥之不去的梦魇。目前，光伏企业普遍面临的补贴拖欠情况，严重影响了企业的财务收益。究其原因，国家发改委气候中心主任李俊峰表示，"目前，补贴资金皆有出处，可收取，亦可发放，但是问题在于发放过程过于烦琐，行政效率低下。国家批准交由两大电网公司向用户每度电收取0.015元新能源电价附加，但是其发放过程至少需要18个月，甚至某些企业的补贴发放已拖了近三年"。补贴机制的变革并非一朝一夕的事，所以补贴发放不及时的问题仍将在2016年甚至更久的时间里困扰光伏产业。

具体说来，2015年的地面光伏电站和分布式光伏电站面临不同的挑战和发展机遇。由于弃光限电的问题，西部光伏的发展将越来越受到限

---

① 前瞻产业研究院：《2016~2021年中国光伏设备行业市场前瞻与投资预测分析报告》，2016。

制。从目前国家上层决策的动向来看，其战略和政策都在逐渐向中东部开发光伏电站转移，其中分布式光伏是重中之重。对中东部的光伏电站来说，除了补贴不到位之外，最大的挑战来自土地资源。东部地区的土地资源远远比西部地区贫乏，逐渐扩大规模的光伏电站有很大一部分建立在租用的林地、荒地之上，这其中存在的不可控成本不可小觑：稀缺的土地用途变化，带来的违约和涨价风险，将成为东部进一步扩大发展光伏电站的重要挑战。

对于目前普遍被看好、得到政策大力支持的分布式光伏，2014年、2015年连续没有达到此前设定的发展目标。以2015年为例，国家能源局在年初制定的目标是1780万千瓦，其中地面电站约800万千瓦，分布式光伏电站约1000万千瓦，而2015年实际完成情况却不尽如人意，尤其是分布式光伏，在2015年光伏发电装机结构中仅占16%，余下的84%仍然来自地面光伏电站。究其原因，是大型光伏电站由地方政府、电网和光伏企业统一规划，但是分布式光伏电站规模小，并且大部分集中在屋顶，这不仅对屋顶的面积、并网和安装条件要求比较高，而且对项目融资、管理，甚至业主资质等提出了新的挑战。此外，在中国目前的电价体系下，工商业电价远远高于居民电价，工商业安装分布式屋顶光伏有动力，但是寻找适合的工商业屋顶资源是制约因素。对于在其他国家成为主流的家用光伏在中国安装复杂，其经济收益也明显不是很乐观。所以总体看，分布式光伏发电前景也并不乐观。

2015年的光伏发展从上至下一直靠政府在推动，但其发展环境和条件，尤其是与之相匹配的市场、金融环境仍在完善，远远未迎来爆发式发展，我们可以拭目以待未来的三年。

三　新电改与可再生能源：一把双刃剑

2015年，从新电改方案的通过到6个配套文件的落地，搅动了沉寂已久的电力市场和系统。可再生能源与长期以来围绕化石能源设计的电力体系之间矛盾的缓解，在很大程度上依赖电力体系的改革进程。正因如此，在总结 2015 年、展望 2016 年的同时，有必要分析一下正在缓缓进行的新电改会对可再生能源带来的影响。

2015 年 11 月，国家发改委与国家能源局印发 6 个电改核心配套文件，它们分别是《关于推进输配电价改革的实施意见》《关于推进电力市场建设的实施意见》《关于电力交易机构组建和规范运行的实施意见》《关于有序放开发用电计划的实施意见》《关于推进售电侧改革的实施意见》《关于加强和规范燃煤自备电厂监督管理的指导意见》。其重点内容包括：未来中国将逐步扩大输配电价改革试点范围；将组建相对独立的电力交易机构；将建立优先购电、优先发电制度；符合市场准入条件的电力用户可以直接与发电公司交易。同时，分类推进交叉补贴改革，明确过渡时期电力直接交易的输配电价政策。

根据《关于推进售电侧改革的实施意见》，首先，可以确定售电侧放开将直接影响整个供电格局，给可再生能源发展带来重要的利好。尤其是在我国中东部地区，可再生能源尤其是分布式光伏因为不用过网，可以作为直售电的"急先锋"。据不完全统计，目前已注册在案的分布在全国各地的售电公司已有 200 多家，更多的"吃螃蟹的人"还在加入这个改革红利预计在万亿元级的新兴市场。其次，在建立"优先购电、优先发电"的竞争新机制过程中，所谓的保底电量和竞争性电量的设计在保证基本效益的同时，也将影响可再生能源的整体效益。可再生能源能够在竞争性的电力交易中突围，尤其在西部地区，还是要依赖大规模的压煤限煤才可能实现盈利。而在中国东部，尤其是分布式光伏发展非常活跃的地区，由于不受"竞价上网"的限制，反而更能够享受电改带来的红利。可以想象，由光伏开发商和屋顶业主共同组建售电公司，在工业园区可以通过微电网直接实现电力的负荷平衡和直供交易，这无疑可拉长原有分布式光伏的价值链条，大大提高目前光伏电站的盈利表现。

从目前颁布的电改细则来看，市场化的方向无疑是把双刃剑，它让可再生能源作为供电方的一种，直接参与售电，从而有望从根本上缓解并网消纳的问题，这在东部地区尤其突出。然而，尚在成本上不具备竞争力的可再生能源，在保证"绿电优先上网"机制的缺失下，仍然有可能受到电改的负面影响。

2016年将是新电改继续出台细则和各方博弈的一年，政策动向将逐渐变得更为明朗。同时需强调，电改将经历一个极为缓慢的过程，欧洲市场曾经花了几十年的时间完成电力市场化，在中国，它经历的时间可能会更为漫长。

四 未来展望

展望2016年及未来，不得不说，风电所面临的弃风问题仍然看不到丝毫缓解的迹象，而外部环境又十分不利于弃风限电问题的解决。除非有外力介入，从法律、政策以及投资角度一起向地方政府、电力调度部门施压，否则弃风问题难以得到有效缓解。西部光伏电站的发展仍然堪忧，补贴和限电这两个悬在光伏头上的"达摩克利斯之剑"看起来依然无法在短时间内得到解决。唯一值得欣慰的是，中东部地区的分布式光伏有望在未来几年得到快速发展，尤其可能会出现一些对"光伏+售电模式"与"光伏+园区"模式的新探索，需要担心的则是如何控制土地风险。

从太阳能的利用和发展看中国能源转型，在政策层面上，包括《可再生能源法》等在内的法律法规的进一步落实，将是未来政府在促进可再生能源发展方面的主要举措。2016年伊始，已经看到《可再生能源发电全额保障性收购管理办法》《关于建立可再生能源开发利用目标引导制度的指导意见》等文件连续出台，这表明面对弃风弃光等问题，从政策层面出台文件进一步落实《可再生能源法》将是未来政策努力的一个方向。从地方执行层面看，东部地区面临巨大的空气污染、产业转型压力，就全国的发展而言，包括浙江、江苏、河北、北京以及上海等在内的东部地区可再生能源发展目标的雄心需要在"十三五"期间进一步推高，巩固这些地区在全国能源转型中"先锋军"的地位。而从市场来看，分布式能源、新电改以及能源互联网等新模式、新机会的出现，也会催生一大批不同于以往的商业模式，对创新的融资模式提出要求。如何利用市场的力量，利用外部政策的变化催生新的商业模式/融资模式，自下而上地利用市场解决方案推进能源变革，是对能够起到带头作用的大企业，以及更具创新活力的中小企业提出的要求。

G.8
中国能源系统：在供需平衡中实现低碳转型

赵昂　林佳乔*

摘　要： 中国能源系统的低碳转型是一项巨大的系统性工程，需要较长的时间和艰苦的努力。本报告希望通过对中国能源转型过程中所遇到的问题进行有针对性的分析，拓展关于中国能源转型的公共政策讨论，促进政策制定者、研究者、倡导者和行动者之间的理性沟通，寻找有包容性的一系列动态解决方案。

关键词： 能源转型　气候变化　能源政策　页岩气　可再生能源　电力消费

为应对气候变化、能源安全和空气污染等重大挑战，中国从2007年开始大力发展可再生能源，并逐渐成为全球可再生能源的主要投资者，但能源转型需要一个持续且漫长的过程，公开、着眼长远和富有建设性的政策探讨对推动中国理性、有效和公正的能源转型有积极作用。本报告会涉及以下方面：在能源供给方面，探讨页岩气在中国未来10~15年能源系统中的角色，

---

* 赵昂和林佳乔都供职于磐石环境与能源研究所。长期关注环境政策和新能源政策，共同创立磐石环境与能源研究所之前，赵昂在绿家园、绿色和平以及《风电月刊》从事环境与新能源相关工作。赵昂拥有伦敦政治经济学院环境政策硕士学位。林佳乔有多年气候变化与能源方面的学习和管理经验，工作涉及碳市场和低碳发展。林佳乔拥有英国曼彻斯特大学环境科学硕士学位。

以及可再生能源就业面临的不确定性及其发展所需基金的缺口；在能源消费方面，探讨交通部门的低碳转型策略以及终端电力消费预测是否被高估等问题。

一 能源供给端问题分析

1. 页岩气能否成为中国的"过渡性"能源？

中国是世界上页岩气储藏量较多的国家之一，页岩气可采资源量达36万亿立方米。[①] 2012年3月，中国政府发布的《页岩气发展规划（2011～2015年）》，设定了到2015年65亿立方米页岩气产量目标，并预计2020年页岩气开采量为600亿～1000亿立方米。[②]

为了实现优化能源结构、提高环境质量和降低碳排放强度等战略目标，页岩气被认为可以成为一种重要的"过渡性"能源，阶段性帮助中国实现能源产业的升级。然而，评价页岩气能否成为"过渡性"能源，需要将其放在中长期能源转型的战略路径上考虑，而且需要全面考虑不同能源利用方式在中长期内的投资成本、环境和社会影响风险、国际气候变化政策影响、石油和天然气国际市场变化，以及中国未来30年经济发展和人口增长趋势等重要因素。本报告认为未来页岩气的快速增长除了面临上述宏观挑战因素外，其行业本身发展也有很多不确定因素，例如技术普及、开发成本、巨额投资等，未来10～15年，页岩气难以在中国扮演"过渡性"能源角色。

中国重视页岩气的发展，在很大程度上是希望在较短时间内显著降低煤炭在能源结构中的比例。2014年，中国一次能源消费29.7亿吨标油，原煤占比66%，石油占比17.5%，天然气占比5.6%。[③] 煤炭占绝对主导的能源

[①] 张永伟：《页岩气：我国能源发展的新希望》，《光明日报》2011年8月19日。
[②] 《页岩气发展规划（2011～2015年）》，http://www.ahpc.gov.cn/upload/xxnr/ 1002320133211120.pdf，2012年3月16日。
[③] 《2014年世界各国一次能源消费结构》，http://escn.com.cn/news/show-246244.html，2015年6月18日。

系统是中国空气污染严重和碳排放量高的主要原因。为了解决这些问题，中国自2011年以来，就开始加大天然气的消费量和进口量，2014年中国天然气表观消费量为1800亿立方米，比上一年增长7.4%，其中580亿立方米来自进口。① 根据《能源发展战略行动计划（2014～2020年）》，中国预计到2020年天然气消费占比10%，大约6年内翻一番。

在如此高的天然气增长目标下，页岩气所占份额难以在未来5年有大的突破。首先，中国在"十二五"启动的页岩气发展计划推进并不顺利，中国2014年页岩气产量仅有13亿立方米，距离2015年页岩气开发量达65亿立方米的目标相差很远。中国目前页岩气开发面临技术实力、勘探能力、开发成本等方面的约束，同时面临宏观经济下行、投资力度减弱、国际油气价格疲软等因素，因此，国家能源局调低了2020年页岩气开发的量化目标，从之前的600亿～1000亿立方米调低到300亿立方米。② 由此来看，即使到2020年300亿立方米的页岩气产量如期实现，其占当年天然气目标消费量3600亿立方米的比例也仅有8.3%。假设未来5年天然气进口不出现指数型增长，仍处于起步阶段的页岩气将无法扭转中国天然气到2020年仍在能源系统中扮演辅助性角色的局面。

为了替代煤炭，天然气在2020～2030年仍会保持较高速增长，天然气消费占一次能源消费的比例从2020年的10%继续增加到15%左右，消费量达每年6500亿立方米。③ 如果这一目标实现，并且2020年后页岩气开采仍然快速增长，国内页岩气产量在天然气消费中类似美国那样占到半壁江山，即2030年页岩气能满足40%～50%的天然气消费需求，那么页岩气年产量将为2600亿～3250亿立方米。

页岩气的发展需要大量投资，如果将政府对页岩气实施的直接补贴资金也考虑进去，那么达到年产3000亿立方米的规模，累计投资估计要接近

---

① 李新民、王安：《我国天然气对外依存度升至32.2%》，《中国矿业报》2015年1月20日。
② 《2014年中国页岩气产量大涨 增至13亿立方米》，http://www.cet.com.cn/nypd/trq/1437986.shtml，2015年1月14日。
③ 李伟：《中国未来能源发展战略探析》，《人民日报》2014年2月12日。

1万亿元。保障投资规模,是页岩气发展面临的一个重大挑战。另一个挑战则是政府直接补贴的下调,页岩气的补贴标准由2012~2015年间的0.4元/立方米,[①] 逐渐降至2019~2020年的0.2元/立方米。[②] 即便如此,给页岩气的补贴总量依然非常惊人。按照页岩气开发目标,2020年页岩气产量达300亿立方米,那么对页岩气的直接补贴额将达60亿元,相当于2014年应征收可再生能源附加值722亿元的9%。而笔者认为公共资金应该用来支持发展可再生能源,而非补贴化石能源。未来10年,中国仍会继续重视发展可再生能源,投资规模仍会继续增加。

另外,留给中国大规模发展页岩气的时间并不长,主要集中在2020~2030年,2030~2050年将是可再生能源逐步取代化石能源从而全面主导能源系统的转型期,2030年以后将没有大规模发展页岩气的国际、国内政策环境。当2030年左右中国的碳排放和能源消费达到峰值时,包括天然气在内的化石能源将面临碳减排带来的减少消费量的压力,随着可再生能源投资的持续增加,未来10年可再生能源与化石能源的成本差距将继续缩小,很有可能在2025年前后发展可再生能源将具有更大的成本优势。从这个意义上讲,留给页岩气大规模发展的时间并不多,可能就10~15年的时间。决策者需要站在能源转型的战略高度,考虑国际气候变化政策、国内外石油和天然气市场波动,以及宏观经济发展趋势等因素,谨慎审视页岩气开发在能源转型过程中的定位。

2. 中国在可再生能源中的就业问题

我们对多份关于可再生能源就业问题的数据进行了比较和分析,认为可再生能源对就业的拉动效应在2020~2030年可能会面临两个问题:首先是传统能源行业的就业加速下降抵消了可再生能源的就业拉动效应,导致能源行业整体就业水平有所下降;其次是作为当前就业拉动主角的光伏行业在此期间可能会面临就业拉动乏力的局面。

---

① 钟晶晶:《页岩气开发补贴政策出台 每立方米补贴0.4元》,《新京报》2012年11月6日。
② 财政部、国家能源局:《关于页岩气开发利用财政补贴政策的通知》,2015年4月17日。

就能源行业就业来说，目前多个研究结果都表明，可再生能源的就业拉动效应要高于传统能源行业的就业挤出效应。从长期来看，全社会能源行业总就业量不会下降，反而会有一定比例的提高。不过在能源转型过程中，能源行业总体就业水平也可能在某个时期的特定部门出现暂时性停滞甚至下降，也就是说，传统能源行业的就业减少量会高于可再生能源带来的就业增加量，导致整个能源行业的净就业总量减少。根据已有研究推测，对中国来说，2030年很可能将成为一个能源行业的就业拐点，即可再生能源发展到一定规模后，才能抵消传统能源行业的就业减少，从而使整个能源行业的就业量保持净增。

光伏对中国可再生能源就业的支撑作用将减弱。目前中国的可再生能源行业的就业人数占世界总量的40%以上，其中太阳能为中国提供了最多的工作岗位，超过可再生能源就业总数的一半（见图1），2014年比上一年增长了4%，为160多万人，这不仅因为国际上对太阳能光伏需求增加，而且因为国内装机总量增长。中国光伏行业就业量的高比例是与其资源禀赋以及制造业导向有关的，尤其是近些年国内的补贴政策、低成本以及接近市场等方面因素，全球光伏设备产业从欧美向中国转移，让该行业的就业总量大幅提升。

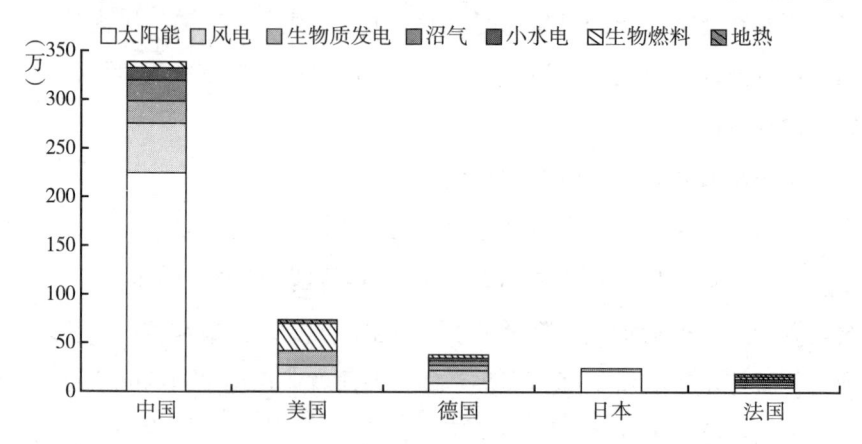

图1　中国与世界其他国家可再生能源工作岗位数量比较

资料来源：改编自 *REN21'sRenewables Global Status Report*（2015）。图中太阳能包括太阳能光伏、太阳能供热以及太阳能光热发电。

但是如果按照每兆瓦工作岗位数量来判断工作岗位的单位产生量,中国太阳能光伏产业 2014 年的单位装机工作岗位数量将近每兆瓦 60 个,是世界平均水平的 4 倍多。通过查阅 21 世纪可再生能源政策网络(REN 21)有关中国可再生能源就业数据的历年报告,我们发现太阳能光伏产业的单位装机工作岗位数量呈下降趋势,如图 2 所示。

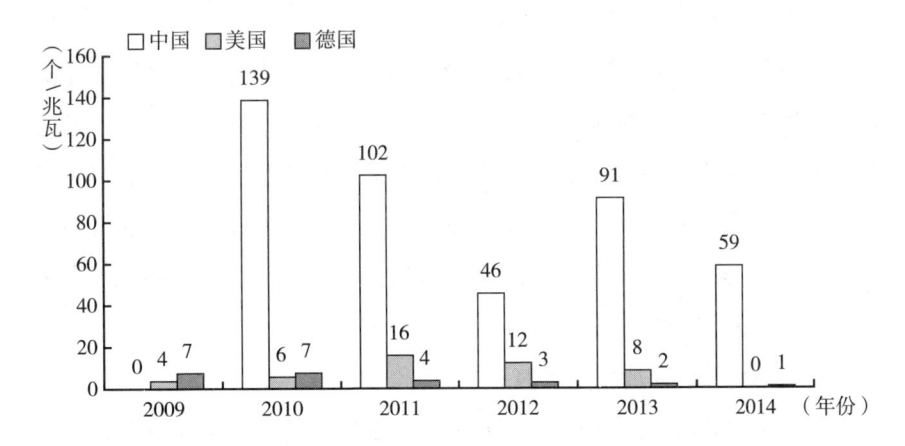

图 2　中国、美国和德国的太阳能光伏发电单位装机工作岗位数

资料来源:根据 REN 21's Renewables Global Status Report 系列报告与 Renewable Energy Capacity Statistics 2015 报告中数据计算得出。REN 21 报告中指出 2012 年中国的就业数据应该是低估了,所以出现了 2012 年的低谷值。

通过上述分析,我们认为在中短期内中国未来新能源行业提供就业的增长点仍会主要来自太阳能相关产业,但是鉴于太阳能光伏的单位装机工作岗位数量呈下降趋势,行业整体就业增速会逐渐降低。从长期来看,由于补贴减少、产能过剩逐步消化、成本提高,以及其可能的制造业跨国转移,太阳能光伏产业拉动就业的增长潜力会持续降低,如果 2020 年是一个分界点的话,那么 2020~2030 年其就业拉动的放缓与本报告第一部分提到的可再生能源与传统能源行业可能出现的净就业数量减少预期就出现了时间上的重合。所以,我们认为中国未来的可再生能源就业岗位可能会存在一个回落期,如果这个时期在 2030 年之前出现,那么中国的可再生能源行业可能会在就业增长方面面临巨大挑战。

因此，要实现2050年高比例可再生能源的发展愿景，在国家层面要确定可再生能源、能效与节能是必须坚持的能源发展方向，并设定清晰且具有雄心的2030年和2050年长期发展目标，而且这些目标应该是与国家的气候策略协调一致和互补的。具体来说，以下几方面需要引起政策制定者的注意。

1. 制定稳定的可再生能源支持政策

高比例的可再生能源的实现需要稳定的可再生能源支持政策，只有这样才能吸引市场对可再生能源行业的持续投资，在增加产能的同时进行新技术研发，从而促进更多就业机会的产生。相关政策的协调也是政策制定者需要考虑的问题，例如新能源与气候变化政策的配合，尤其是目前国内正在制定的国家层面碳排放权交易政策，因为欧盟的经验表明可再生能源市场投资的变化受碳市场的波动性影响很大。

2. 利用地域特点完成平稳过渡

中国目前重点建设的14个大型煤炭基地以及9个大型煤电基地集中在中西部地区，包括内蒙古、新疆、甘肃、宁夏和陕西，[①] 而这些地区也恰恰是中国可再生能源最为丰富的地区。因此，如何从就业角度平衡这些地区从煤电向可再生能源的过渡，是需要深入思考且提前部署的。这些地区现有的优势是拥有大量在电力行业有技术专长的人员，他们应该可以较好地过渡到可再生能源行业。然而，可再生能源行业对低端劳动力的就业吸纳量有限，所以对于技术含量较低或与可再生能源技术不匹配的煤炭开采和选洗等行业，则需要企业和当地政府未雨绸缪，根据本地区可再生能源发展以及就业岗位情况，对低端劳动力进行必要的先期培训，并尽可能吸引新能源制造业等相关产业落户当地，以满足不同层次劳动力的就业转换需求。

3. 为分布式可再生能源铺平道路

中国的可再生能源分布式发电需要予以特别关注。这是一个新兴产业，

---

① 国务院办公厅：《关于印发〈能源发展战略行动计划（2014~2020年）〉的通知》，2014年6月7日。

具有复制快速、较少的资金需求、较高的成本收益以及相对简单的联网要求等特点。分布式发电同时也将电力使用者变成了发电者,如果与储能结合起来,则能大幅降低用户的用电成本。基于这些优势,政府2013年底以来一直鼓励分布式可再生能源发电投资,[①] 不过目前分布式能源在国内的发展并不理想,有很多现实中遇到的问题,亟待出台更有利的政策为其发展铺平道路。

4. 提高公众对可再生能源发展的参与度

在德国,超过90%的民众认为继续发展可再生能源是重要的,同时对分布式能源应用也表现了参与热情,[②] 因为德国民众认为自己可通过分布式光伏发电变成电力生产者,至今德国有超过800家能源合作社。[③] 反观国内,目前公众对可再生能源的了解不深入,接受程度不高,也不知道如何参与可再生能源发展,其中一个原因就是公众对参与可再生能源发展的能力持怀疑态度。政府、私营部门、NGO应该广泛协作,提升公众对可再生能源发展的意识,建立空气污染与当前化石能源使用的联系,让公众有切身参与感,从而提升民间分布式可再生能源的份额。

二 能源消费端问题分析

1. 未雨绸缪,推动交通电气化发展

交通部门的碳排放主要来自道路运输、水路运输和航空运输燃料的燃烧。根据国际能源署(IEA)的数据,中国交通部门的碳排放量中大约有80%来自道路运输领域。在全球电力部门逐步实施可再生能源变革的

[①] IRENA, "Renewable Energy Prospects: China," http://www.irena.org/remap/IRENA_ REmap_ China_ report_ 2014_ CN. pdf, 2014.

[②] Craig Morris, "German Support for Renewables High, Low for Nuclear and Coal", http://energytransition.de/2015/09/german – support – for – renewables – high – low – for – nuclear – and – coal/, 22 Sep., 2015.

[③] 谢丹,《德国:用民间合作社革能源巨头的命》,http://finance.sina.com.cn/zl/energy/20140708/104519639114.shtml, 2014年7月8日。

109

背景下，实现道路交通电气化是实现交通部门低碳发展的关键。尽管目前我国在交通电气化发展过程中存在众多不确定性，如电动汽车制造成本、续航能力、政策激励的延续性、充电基础设施建设、电网适应性等，但从长远来看，电动汽车替代传统燃油汽车是交通部门低碳转型的主要路径。

面对中国承诺碳排放在2030年前后达到峰值，2030年碳排放强度在2005年的基础上降低60%~65%，非化石能源占一次能源比重于2030年达到20%左右等宏观目标，中国的各主要能耗部门，如电力、工业、建筑和交通等部门，都面临控制二氧化碳排放增长速度的政策压力，四个部门中减排挑战最大的当属交通部门，因为此部门的能源来源仍然以石油资源为主，交通部门电气化程度很低。随着中国城市化进程深入、汽车保有量增加，交通部门碳排放量占中国碳排放总量的比例预计会保持上升势头，如果不及时考虑和制定交通电气化战略，那么在2030年以后，交通部门将面临碳减排的严峻挑战。

2011年中国消费原油4.6亿吨，其中2.6亿吨来自进口。[1] 交通部门二氧化碳碳排放量在2011年达6.2亿吨，占中国碳排放总量的6%。[2] 2012年交通部门碳排放增长到7亿吨，当年石油消费带来的碳排放规模达11.5亿吨，交通部门占比61%。能源结构调整和城市化进程会刺激中国石油消费增长，交通部门碳排放量的占比会相应提高。中国公路交通2012年的碳排放量占所有交通部门（包括公路、铁路、航空和水运）总排放量的80%，比世界平均水平高出5%。[3]

---

[1] BP, "BP Statistical Review of World Energy June 2015", http：//www.bp.com/content/dam/bp/pdf/energy – economics/statistical – review – 2015/bp – statistical – review – of – world – energy – 2015 – full – report.pdf, June, 2015.

[2] World Resources Institute (WRI), "Climate Analysis Indicators Tool 2.0," http：//cait2.wri.org 2014.

[3] International Energy Agency, "CO_2 Emissions from Fuel Combustion Highlights by IEA," https：//www.iea.org/publications/freepublications/publication/CO2 Emissions From Fuel Combustion Highlights 2014.pdf.

如果中国不能在2030年左右达到一个较低的碳排放峰值，不仅会影响全球控制气温上升的努力，而且会影响最不发达国家的潜在碳排放空间。有研究指出，中国2030年碳排放量将达138亿吨，①这将占全球2℃目标的理想排放量的40%左右。如果中国达到如此高的比例，即使经合组织（OECD）经济体，特别是欧盟和美国减排目标如期实现，那么经济更为落后的发展中国家的碳排放增长空间也会非常有限。

面对能源供应安全和减少碳排放的压力和挑战，中国一方面应采取各种举措使碳排放尽早达峰并迅速从峰值开始下降；另一方面应当控制碳排放的增长幅度。在众多控制碳排放增长幅度的举措中，尽快推动公路交通部门的电气化发展便是重要策略之一。交通部门的电气化会带来多赢的局面，而且越早推进，将来在交通部门减排上越能留存更多的主动空间。从这个角度讲，现在制定的策略和政策将对中国2030年以后应对气候变化带来积极影响。

截至2014年底，中国已有各类电动汽车12万辆。根据中国汽车工业协会的数据，2015年9月，全国新能源汽车（主要是电动汽车）销售量为2.8万辆，2015年前9个月的新能源汽车销售总量为13.7万辆，②估计到年底的总数为18万~20万辆，与"十二五"规划中提出的纯电动车和插电混合动力车保有量50万辆的目标距离不大。③考虑到目前国家支持电动汽车发展的补贴和减税等多种优惠政策仍会延续，实现2020年新能源汽车累计产销量500万辆的目标是有可能的。④

---

① Global Commission on the Economy and Climate (GCEC), "China and the New Climate Economy-The New Climate Economy Report," Tsinghua University, 2014.
② China Association of Automobile Manufacturers, "New Energy Vehicles Kept a High-speed Growth," http://www.caam.org.cn/AutomotivesStatistics/20151022/1005175995.html, 22 Oct., 2015.
③ 国务院：《关于印发节能与新能源汽车产业发展规划（2012~2020年）的通知》，2012年6月28日。
④ 国务院：《关于印发节能与新能源汽车产业发展规划（2012~2020年）的通知》，2012年6月28日。

随着经济和能源结构的调整，中国在将来也会面临交通和建筑部门碳减排难度大的问题。鉴于技术成熟度以及政府日渐增加的支持，中国应当现在就设定积极长远的电动汽车发展目标，未雨绸缪，为交通部门通过电气化实现低碳发展早做准备。从现在开始就实施交通电气化策略，将为中国达峰后迅速步入碳排放减少的路径提供重要支持。

交通电气化带来的碳减排受到中国电力系统碳密集特点的制约。随着煤电比例下降和可再生电力增加，电动汽车发展带来的碳减排效应将日益明显。中国应当现在就编制一个中长期交通领域电气化发展目标（如2030年和2050年交通部门电气化比例）和实施路线，与电力部门低碳发展同时推进，由此可以尽快获得电力系统低碳转型带来的减排收益，这是一项为未来实现低碳能源转型而奠定基础的未雨绸缪的战略。更重要的是，在全球2℃温度控制情景下，交通电气化不仅可以为国内碳排放达峰后迅速减排奠定基础，而且可以为经济发展水平更低的发展中国家提供一定碳排放空间，为全球应对气候变化贡献力量。

2. 中国2050年终端电力消费可能被高估

影响未来电力需求的主要结构性因素是人口数量、GDP增速和经济发展质量。这些因素不仅对电力需求有直接影响，而且彼此也会有相互作用，并综合起来对电力需求产生影响。一般来说，人口和GDP的增长都会带来更多电力消费。GDP稳定持续增长也会带来经济结构的调整，导致农牧业和工业占比较低，服务业占比逐渐占据主导，这正是经济发展质量提升的过程。当经济发展到一定阶段，人口的出生率会下降，人口老龄化趋势就会出现，人口规模逐渐缩小或者趋于稳定，这对电力需求的推动是反向的。当经济发展质量持续提升，进入后工业化发展阶段，电力需求的增长也会放缓，甚至出现负增长。

预测电力消费的方式一般使用情景分析方法：量化主要影响因子的变化可能性，对各种因子如何分别和综合影响电力消费设定一个模型，推演模拟后得出不同结果,从而勾勒未来电力消费的若干情景。2050年中国电力消费总量预测,对未来30年中国能源投资的方向和力度、实现能源系统低碳转型所采用的方法和遵循的路径,都会产生重要影响。国家发改委能源研究所在2015年4月发布了《中国2050高比例可再生能源发展情景暨途径研究》(以下简称《高比例研究》),对中国2050年终端电力消费总量做出了模拟预测,[1] 我们认为该研究对未来电力消费总量可能有所高估,这主要归因于该官方智库对未来经济和人口的预测假设存在一定偏差,这种高估可能会导致电源端的产能过剩以及能源效率提升方面的投资不足。中国未来经济发展质量的提升以及经济不确定性的增加,会引起电力消费需求降低,其放缓速度可能要超出官方的预期。所以我们对未来电力消费的预测不能过分夸大,应尽量减少对未来能源发展的高预期,为促进可再生能源发展与能源效率提升设置更有雄心的目标。

从人均电力消费角度来看,中国到2050年将消费15.63万亿千瓦时电力(见图3)的预测是否合理值得探讨。美、德、日等发达国家的人均电力消费要远远高于中国。美国人均居住面积大,城市公共交通不发达导致人们出行严重依赖汽车;而德国和日本人均居住面积较小,发达的公共交通使交通相关的电力消费量较低。因此,从国家资源禀赋和人口密度的角度来看,中国未来人均电力消费水平更倾向于接近日本与德国的水平,而不是美国的水平。1980~2013年,德、日、美三国的人均电力消费增长幅度分别为21%、66%和32%。2000年以来,人均电力消费的增长幅度变小,德国出现平稳态势,2000~2013年仅增加了6%,同期的美国和日本却出现下降的情形(见图4)。

---

[1] 根据该研究,2050年中国终端能源消费将达32亿吨标煤,相当于26.05万亿千瓦时,其中电力占60%,那么终端电力消费约为15.63万亿千瓦时。与此相比,中国2010年终端能源总消费量约为17.47万亿千瓦时,其中电力总消费量为4.19万亿千瓦时。参见http://www.efchina.org/Attachments/Report/report-20150420/中国2050高比例可再生能源发展情景暨途径研究-摘要报告.pdf。

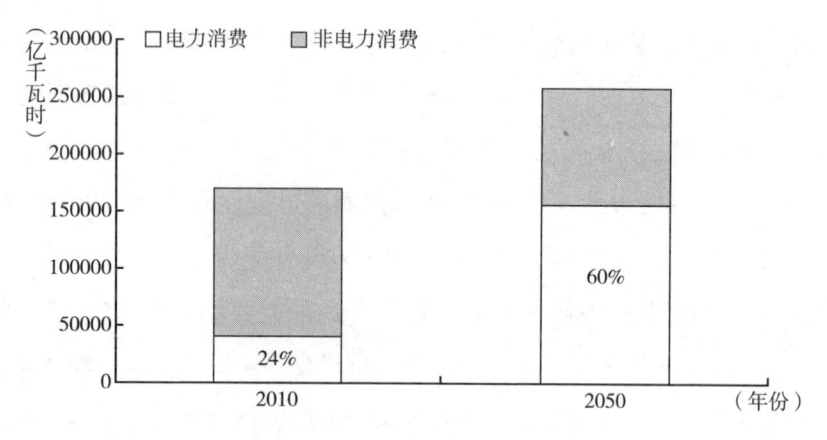

图3 中国终端电力消费占比的变化

资料来源：能源研究所，中国国家统计局。

注：关于千瓦时、吨标油、吨标煤的换算，来自国际能源署。

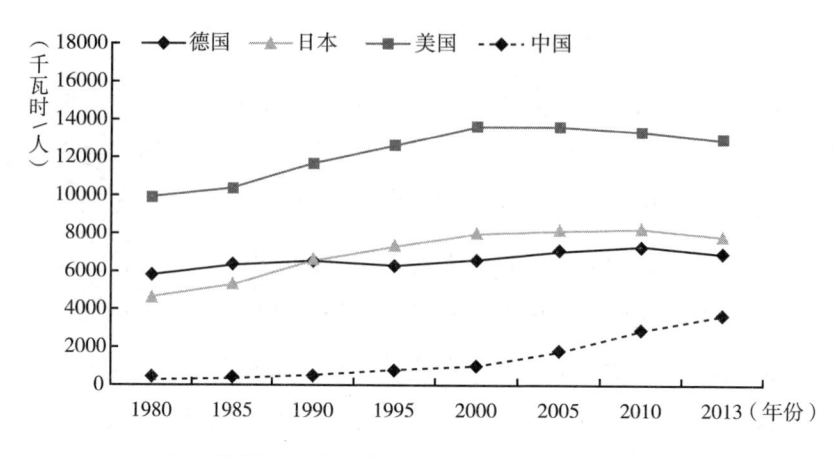

图4 德国、日本、美国和中国人均电力消费的变化

资料来源：世界银行，http：//data.worldbank.org/indicator/EG.USE.ELEC.KH.PC；IEA 2015 Key World Energy Statistics，https：//www.iea.org/publications/freepublications/publication/KeyWorld_Statistics_2015.pdf。

在设定了人口、GDP和经济发展质量三个影响终端电力消费的主要因素基础上，笔者预测了未来中国在这三个因素上的变化趋势，并对美国、德国和日本三国的人均电力消费的变化进行了对比，即使将全球能源的电气化率大幅提升、技术改进和效率提升，以及中国的资源禀赋和人口密度等因素考虑在内,对中国2050年电力消费量15.63万亿千瓦时的预测也可能过高了。中国2050年如果仅达到德国、日本2013年的水平,那么中国的人均电力消费约为7429千瓦时/人,[①] 全国终端电力消费总量约为10万亿千瓦时。即使假设德、日两国到2050年人均电力消费增幅为25%,并且届时中国也达到同期德、日的水平,那么中国的人均电力消费也仅为9286千瓦时/人,全国总量仅为12.52万亿千瓦时。无论是10万亿千瓦时还是12.52万亿千瓦时,都与《高比例研究》中预测的15.6万亿千瓦时的水平有显著差异。

对中长期终端电力消费预测的高估将很可能导致电源建设投资过热、电力供给大于需求、电力行业产能过剩,因此,审慎估测未来电力需求,对能源结构转型、应对气候变化都具有重要意义。进一步来说,如果未来电力需求没有那么高,那么当下在水电和核电领域的跃进式开发很可能"事倍功半",如果将环境、生态和社会影响因素考虑在内,从长期范围来讲,这些开发很可能得不偿失。

三 结语:中国是能源转型国际竞争中的重要参与者

全球层面共同应对气候变化,国内改善环境,是中国能源转型的两个关键动力。然而,另外还有一个因素在某种程度上与前面两个因素同样重要,即低碳技术创新驱动下的经济增长。从长远来看,谁先实现能源系统的成功转型,谁就能在技术创新竞争中处于领先地位,获得绿色经济增长的巨大收益。

德国实施面向未来的促进经济增长和技术创新的能源转型战略(Energiewende)已经有多年了。[②] 法国也在2015年8月颁布促进绿色增长的《能源转型法》,全面实施能源系统转型的大战略。美国力推的《清洁电力计划》(Clean Power Plan)亦旨在推动美国在能源系统低碳转型的国际竞

[①] 根据国际能源署的数据,2013年德国和日本的人均电力消费量分别为7022千瓦时和7836千瓦时,我们取中间值7429千瓦时。

[②] 参见http://www.economist.com/node/21559667。

争中扮演重要角色。作为拥有全球最大可再生能源市场的中国，必然会在能源转型国际竞争中有重要参与。然而，要成为这一特殊竞争领域的领先者，必须首先成为技术创新的领导者，从这一点来讲，中国与德国、法国相比仍有明显差距。

未来10~15年是各国能源转型工作推进的困难期，也是能源转型国际竞争初见分晓的时期，中国将有机会缩小差距。但是这需要决策者站在能源转型的战略高度，考虑国际气候变化政策、国内外能源市场波动和宏观经济发展趋势等因素，细致评估确定页岩气在未来10~15年中国能源系统中的角色，提前部署可再生能源就业面临的不确定性，未雨绸缪推动交通部门低碳转型，以及合理预测未来电力消费量。中国未来30~40年实现能源系统的彻底转型将是一项系统性的巨大"工程"，在此过程中，我们需要推动社会各相关利益群体公平参与，寻找一个包容性、动态性的转型解决方案。

G.9 从后哥本哈根到后巴黎：中国应对气候变化的行动与挑战

陈冀俍*

摘　要： 从2007年开启后京都进程，到2015年通过《巴黎协定》，气候变化的全球治理经历了一个治理模式的转型期，同时，中国国内的"十一五"和"十二五"也是中国国内环境治理的重要转型时期。本报告通过梳理中国气候外交的主要行动与国内环境与气候保护行动的亮点，总结和讨论了在气候变化问题上内政与外交的互动关系，提出了在后巴黎时代的气候治理中，中国面临的新挑战。

关键词： 气候变化　气候治理　巴黎协定

从2009年的哥本哈根峰会到2015年的巴黎峰会，全球应对气候变化的合作经历了从重拾信心到凝聚共识的过程，也经历了范式的转变——之前以《京都议定书》为代表的"自上而下"的范式被《巴黎协定》所代表的"自下而上"的范式取代。在整个过程中，各主要国家都尽其所能地发挥了建设性作用，包括中国在内。中国在气候外交上的积极进取，与中国国内政策不断加大的"绿化"力度，有一种良性的互动：一方面，外交上的积极承诺对国内行动产生一定的倒逼作用；另一方面，国内行动的积极成果又推

---

* 陈冀俍，创绿中心研究院研究员，自2007年起关注联合国应对气候变化的合作进程和国内气候变化相关政策的发展。

动了实现国际承诺的信心。

本报告针对这一过程进行观察和梳理，并在此基础上对《巴黎协定》签订后中国在气候治理方面所面临的新挑战做了概括。

一 哥本哈根峰会后中国在国际气候治理中的立场和作用

中国在《联合国气候变化框架公约》这一多边机制下保持的立场是连贯的且逐步演进的，相对来说，中国政府从被动应付到主动出击，态度转变比较快。

从2000年开始，中国的温室气体排放量激增，这使中国不断受到越来越大的国际减排压力。然而，2009年的哥本哈根峰会之前，中国在联合国应对气候变化合作进程中的参与方式并没能根据这一现实的变化而及时调整，依然在被动地应对国际社会，以防御国际公约为中国的发展空间设限。2009年哥本哈根峰会失败，整体原因是全球各国缺乏行动意愿，但是由于欠缺灵活度导致对外沟通不畅，中国一度沦为哥本哈根峰会失败的替罪羊。哥本哈根峰会后，中国开始主动出击，积极提出自己的立场，公开承诺定量的排放控制目标，并提出设立中国气候变化南南合作基金。在坚持自己的基本立场，包括坚持共同但有区别的责任原则，维护发展中国家团结，要求发达国家率先采取积极行动的同时，中国在具体的议题上也表现了更多的灵活性，具体表现在：一方面，中国对《联合国气候变化框架公约》鼎力支持。特别是在哥本哈根峰会严重挫伤国际社会对联合国气候进程失去信心的时候，中国出资在天津举办了一次年间谈判。在此次年间谈判中，中国表现出建设性和务实的态度，积极推动会议达成共识；另一方面，从2015年巴黎峰会前的两三年起，中国就主动、积极地开展双边与多边外交，在中美、中欧、中巴、中印以及基础四国（中国、印度、巴西、南非）的外交议程中，将气候变化纳入高级别领导人的对话内容，产生了积极的成效。其中，气候变化频繁成为中美首脑高级别会谈、战略与经济对话、能源政策对话的话题之一。在2013年中美两次元首会晤中，中美双方就加强气候变化对话与合作以及氢氟碳化物问题达成了重要共识；在2013年7月的第五轮"中美战略与经济对话"期间，举行了两国元首特别代表共同主持的气候变化特别会议；在2014年APEC会议期间，中美发布《中美气候变化联合声明》，明确提出双方2020年后的行动目标。可以看到，中国的努力紧密连贯。另外，哥本哈根峰会后启动的基础四国部长会议机制也有效加强了四国之间的协调，助力联合国的气候谈判。

除展开双边与多边外交之外，中国在本国的气候议程设定与行动上的力度也在加强。在巴黎峰会前，中国将碳减排强度、非化石能源占比的目标纳入国家自主贡献预案，并在此基础上进一步提出排放峰值年。此外，中国还主动提出设立气候变化南南合作基金，支持发展中国家共同应对气候变化。中国的承诺为当时全球正在火热打造的全球新气候制度增加了热度，为发展中国家采取气候行动注入了信心与动力。

二 哥本哈根峰会后中国出台的气候能源政策

中国对《巴黎协议》谈判进程的积极参与，一方面是因为《巴黎协议》所构建的自下而上、逐步提升行动力度的方式，与中国一贯的务实外交风格相吻合；另一方面则是源于中国国内对绿色发展的内生动力。以下简单回顾2009年哥本哈根峰会后，中国在气候能源领域的行动与政策发展。

1. 节能与能效

哥本哈根峰会的召开正值中国"十一五"规划的后期。"十一五"规划第一次把单位GDP能耗下降20%作为约束性指标。在"十一五"后期，中央政府不断强调该指标的重要性，包括2010年国务院发布的《关于进一步加大工作力度　确保实现"十一五"节能减排目标的通知》，以致当时不少地方政府在具体实施时压力过大，为了保政绩不得不采取拉闸限电的措施，增加了行政约束和市场规律之间的张力。

为避免重蹈覆辙，"十二五"规划纳入了不少基于市场主导的措施，例如，节能量交易被纳入体系。合同能源管理，即由节能服务公司提供节能服务,双方对节省下来的资金予以分成,作为另一种市场化的节能手段,在"十一五"之前就已经开始试点和示范,但是由于违约率高推进不快。2010年4月,国务院办公厅转发了国家发改委等部门《关于加快推进合同能源管理促进节能服务产业发展的意见》,从投资、财政、税收、金融等方面加大了对合同能源管理项目和节能服务公司的支持力度,基本消除了制约合同能源管理推广的政策和体制障碍。①

"抓大放小"是中国根据国情制定的节能减排工作重要方针,简单来讲就是优先管控大型的高污染、高能耗企业。"十一五"的"千家企业节能行动"就是该方针具体落实的计划之一,该行动是指国家对年综合能源消费量18万吨标准煤以上的约1000家企业加强节能管理,这些企业能源消费量占工业能源消费量的一半,占全中国能源消费量的1/3。该行动计划实现节能1亿吨标准煤左右,而实际上实现了节能1.5亿吨标煤,超额完成任务。这一政策在"十二五"被扩大为"万家企业节能行动",意味着加入能源管理的企业数量由千升为万。2014年国家组织了对参加此项行动13328家企业的效果考核,结果显示,2011~2014年,累计实现节能量3.09亿吨标准煤,完成"十二五"万家企业节能量目标的121.13%。②

"十一五"节能行动的另一条重要经验是产业结构调整。用第三产业替代第二产业,以知识密集型产业替代能耗密集型产业,是绕开能效技术极限的有效手段,也与国家优化产业结构、提高工业附加值的战略目标相一致。然而,2008年全球金融危机来临,中国经济未能幸免,外向型经济的发展受到很大影响。这本来是可以淘汰一批落后产能、推动产业升级的机会,但是政府为了保就业、促增长,启动了大规模经济刺激计划,两年内推出"四万亿投资",并取消对商业银行的信贷规模限制等,直接导致了这些落后产能又被保留下来。"十二五"期间,中国经济进入新常态,政府不再采用类似的经济刺激计划,而是借经济放缓的机会进行产业结构调整。

---

① 国家发改委:《中国应对气候变化的政策与行动2010年度报告》,2010年11月。
② 国家发改委:《中华人民共和国国家发展和改革委员会公告2015年第34号》,http://www.sdpc.gov.cn/zcfb/zcfbgg/201601/t20160107_770722.html,2015年12月30日。

《"十二五"节能减排综合性工作方案》提出要抑制高耗能、高排放行业过快增长,加快淘汰落后产能,并且提高服务业和战略性新兴产业在国民经济中的比重。由于中国仍然处在以经济建设为优先发展任务的阶段,节能并不是调整结构的唯一动因,只能说节能减排的压力进一步推动了全国各地的产业结构升级。从气候变化的角度看,"十一五"期间提高能效的进展,确实是中国在哥本哈根峰会前提出2020年定量排放强度控制目标的重要参考,也是"十二五"国内采取节能行动的信心来源。

2. 可再生能源

"十一五"至"十二五",中国的可再生能源发展虽历经波折,但是依然增长势头强劲。第一个大的波折是在"十一五"期间曾大力推动可再生能源发展的清洁发展机制退出;第二个大的波折是美国和欧盟对中国光伏电池板实施反倾销裁决。这两个波折后来被证明都是中国国内支持可再生能源政策改革的机遇。

尽管清洁发展机制(Clean Development Mechanism,CDM)饱受批评,但是无可争议的是,它为中国以风电和光伏为代表的可再生能源的起飞提供了"第一桶金"。哥本哈根峰会前后,在全球金融危机和中国经济崛起的大背景下,发达国家对中国CDM减排量的购买需求和意愿迅速下降。由于之前CDM项目和《京都议定书》造成全球对可再生能源装备的需求增加,中国的光伏和风电制造工业迅速发展起来,并且形成了一些具有自主知识产权的品牌。相对而言,国内光伏和风能的装机容量增长略缓,因为在并网等环节的技术和财税政策还处于摸索学习阶段,《金太阳示范工程财政补助资金管理暂行办法》的出台就是一个例子。尽管如此,风光二者当时的增速在全球依然是领先的。"十二五"期间,可再生能源行业被列为"新兴战略产业",成为全国产业升级和能源结构调整的重要组成部分。可再生能源的发展不再被视为高额的环境治理成本或奢侈品,而是下一代工业革命的重要组成部分,对中国来说是需要抓住的一次发展机遇。

对可再生能源角色的观念改变,也直接决定了中国改变对光伏反倾销裁决案的应对方式。2013~2014年,欧盟和美国相继对中国光伏组件提出反倾销和反补贴的调查，裁定结果都是对中国出口的太阳能光伏组件征收惩罚性的关税。这导致中国出口导向的光伏制造业受到严重冲击。但是，正因为政府已经把光伏产业纳入了"新兴战略产业"，决心要支持发展，光伏双反案反而成为一次机遇。一方面，双反的冲击正好被利用，来淘汰一批低技术含量、高污染的企业；另一方面，中国政府希望通过拉动内需来消化因双反而凸显的过剩产能，这直接催生了针对光伏国内装机障碍的改革。

2013年8月，国家发改委发布的《关于发挥价格杠杆作用促进光伏产业健康发展的通知》明确了集中式光伏电站的上网电价，而国家能源局于2013年11月发布的《关于印发分布式光伏发电项目管理暂行办法的通知》则明确了分布式光伏发电项目的电价补贴标准。2014年9月，国家能源局发布的《关于进一步落实分布式光伏发电有关政策的通知》指出，凡利用建筑屋顶及附属场地建设的分布式光伏发电项目，在项目备案时可选择"自发自用、余电上网"或"全额上网"中的一种模式接入电网。尽管还存在不少问题，但这些政策与其他辅助政策的相继出台，使中国光伏集中式和分布式利用的最大制度障碍逐渐消失。

3. 碳市场

中国国内碳市场的建立和发展也是内外因联合作用的成果。一方面，"十一五"运用行政手段促进节能的边际效应已经很低，必须使用市场化的政策工具；另一方面，由于国际市场对中国注册的CDM的减排量需求降低，原有的一些减排量没有买家，需要到中国国内寻找市场。这都促成了国家做出建设国内碳市场的决定。2013年的中国共产党十八届三中全会把市场在资源配置中的"基础性作用"上升为"决定性作用"，这也毫无疑问地进一步合理化了碳市场的建设。

2011年下半年，国家发改委在7个省市开始了碳交易试点工作，它们分别是北京、天津、上海、广东、深圳、重庆和湖北。碳交易作为一种即将落地的新模式，每个试点都面临很大的挑战，在机制设计、执行和市场表现上，不同的地区都有差异。除这些差异外，机制设计者也面临共同的挑战，其中包括数据的真实性和准确性、总量设定、分配方案、交易形式和参与者的能力等。2012年至2013年初，北京、上海、广东、天津、湖北等已经先后完成或发布了其碳交易试点实施方案。其中，深圳于2012年通过碳交易相关的地方立法，并于2013年6月成为第一个启动交易的试点城市。

2013年10月，国家发改委办公厅首批10个行业企业温室气体排放核算方法与报告指南发布，供开展碳排放权交易、建立企业温室气体排放报告制度、完善温室气体排放统计核算体系等工作参考使用。此外，碳抵消项目也是中国碳市场的重要组成部分。国家发改委于2012年6月发布了《温室气体自愿减排交易管理暂行办法》，给出了中国自愿碳抵消项目的备案、开发和管理的规则。[①] 根据国家发改委公布的数据，截至2015年8月底，中国7个碳排放权交易试点累计交易地方配额约4024万吨，成交额约12亿元；累计拍卖配额约1664万吨，成交额约8亿元。而被纳入排控名单的企业的履约率也在上升，2014年和2015年分别在96%和98%以上。虽然交易量并不算高，但是试点省市的政府、企业和社会已经在低碳发展方面有了比非试点地区更多更深刻的认识和理解，这也是一个方面的成功。[②]《中美气候变化联合声明》提到，中国计划于2017年启动全国碳排放权交易体系，将覆盖钢铁、电力、化工、建材、造纸和有色金属等重点工业行业。

4. 适应气候变化

中国气候变化适应工作的开始远早于国际社会对气候变化问题达成共识，只是中国的气候变化适应工作之前被归入防灾减灾的范畴。

"十一五"至"十二五"时期，是适应气候变化进入中国主流政策讨论的时期。2007年的《中国应对气候变化国家方案》把农业、森林和其他自然生态系统、水资源和海岸带作为重点工作内容。2013年发布的《国家适应气候变化战略》把旅游、人体健康和基础设施也纳入，体现了对适应问题认

---

① 创绿中心：《中国碳市场民间观察2013》，http：//www.ghub.org/? p = 1353，2014年1月15日。
② 《中国碳排放权交易试点"经验成功"，后年启动全国交易体系》，http：//www.thepaper.cn/baidu.jsp? contid = 1403081，2015年12月1日。

识的深入。适应的工作也成为不少地方气候变化立法工作的重点,特别是在一些对气候变化比较敏感的区域。例如,2010年生效的第一部地方应对气候变化的法规《青海省应对气候变化办法》,把"适应气候变化"放在了"减缓气候变化"之前。

在快速升级的气候变化面前,适应气候变化是一场没有胜利日的持久战。对于中国这样的尚处于城市化和工业化进程中的国家,适应不仅是被动应对气候变化,更应是在气候变化风险下管理风险并实现自己的发展目标。从行动力度来看,急性气候极端事件响应机制是相对而言较完备的,一方面,防灾减灾的基本架构和机制原来就有基础;另一方面,气候极端事件也是政府感受最直接、优先次序最靠前的。相对来说,优化信息流管理、促进公众参与和动员基层组织等细节上的问题,依然有待城市规划者、灾害管理部门、民政相关机构来不断改进。

从中远期的经济和城市发展规划看,虽然有城市和省份把气候变化列入五年规划的内容,但很少有将气候风险评估系统地融入发展规划的案例。到目前为止,气候变化也还没有被正式纳入中国战略环境影响评价的范围。

5. 污染治理促生减排目标

在减少温室气体排放的同时可以减少其他环境污染物的排放,这是对气候行动"协同效应"的一般理解。但是在中国实际发生的是,其他环境污染物,特别是大气污染物的减排压力,推进了温室气体减排行动的执行。

从2011年开始,美国使领馆公布驻地空气中的PM2.5浓度,引起公众对空气质量的关注。虽然北京并不是空气污染最严重的城市,但因为是首都,而且是人口数量庞大的国际性大都市,其空气质量受到空前关注。从2013年元旦起,中国74个大城市正式启用新版《环境空气质量标准》。这些城市正式监测并实时发布备受关注的PM2.5污染数据。结果就在当月,四次雾霾笼罩30个省份,在北京,仅有5天没有发生雾霾,污染数值一度爆表。这是在中国发展政策严重向城市倾斜的情况下,城市居民第一次如此普遍地感受到空气污染带来的震撼。从当时媒体报道、网民热议、官员发言来看,治理城市空气污染达成了空前的社会共识。在如此大的压力下,国务院在9月发布了《大气污染防治行动计划》。其中前四条措施直接具有控制温室气体排放的效力,其中规定:在2017年,煤炭占能源消费总量比重降到65%以下;京津冀、长三角、珠三角等区域力争实现煤炭消费总量负增长。① 这是中国首次提出地方的控煤目标。

除了煤炭燃烧对空气质量造成影响,煤炭利用的全过程也对水资源产生了极大的需求,而中国的水资源并不丰富,特别是煤产地往往也是缺水地。节约水资源也成为控煤的主要动力之一。2012年,国务院在其颁布的《关于实行最严格水资源管理制度的意见》中明确提出了严格的用水总量控制,全面开展城市新区、煤电基地规划水资源论证。2014年和2015年,中国煤炭消费总量持续下降,中国煤炭工业协会分析认为,经济增速放缓、非化石能源发展加快、环保约束增强、高耗能产品产量下降等因素,导致煤炭需求受到抑制。② 在这种背景下,中国不仅在2014年提出了2020年的煤炭消费总量的控制目标是42亿吨左右,③ 而且在此后推出了多项执行措施,其中包括2016年的《关于煤炭行业化解过剩产能实现脱困发展的意见》。

三 国内环境政治与中国参与全球气候治理的互动

"十一五"至"十二五"是环境保护进入中国主流政治的时期。国家环保总局升级为环保部,各种环境法规的制定与修订不断开展,"生态文明"在主流政治话语中的地位达到前所未有的高度。推动这种变革的力量很大一部分来自民间。多处的反垃圾焚烧和反PX的群体事件,以及网上对雾霾沸腾的议论,把环境质量与社会稳定直接联系了起来,对于环境保护,社会达成了空前的共识。在此基础上,政府也更有底气地出台与执行更加严格的环

---

① 《国务院发布〈大气污染防治行动计划〉十条措施》,http://www.gov.cn/jrzg/2013-09/12/content_2486918.htm,2013年9月12日。
② 陈炜伟:《中国煤炭消费量继续下降》,http://news.xinhuanet.com/fortune/2015-11/17/c_1117173645.htm,2015年11月17日。
③ 国务院办公厅:《能源发展战略行动计划(2014~2020年)》,2014年6月7日。

境政策。

另外，中国高污染，高能耗的粗放式增长模式在"十二五"期间也走到了尽头，不仅因为高污染、高能耗产品的全球和中国需求都在放缓，而且因为相关产业本身的经济效率也难以为继。绿色产业作为"工业4.0"的重要组成部分，被视为未来潜在的巨大经济增长点。故此，绿色产业得到政府大力度的支持。

中国在全球气候治理中的参与是建立在这两点内政的基础之上的。中国政府的立场体现的是雄心与务实之间的一种平衡：一方面尽力而为，另一方面不过度承诺。这与哥本哈根峰会后"自下而上"及"承诺与回顾"的模式非常契合，也就是在实践中不断学习，在有可能的时候进一步提升雄心。同时，中国的参与在不同程度上也是循序渐进的，一方面从自身行动延伸到双边承诺，再拓展到全球治理；另一方面从部门承诺与合作，如"习奥会"发出统一加快削减氢氟碳化物行动的提议，到后来的数次中美气候变化声明。

此外，民间环保组织在推动中国参与全球气候治理上也发挥了积极作用。2009年以后，在天津举办的气候变化大会年间大会上，有60多家中国NGO联合组织了20多场边会，是NGO参与国际环境类大会规模最大的一次。之后，中国NGO也持续关注国际气候谈判进程，在谈判现场积极开展公共外交，同时进行相关的政策研究。其中，中国向外公布量化排放控制目标也与环保NGO的多年呼吁和倡导分不开。中国NGO通过提出一些前沿、创新的话题，搭建与学术机构、政府、企业的跨界对话平台，推进国内气候与能源议题的讨论，如煤炭总量控制、绿色金融、分布式能源融资、气候立法等。凭借在议题传播和公众参与方面的优势，民间组织正在为中国的低碳发展创造良好的舆论监督环境。

四 哥本哈根峰会后的反思与后巴黎行动面临的挑战

第 ，2015年的《巴黎协定》开启了一场与时间的赛跑。《巴黎协定》

下各国的行动贡献总量与实现控制升温 2℃ 以下的目标还有较大的差距。《巴黎协定》提供了一条在行动中逐步提升雄心的道路，期望以此弥合差距。但是这条道路如果没有各国的积极行动，主动调整雄心，还是很难保证实现气候保护目标的。所以对中国而言，最大的挑战依然是如何尽快提升行动目标。中国在"十一五"和"十二五"期间，可再生能源的目标被一再超越，而煤炭消费总量从 2014 年开始连续下降，这都意味着气候目标可以基于此设计得更具雄心。

第二，在"十三五"期间，如何在经济下行、过剩产能行业失业增加的压力下，坚持经济和能源转型、走绿色发展道路，是中国面临的另一个重大挑战。这需要国家对走绿色发展道路有坚定信念和切实行动，抓住机遇进行产业转型，坚持采用环境总量目标推动发展方式的转变，而不是遇到问题就"弃风弃光"，为一时经济目标盲目保护过剩的高污染产能。

第三，继续深化市场化改革也关乎环境与气候治理。也就是说，需要明确政府权责边界，规范政府干预经济的方式，这是光伏"双反"案和拉闸限电带来的深刻启示。党的十八届三中全会审议通过的《关于全面深化改革若干重大问题的决定》提出：使市场在资源配置中起决定性作用和更好发挥政府作用。这意味着在绿色发展方面，政府需要从绿色健康的经济这一整体利益出发，鼓励企业公平竞争，积极探索技术和商业模式的创新，而不是针对个别企业的发展，支持其盲目进行产能扩张和恶性价格竞争。

第四，继续深入包括环境法治在内的法治改革。这与市场化改革是无法分开的，因为市场经济就是法治经济，绿色经济也必然是法治经济。例如，碳市场建设就极度依赖法治水平，没有法治来保证碳排放数据的准确、违约的责任，整个市场就会没有基础。环境法治改革需要专注经济活动前期的气候与环境相关的审批，经济活动中的环境信息的透明，造成环境损害后的合理申诉与赔偿等。

第五，中国在 2015 年 9 月宣布设立 200 亿元的中国气候变化南南合作基金。如何善用这笔基金，使之有效推动发展中国家低碳而且具有韧性的经济发展也是对中国的一大挑战。如果使用得当，不仅受援国可以获益，全球气候可以获益，而且中国在国际气候资金制度的建设中也将有更大的话语权。

第六，中国的"一带一路"建设对应对气候变化也具有重大关系。如何建设绿色的"一带一路"，避免输出高污染产能，避免把沿线国家锁定在高排放路径上，也是一大挑战。与发达国家的技术相比，中国的绿色技术无论在技术适用性还是在价格上，都更加适合发展中国家使用。因此，不能把"一带一路"建设简单地看成输出过剩产能的机会，而应该看成中国发挥全球绿色领导力、占领未来绿色经济市场的一次历史机遇。

上述挑战中包含着一个更深层次的问题，就是中国"生态文明"口号和政策实践之间还有巨大的缺口。这个缺口的结果就是，一方面基层和行业具体政策的决策者；在落实"生态文明"的时候缺乏具体指导，不知道原则和红线在哪里；另一方面激励机制也并不能明确引导有利于"生态文明"的政策出台。例如，有的地方政府因为市场经济改革要"简政放权"，就弱化了包括环境影响评价在内的前置审批程序，这种做法与"生态文明"的理念完全是背道而驰的。因为生态文明不是一个具体部门的业务，而是渗透在每一个行业部门的变革。期望基层决策者自己来"领会"生态文明的精神是不现实的，所以需要一些更具有操作性的、明确的、针对基层决策的指导性文件出台。首先要有类似"基本解释－基本原则－基本战略/方法"的初步纲领性解读，然后中央政府需要依据这个解读的要求来厘清自己与地方基层、与行业之间的权责关系，并在此基础上进行相关的制度建设，包括修订法律。纲领性解读的撰写需要跨界协作，特别是需要学术界和民间组织贡献大量的智慧。而这种解读，也会对民间组织在基层开展监督活动起到鼓励和支持作用。

政策与治理

Policy and Governance

2015 年，在环境保护法律、法规、政策的制定和实施方面，本板块涉及的三个话题都有关注的必要性。

本板块对年度立法工作的综合述评，不仅有对各项法律法规实施进展的回顾和梳理，而且传递了法学界和社会各界对立法体制、程序、内容和配套法规等方面的质疑批评，并对已经公布的法律在文本和实施中的缺憾与不足进行了中肯的讨论。

环境刑事司法是一个较新的工作领域，在新《环境保护法》和最高人民法院司法解释的积极推动下，近几年有了快速的发展和长足的进步。作者依据最高人民法院研究室的第一手资料，从多维视角总结分析了 2013 年 7 月至 2015 年 12 月各级人民法院审理环境污染犯罪案件的情况，对环境刑事司法的现状和发展趋势，给出了清晰、明确的解读。

作为从源头防止环境污染产生的"第一道防线"，环境影响评价制度是环境保护的基本制度之一。虽然我国早在 1979 年就建立了这项制度，但几十年来，该制度在执行过程中遇到诸多问题，其发挥的作用与效果并不理想。2015 年，在新《环境保护法》的促进下，《环境影响评价法》及相关法规的修订工作已经提上了日程；针对"红顶中介"盛行的现状，环境影响评价实施主体的资质管理办法经过修订重新颁布。以上努力，表现了立法部门和政府环保部门的意愿：力图改变环境影响评价作用日益弱化的现状。

作者站在环境保护的公众立场，对这一过程进行了梳理，并从环评政策法规、环评对象、环评管理体制等方面，阐述了自己的分析和意见，值得认真一读。

"政策与治理"板块负责人：梁晓燕（自然之友理事）

G.10
2015年环境立法亮点与不足

郄建荣[*]

摘　要： 2015年有关环境保护的立法又有新进展。备受瞩目的《大气污染防治法》在十二届全国人大常委会第十六次会议上获得通过，并于2016年1月1日起开始实施。《野生动物保护法》（修订草案）开始公开征求意见。但是，这一年的环境立法缺少亮点，新修订的《大气污染防治法》被指"不接地气"；新《环境保护法》实施一年虽成效开始彰显，但一些重要配套法规仍未出台；备受争议的野生动物利用问题因被写入《野生动物保护法》（修订草案）而引发公众担忧。

关键词： 新《大气污染防治法》　《野生动物保护法》（修订草案）　新《环境保护法》配套法规

2015年8月29日，十二届全国人大常委会第十六次会议表决通过了修订后的《中华人民共和国大气污染防治法》（以下简称新《大气污染防治法》），该法于2016年1月1日起施行。

与1987年发布实施、2000年做过一次修订的《大气污染防治法》相比，新法在针对性和操作性上有所进步。这部法律的目标瞄准了大气质量改善，在强化地方政府责任、加强责任监督等方面均有一定突破。但是，新

---

[*] 郄建荣，《法制日报》资深记者，从事环保报道十多年来共采写各种体裁环境文章近3000篇。

《大气污染防治法》并不被广泛看好，部分条款遭到强烈质疑。相对于部分发达国家的《清洁空气法》，新《大气污染防治法》难免让人失望。

2015年是新环保法的实施年，实施以来取得了令人瞩目的成就。但是，一些重要配套法规，如"排污许可证条例"等至今仍未颁布。

时隔26年，首次迎来大修的《野生动物保护法》（修订草案），一经公布就引发众多争议，争议的焦点仍然是野生动物的商业利用问题。

一 新《大气污染防治法》被指"不接地气"

新《大气污染防治法》的发布无疑是2015年环境立法的一件大事。修订后的法律共设8章129条，除总则、法律责任和附则外，分别对大气污染防治标准和限期达标规划、大气污染防治的监督管理、大气污染防治措施、重点区域大气污染联合防治、重污染天气应对等内容做出了规定。

官方视角的评价认为，这部法律主要以改善大气环境质量为目标，强化了地方政府责任，加强了对地方政府的监督；同时，重点解决了当前大气污染防治中燃煤、工业排放、机动车排放等突出问题；此外，还对重点区域联防联治、重污染天气的应对措施做了明确要求。

环保部副部长潘岳认为，新《大气污染防治法》中明确提及"大气环境质量"达36次之多，涉及条文接近全部条文的1/3，是该法中的最大亮点。①此外，修订后的法律取消了现行法律中对造成大气污染事故单位罚款"最高不超过50万元"的限额；新法结合"大气十条"的要求，将挥发性有机物、生活性排放等物质和行为纳入监管范围；增加了行政处罚条款；等等。

2015年底到2016年初，包括京津冀区域以及东北三省等地在内的广大地区，持续发生大范围的严重雾霾污染，据环保部公开的数据，2015年12月22日，空气污染范围达66万平方公里，重污染面积大概有56万平方公

---

① 《努力留住美丽蓝天——环境保护部副部长潘岳谈新修订的〈大气污染防治法〉》，http://www.mep.gov.cn/gkml/hbb/qt/201509/t20150906_309375.htm，2015年9月6日。

里。其中，48个城市出现重度及以上程度的污染，18个城市出现严重污染；北京、石家庄、保定、邯郸、廊坊、邢台、辛集、衡水、德州、天津、安阳等城市历史上首次启动了红色预警。其中，北京共启动了两次红色预警，北京市的中小学校及幼儿园有史以来第一次因空气污染停课放假，并连续发生了两次。

从2015年12月初开始的这轮严重空气污染上演了跨年过程，2016年1月1日，正是新《大气污染防治法》开始实施的日子。令人遗憾的是，面对严重的雾霾污染，新《大气污染防治法》似乎未能显示它将要发挥的作用。

其实，在这部法律修改过程中，质疑与不满的声音始终未断。究其原因，一些学者给出了他们的分析：新《大气污染防治法》的修订并不是由法律人来承担主要任务，而是由环境科学家主持提出草案，法律人只是事后提意见，参与度很低。另外，部门主导的立法体制问题再次被提出并引发争议。

由科学家担任主角而修订的新《大气污染防治法》并没有得到社会的普遍认可。除了认为科学家立法"不接地气"之外，更有观点指出，新《大气污染防治法》宣示性规定太多，法律的可实施性被大打折扣，如"国家应当……"，"国家推行……"，"国家鼓励……"，"国家鼓励和支持……"，"地方各级人民政府应当采取措施，鼓励……"，"国家采取……"，以及"县级以上人民政府质量监督部门应当……"等。① 显然，法律中大量出现这样的提法与法律应该体现的强制性无法统一，同时，不可避免地出现法律好看不好用的问题。②

对于这部法律的缺陷，作为执法部门的环保部也已意识到，2015年9月6日，环保部副部长潘岳谈道："《大气法》修订过程中，我们也注意到

---

① 常纪文：《一部符合实际需要的〈大气污染防治法〉》，http://opinion.china.com.cn/opinion_13_136413.html，2015年8月13日。
② 吕忠梅：《后〈环保法〉时代的环境法学新课题》，武汉大学环境法研究所公众号，2016年2月19日，参见http://mp.weixin.qq.com/s?__biz=MzA4NzUyMzY2NA==&mid=401822495&idx=2&sn=c412a3a86e3430f9d9713063191da290&scene=1&srcid=0219lz3U69HWkUxc5LJ4QdDg#wechat。

舆论既有肯定，也有质疑、批评，有些还比较尖锐。"

2000~2015年，15年才轮到修改一次的《大气污染防治法》却在质疑与不满中开始实施，难免让人感到遗憾和无奈。特别是在雾霾污染日益加重的情况下，人们无法期望通过它的实施来为改善大气质量保驾护航，更不能指望它可以起到如部分发达国家《清洁空气法》那样的明显效果。

中国有了《大气污染防治法》还需要再制订一部《清洁空气法》吗？对此，环保部副部长潘岳的说法是："从长远的角度看，制定中国特色的'清洁空气法'是未来的发展方向。"显然，尽管新《大气污染防治法》已经实施，但是它不可能起到类似《清洁空气法》的作用。

二 新《环境保护法》遭遇地方执法不严，重要配套法规仍未颁布

与新《大气污染防治法》不同，2015年1月1日开始实施的新《环境保护法》一出台就受到社会各界的普遍赞誉与一致认可，被广泛称为"史上最严"环保法。

从新法实施以来的情况看，确实成效显著。环保部将2015年定为新环保法的实施年，实施以来，环保部以打击偷排、偷放等恶意违法排污行为和篡改、伪造监测数据等弄虚作假行为为重点，依法严厉查处环境违法行为。环保部公开的数据显示，截至2015年11月底，全国范围内实施按日连续处罚案件611件，罚款数额超过4.85亿元；实施查封扣押案件3697件，实施限产停产案件2511件，移送行政拘留案件1732件，移送涉嫌环境污染犯罪案件1478件。同时，环保部还通报了15起污染源自动监控设施及数据弄虚作假的典型案例。

更值得肯定的是，依据新环保法的相关规定，环保部加大了对地方政府环境保护责任的督查力度，由过去只检查企业、监督企业变为尝试督查政府，2015年，环保部共组织对33个城市开展综合督查，约谈16个地市级

城市市长，同时曝光了这些城市市长的名字。

但是，新环保法在执行过程中也暴露了一些问题，特别是基层环保部门执法不严的问题。这方面最突出的表现就是，一些常规的环境违法问题仍然需要环保部下去督查才能发现和制止。2015年12月雾霾最严重时，环保部派出十余个督查组，分赴东北三省以及京津冀区域的主要城市，督查组到任何一地都能迅速查到违法问题。自从环保部开始实行到地方督查"三不"制度（不定时间、不打招呼、不听汇报）以来，环保部经常单独进行暗访、暗查，执法方式的转变在产生好的执法效果的同时，使地方环保部门渎职、不作为、执法不严等问题也暴露无遗。

长期以来，地方环保执法不严屡遭诟病，其中既有部分执法人员自身的问题，如渎职、失职等，也有地方政府干预执法的问题，除此之外，新环保法一些重要配套规范仍未出台也是其中的一个原因。比如，新环保法明确规定了排污许可证制度，其中第63条第二款提出，违反法律规定，未取得排污许可证而排放污染物，被责令停止排污，拒不执行的可处行政拘留。法律规定如此，但是至今有关排污许可证的配套规定也没有出台。由环保部负责的排污许可证规定仍在制定，大概要到2017年才有可能出台。

不难想象，在法律配套规定不齐的情况下，新环保法有关排污许可的原则规定实际上很难得到落实。上至全国下至省、市、县，到底有多少企业，特别是小企业需要取得排污许可证？这个问题不仅地方环保执法部门很难说清楚，就是在国家层面，可能连底都没有。在这种情况下，基层执法人员凭什么去执法呢？因此，新环保法的配套规定迟迟不能颁布，实际上或多或少地影响了这部法律的执行效果。

三 《野生动物保护法》修订考验政府立法理念

中国现行的《野生动物保护法》于1988年11月8日第七届全国人大常

委会第四次会议通过修订，并于1989年3月1日起施行。不谈其他，仅从时间上的落伍来说就需要修改。早在2003年3月举行十届全国人大一次会议期间，就有127名全国人大代表提出4件议案，建议修改《野生动物保护法》。

历经数年，2015年12月26日，全国人大常委会对《野生动物保护法》（修订草案）进行审议，同时，开始公开征求意见，时间为2015年12月30日至2016年1月29日。

这部法律的修订引起了社会各方面的广泛关注，截至2016年1月29日，各界提交的意见有6000余条。《野生动物保护法》（修订草案）之所以引发如此强烈的关注，最核心的问题就是野生动物的利用问题。

在全国人大常委会公开的征求意见稿中，野生动物的"利用"在总则中四次被提及，因此招致质疑。公众、学者以及环保组织纷纷就这一规定提出意见和建议。

野生动物的利用特别是药用在中国是有传统的，传统的中医药中确实有野生动物的成分。但是，近年来出于保护意愿和由于资源枯竭，许多中药已取消了使用野生动物，而改为人工制品替代。尽管如此，野生动物的药用问题仍不断引发质疑，对于出现个别企业虐待动物以获取资源的极端个案，社会舆论有强烈的谴责。

从立法部门来说，将野生动物利用写入修订草案，意在倡导"对野生动物的合理利用"，但是令公众和一些学者及环保组织担心的是，"利用"一旦写进法律，而"合理"与否难有标准，就可能出现"过度利用"甚至滥用，进而出现虐待，残害野生动物的问题。因此，专家提出，法律中应该对野生动物的利用加以严格限制。环保组织自然之友也提出，增加公益诉讼条款，建议法律中明确"专门从事环境保护公益活动的社会组织，可以对侵害野生动物、破坏野生动物生存环境、损害社会公共利益的行为，依法向人民法院提起诉讼"。

专家及环保组织的这些建议以及公众对野生动物被过度利用的担忧，最终能否在法律的最终修订中有所体现，实际上是对政府立法理念的一场考验。

此外，2015年，《水污染防治法》《土壤污染防治法》《核安全法》也列入全国人大立法五年规划。环境影响评价、建设项目环境保护管理、排污许可、环境监测等方面法律法规的制订、修订尚在有序推进。

G.11
环境刑事司法的发展趋势

喻海松 马 剑*

摘 要： 本报告基于2013年7月至2015年12月人民法院审理环境污染犯罪案件的情况，从多维视角总结分析最高人民法院、最高人民检察院《关于办理环境污染刑事案件适用法律若干问题的解释》实施以来，特别是新《环境保护法》实施后的情况，展望环境刑事司法的发展趋势：污染环境刑事案件增长迅速；污染环境刑事案件在地域、地点、高发行业、行为方式等方面都相对集中；危险废弃物犯罪的惩治向纵深推进；大气污染犯罪案件办理在艰难中前行；监测数据造假亟待刑事介入；环境污染刑事司法亟须各方条件配合，继续推进。

关键词： 污染环境刑事案件 环境刑事司法

2013年6月，最高人民法院、最高人民检察院《关于办理环境污染刑事案件适用法律若干问题的解释》（以下简称《解释》）正式发布，自2013年6月19日起施行。2014年4月，历经四次审议，《中华人民共和国环境保护法》修订通过，自2015年1月1日起施行。从"史上最严厉的环保司法解释"到"史上最严格环保法"，标志着我国已迈入环境法治蓬勃发展的新时期，环境行政执法与

---

* 喻海松，最高人民法院研究室刑事处法官，法学博士；马剑，最高人民法院研究室统计办干部，法学硕士。

刑事司法有序衔接，稳步推进。本报告基于2013年7月至2015年12月人民法院审理环境污染犯罪①案件的情况，从多维视角总结分析《解释》实施以来，特别是新环保法实施后的情况，展望环境刑事司法的发展趋势。

一 《解释》实施概况：污染环境刑事案件增长迅速

《解释》实施后，污染环境刑事案件数量上升十分明显。2013年7月至2015年12月，全国法院新收污染环境、非法处置进口的固体废物、环境监管失职刑事案件3049件，审结2824件，生效判决人数4185人。② 其中，新收污染环境刑事案件2991件，审结2766件，生效判决人数4109人；新收非法处置进口的固体废物刑事案件10件，审结9件，生效判决人数13人；新收环境监管失职罪刑事案件48件，审结49件，生效判决人数63人（见图1）。

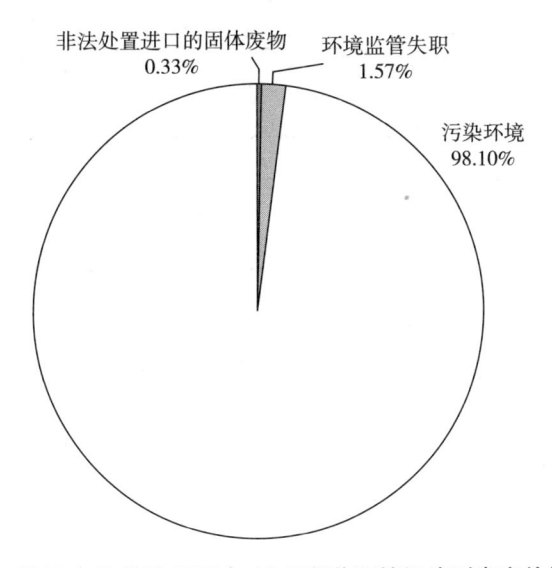

图1　2013年7月至2015年12月新收环境污染刑事案件的构成

---

① 环境污染犯罪包括《解释》所涉及的四种犯罪，即《刑法》第338条规定的污染环境罪，第339条规定的非法处置进口的固体废物罪、擅自进口固体废物罪，以及《刑法》第408条规定的环境监管失职罪。
② 在此期间，人民法院未审理过擅自进口固体废物刑事案件。

综观1997年《刑法》施行以来的情况，适用《刑法》第338条的结案数，① 可以说经历了从一位数逐步迈向四位数的发展历程。大体而言，2006年之前，相关案件数每件不超过10件；2007~2012年，相关案件数每年在40件以下，2013年，相关案件数达104件；2014年，相关案件数达988件；2015年，相关案件数达1691件（见图2）。

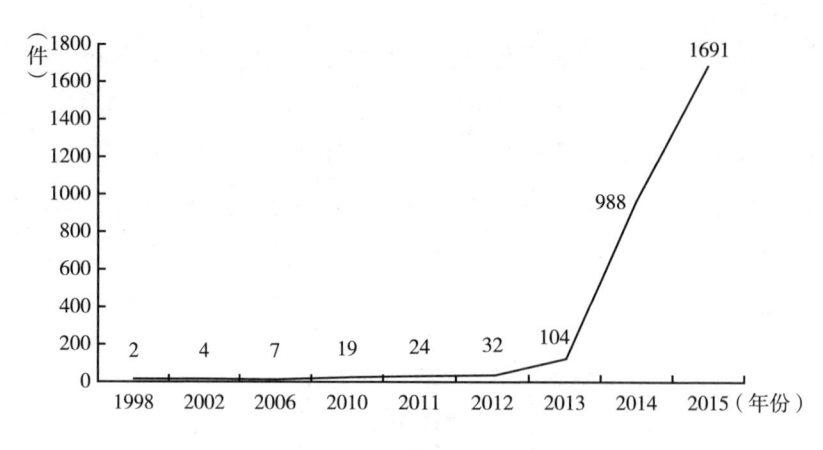

图2 污染环境刑事案件数量增长变化

二 《解释》实施特点：污染环境刑事案件相对集中

综观《解释》实施的情况，可以发现污染环境刑事案件存在相对集中的特点，即案件相对集中于部分地域、特定地点、特定行为方式和特定行业，具体如下。

其一，案件相对集中于部分地域。《解释》施行以来，除青海、西藏、新疆外，其他各省、直辖市、自治区均审理了该类案件。但是，案件分布也明显存在地域相对集中的特点。其中，浙江的收案量和结案量居首位，新收1181件，占全国收案总数的39.49%；审结1122件，占全国结案总数的

---

① 1997年《刑法》第338条的罪名确定为"重大环境污染事故罪"；2011年5月1日施行的《刑法修正案（八）》对刑法第338条做了修改，罪名也调整为"污染环境罪"。

40.56%。而且，全国污染环境刑事案件集中在浙江、河北、山东、广东、江苏（见图3）。

可喜的是，近年来环境污染刑事案件地域相对集中的局面有所缓解。以浙江为例，2014 年，该省收案 579 件、结案 529 件，占全国收案总数的 48.74%、结案总数的 53.54%。2015 年，该省收案量和结案量仍然居全国首位，但占比明显下降：收案 569 件，占全国收案总数的 33.65%；结案 572 件，占全国结案总数的 33.83%。

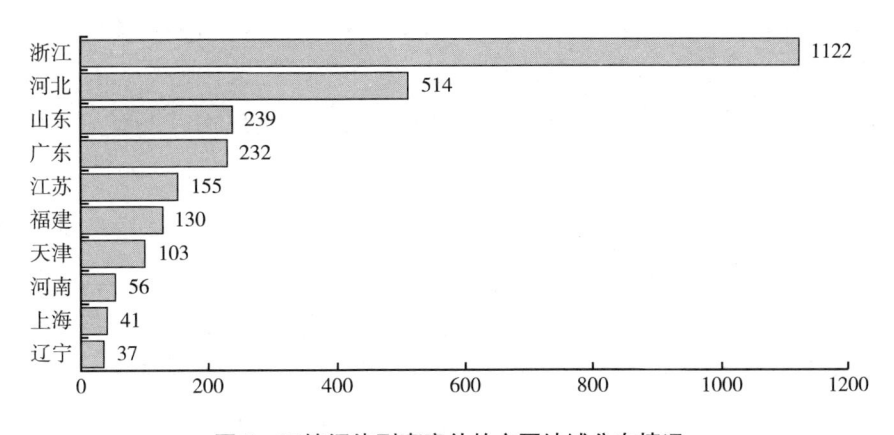

地区	数量
浙江	1122
河北	514
山东	239
广东	232
江苏	155
福建	130
天津	103
河南	56
上海	41
辽宁	37

图3 环境污染刑事案件的主要地域分布情况

其二，案件相对集中于特定地点。污染环境犯罪地点多位于城郊、农村土地和河流区域。非法排放污染物的企业大多位于城郊、农村等相对偏远地区，污染物多被就近排放到厂房附近挖掘的土坑、沟渠内，有的甚至直接将废酸倾倒在鱼塘之内。排放污染物的地点距离村民的饮用水源、耕地等生活资源较近，对周边的生态环境和居民生命健康构成严重威胁。

其三，案件相对集中于特定行业。从实践来看，涉案企业行业主要集中在电镀、化工、皮革、倾倒、炼油、塑料、拆解电瓶等行业。

其四，案件相对集中于特定行为方式。污染环境犯罪的主要形式是：直排式、再生式、联姻式、招揽式、跨界式。全国各地情况差别不大，企业通过多种手段直接排放污染物仍为我国环境污染的主要犯罪形式。其中，再生式案件主要表现为废塑料炼油、拆解废旧电池、危险废物提炼；联姻式、招揽式、跨界式全部为倾倒废液类案件。

三 《解释》实施重点：危险废物犯罪的惩治向纵深推进

《解释》第七条专门规定："明知他人无危险废物经营许可证向其提供或者委托其收集、贮存、利用、处置危险废物，严重污染环境的，以共同犯罪论处。"依据这一规定，《解释》施行后，各地对危险废物犯罪深挖细查，重点打源头、追幕后，取得了良好成效。具体而言，有如下几点值得关注。

一是危险废物犯罪团伙化、专业化倾向明显。在危险废物非法处置领域，有人专业从事非法倾倒、处置危险废物，呈现明显的团伙化、专业化趋势。在犯罪团伙中，成员分工明确，合作紧密，手段专业，发现难度高，造成危害大。浙江新海天生物科技有限公司（以下简称"新海天公司"）、魏某某等污染环境案就是适例。2013年3、4月，浙江省绍兴市越城区鸿运搬运服务部负责人魏某某指使公司员工向产生危险废物的企业散发名片，主动提出帮助非法处置危险废物。同年5月，新海天公司法定代表人陆某某在明知鸿运搬运服务部无污水处理资质的情况下，与魏某某约定以每吨120元价格交由魏某某处理公司残液储罐内的废水（经检测，残液均含有丙烯醛、二烯丙基醚，根据《国家危险废物名录》，均系危险废物）。随后，魏某某指使公司员工将非法运输的80余吨废水直接倾倒在绍兴市袍江新区、越城区境内的下水道，废水经雨水管道进入河道后，造成附近河道内鱼类、河蚌死亡，造成公私财产损失约892740.5元。浙江省绍兴市越城区人民法院以污染环境罪判处被告单位浙江新海天生物科技有限公司罚金60万元，判处魏某某等六名被告人相应刑罚。

二是重特大危险废物犯罪案件凸显。典型案件是浙江金帆达生化股份有限公司（以下简称"金帆达公司"）污染环境系列案。为降低成本、提高效益，2012年上半年，金帆达公司将生产农药过程中产生的危险废液以每吨60~120元的价格，交给为其提供原料的衢州市新禾农业生产资料有限责任公司（以下简称"新禾公司"）、杭州联环化工有限公司、富阳博新化工有限公司、湖州德兴化工物资有限公司（均无处理资质，后三家公司另案处理）。新禾公司又将废液的运输倾倒转包给了不具备危废处置能力的槽罐车老板，从中赚取差价，从而形成了包括农药化工生产企业、物流企业以及槽罐车驾驶员、押运员、企业高管等整个化工废液产生和处理的黑色利益链条。据统计，截至2013年5月案发，金帆达公司通过新禾公司等4家公司在浙江省内的衢州、萧山、富阳、德清、上海等地，非法将废液倾倒在城市窨井、农田、溪沟和运河内，倾倒数量高达3.5万余吨，造成衢江、运河、农田严重污染。2015年6月，浙江省龙游县人民法院一审宣判，被告单位金帆达公司和新禾公司分别处罚金7500万元和400万元，杜某某、严某等18名被告人分别被判处6年至1年5个月不等的有期徒刑，并各处罚金100万元至1万元不等。

三是危险废物处置企业污染环境犯罪案件显现。当前个别具有危险废物处置资质的企业唯利是图，为赚取正规处置和非正规处置间的巨额利差，将本应自行处置的危险废物转包给无处理资质的单位和个人，造成巨大安全隐患。湖州市工业和医疗废物处置中心有限公司污染环境案和四川省中明环境治理有限公司污染环境案就是适例。

四 《解释》实施亮点：大气污染犯罪案件办理在艰难中前行

当前，雾霾等大气污染已成亟待治理的突出环境问题，但由于大气污染物流动性大、稀释速度快等，提取固定证据和责任认定较困难，给查处打击此类案件带来很大难度，影响打击震慑效果。可喜的是，办案机关克服重重困难，办理了相关大气污染案件，取得了良好的效果。河北某焦化有限公司污染环境案就是适例。2014年3月初，该公司发现其二期生化处理站的生化池出现活性污泥死亡的现象,后来情况日益严重,至3月底该处理站已不能达标处理蒸氨废水。时任该公司总经理王某某、公用工程部经理张某甲、副经理胡某某、二期生化处理站主任陈某和岗位责任人张某乙,在未采取有效措施让蒸氨废水处理达标的情况下,为逃避环保部门的监管,捏造了虚假的达标水质检测表;同时,将未达标处理的蒸氨废水用于熄焦塔补水,导致蒸氨废水中的有毒物质挥发酚被直接排入大气,严重污染环境。经检测,挥发酚超出国家规定标准137倍,法院一审判决被告单位某焦化有限公司犯污染环境罪,判处罚金人民币245万元;判决被告人张某甲、张某乙、陈某、王某某构成污染环境罪,判处相应刑罚。需要特别指出的是,该案的办理取得了良好的效果。案发后,当地党委和政府高度重视,协调环保、公安等部门加强对涉案公司的同步整改治理。该公司投资1.8亿元进行环保设施改造,已通过环保部门验收,重新投入使用。

五 《解释》实施缺憾:监测数据造假亟待刑事介入

监测数据是环境管理的重要支撑,也是认定超标排放的第一手证据。然而,近年来,监测数据的真实性屡遭质疑,特别是污染源自动监控设施及数据弄虚作假现象屡禁不止,甚至成为行业"潜规则"。环保部门会同公安机关,加大了对污染源自动监控设施及数据造假案件的行政处罚力度,但是效果并不十分明显,这一现象的有效杜绝亟须刑事制裁手段的介入。据了解,在美国,政府要求生产企业在所有排污口必须安装日常监测设备,并按要求上传排放物监测数据。生产企业如果篡改数据并有证据能够证实,将会遭受非常严重的犯罪处罚。通过强化政府职能部门监管、落实企业主体责任等,美国实现了对环境污染违法犯罪的有效防范和监督,值得我们借鉴。为有效规制规模以上企业的污染环境违法犯罪行为,必须强化对重点排污单位安装的污染源自动监控计算机信息系统的刑事保护。对于为逃避监管,故意对污染源自动监控计算机信息系统进行干扰,致使采样和监测数据失真,造成重点污染源自动监控计算机信息系统不能正常运行,社会影响恶劣或者具有其他严重后果的，宜考虑以破坏污染源自动监控计算机信息系统罪定罪处罚。

六 《解释》实施难点：环境污染刑事司法亟须继续推进

在当前形势下，通过强化刑事手段加大对环境污染违法犯罪行为的打击震慑力度十分有必要。然而，在司法实践中，《解释》实施也暴露了一些问题，亟须加以完善。例如，环境污染犯罪案件的检验鉴定难问题尚未完全解决。对于环境污染犯罪，检验鉴定结论是决定案件性质至关重要的环节。目前，我国检验鉴定面临诸多困境，一方面，机构缺乏，没有一个综合性的环境污染鉴定机构。以重金属的鉴定为例，国内没有一个机构可以对国家名录中规定的重金属全部进行鉴定。另一方面，鉴定周期长，与有限的办案时限形成矛盾，影响了案件办理的实效。此外，诸如监测数据的认可、污染环境罪结果加重情节的适用等问题，在实践中也较为突出。因此，作为适宜的抉择，可以考虑系统总结《解释》实施中存在的问题，适时修订《解释》，为有关部门办理环境污染犯罪案件提供更为便利的依据，切实增强刑事震慑效果。

G.12
2015：环评制度改革亟须加快速度

向 春[*]

摘 要： 环境影响评价是我国环境管理的一项基本制度，作为从源头防止污染产生的第一道防线，被认为是保护环境的最有效手段。但其在实施过程中存在严重的有法不依、有效性欠缺、制度落实不到位等问题，很大程度上损害了这项制度的严肃性和权威性。2015年的现状是，战略环评启动，政策环评仍无突破，规划环评效力不足，项目环评机制不顺，环评管理改革亟须加步快行。

关键词： 环境影响评价 环评管理改革

环境影响评价是我国环境管理的一项基本制度，作为从源头防止污染产生的第一道防线，被认为是保护环境的最有效手段。过去30多年，环评作为一项重要的环境保护制度，在源头预防方面发挥了重要作用。但是在实施过程中也存在有效性欠缺、制度落实不到位等严重问题，很大程度上损害了这项制度的严肃性和权威性。2015年2月，中央巡视组对环保部专项巡视通报的问题主要集中在环评领域，也说明了环评体制机制运行中问题较为严重。

---

[*] 向春，民间环保机构重庆两江志愿服务发展中心和广州绿网环境保护服务中心创办人，长期从事环境影响评价的调查监督工作。

一 政策法规的制定/修订有新进展，但仍需不断完善

中国于 1979 年建立环境影响评价制度，1989 年实施的《环境保护法》正式从法律层面对环境影响评价进行了规定。此后又出台了一系列法律法规对环境影响评价制度进行细化，包括 1998 年开始实施的《建设项目环境保护管理条例》，2003 年颁布实施的《环境影响评价法》，以及 2009 年开始实施的《规划环境影响评价条例》。

2015 年，有关环评的一些法律法规已经或正在修订，环评制度也呈现了一些新的变化，包括如下几点。

（一）环保法的修改强化了环境影响评价的违法责任

2015 年 1 月 1 日开始实施的新《环境保护法》对环境影响评价的内容进行了修订，环境影响评价的对象由 1989 年的仅针对建设项目拓展为"编制有关开发利用规划，建设对环境有影响的项目，应当依法进行环境影响评价"。更为重要的是，新《环境保护法》强化了对环评违法应负的法律责任，由《环境影响评价法》规定的"罚款和限期补办"强化为"罚款和恢复原状"，从法律层面力图杜绝之前大量存在的"先上车后买票"的环评违法行为。

2015 年 8 月 24 日，环保部对中石油云南石化有限公司开出行政处罚决定书，披露中国石油云南 1000 万吨/年炼油项目建设内容发生重大变动，未重新报批环境影响评价文件，擅自开工建设。环保部依据新《环境保护法》第 61 条"建设单位未依法提交建设项目环境影响评价文件或者环境影响评价文件未经批准，擅自开工建设的，由负有环境保护监督管理职责的部门责令停止建设，处以罚款，并可以责令恢复原状"，责令中国石油云南 1000 万吨/年炼油项目变动工程停止建设，罚款 20 万元。[①] 该处罚决定书的亮点

[①] 环境保护部：《行政处罚决定书（中石油云南石化有限公司）》，http://www.mep.gov.cn/gkml/hbb/qt/201508/t20150828_308990.htm，2015 年 8 月 25 日。

是，未要求违法单位限期补办环评手续，阻断了之前建设单位惯用的"先上车后买票"的通道。

（二）两个环评条例的修订将强化环评的实施效果

2015年，环保部已启动《建设项目环境保护管理条例》和《规划环境影响评价条例》的修订，并于2015年12月24日发布了《建设项目环境保护管理条例》（修订草案征求意见稿），明确了对建设项目环评不予审批和不予验收的条件；大大提高了环评违法责任，如对于未批先建责令停止建设拒不执行的，最高可处15天拘留；大大提高了经济处罚额度，部分违法行为可以按照建设项目投资额度的5%以下进行罚款，部分违法行为还可以使用按日计罚。这将在一定程度上提高对建设项目违法行为的威慑力，减少未批先建等违法行为。

2015年10月10日，环保部发布《关于不予批准国网能源哈密煤电有限公司大南湖二号露天煤矿环境影响报告书的通知》，因该项目"环境影响评价"未经审批即擅自开工建设，主体工程已建设完成，且已开采出煤，违反了《环境影响评价法》的有关规定。鉴于评价区地处戈壁荒漠风蚀敏感生态功能区，生态环境极其脆弱，露天开采方式与矿区总体规划环评审查意见不符；该项目所在区域水资源严重匮乏，实施露天开采，将破坏煤层及以上地层含水层结构；该工程未配套建设选煤厂等问题，环保部对该项目不予审批。虽然其主体工程已经建设完成，并已经开始出煤发电，但按照新《环境保护法》的规定，应该对其环境违法行为实施要求恢复原状的处罚。

（三）配套政策的实施影响法律法规的落实

近两年，环保部出台或修订了一批与环境影响评价相关的政策，主要涉及环评信息公开、公众参与、资质管理、环评质量管理等内容，对保障环评质量和实施效果起到了积极作用。

2014年1月1日，《建设项目环境影响评价政府信息公开指南（试行）》

实施，详细规定了环评审批、验收、资质管理、政府信息公开的内容，第一次明确了环评报告书（表）为政府主动公开信息。环评报告书全本的主动公开使得公众能够全面获取和审查建设项目的环境风险、排污内容和治理方法，得以有效保障公众对环境影响评价的参与权、知情权和监督权。

但是，2015年3月16日，环保部发布了《环境保护部审批环境影响评价文件的建设项目目录（2015年本）》，火电站、热电站、炼铁炼钢、有色冶炼、国家高速公路、汽车、大型主题公园等项目的环境影响评价文件下放至省级环境保护部门审批。该项审批权下放后，各省份也相继下放了一批原由省级部门审批的环评项目，部分地方环保部门还对一些环评项目实施了备案制。这个目录实施的一个严重后果是，环保部审批权下放后，释放了一批之前在环保部无法得到审批的项目，如山西省环保厅在2015年6~8月三个月就批准了21个低热值煤发电项目，包括在3月和4月先后被环保部否决的华润电力控股有限公司宁武2×35万千瓦低热值煤发电新建项目和山西中煤平朔低热值煤发电新建项目。而两个项目被环保部否决的主要原因，在于山西大气环境质量超标严重，以及低热值煤发电脱硫除尘技术的可靠性和经济可行性不足，这是山西大气环境质量短期内无法得到明显改善的两个硬指标。山西省环保厅批准的21个项目装机总量达1807万千瓦，分别消耗主要污染物二氧化硫、氮氧化物、烟尘总量指标分别为36268.98吨/年、37739.87吨/年、7484.17吨/年，分别是山西省2014年二氧化硫减排总量47200吨的76.8%，占氮氧化物减排总量87900吨的42.9%。[1] 而火电项目审批权下放之前，2013年环保部全国批准火电项目41个，总装机规模为4620万千瓦，其中低热值煤发电项目仅为3个；2014年环保部全国批准火电项目47个，总装机规模为5360万千瓦，其中低热值煤发电项目仅为5个。[2] 更严重的是，不仅山西，内蒙古、新疆等能源资源丰富的省份，也在

---

[1] 广州绿网环境保护服务中心：《关于山西省环保厅大量批准低热值煤发电项目的举报》，2015年9月20日。
[2] 环境保护部：《关于规范火电等七个行业建设项目环境影响评价文件审批的通知》，2015年12月22日。

短期内批准了大量煤发电项目。为了刹住各地高污染项目突击审批的风头，环保部于2015年12月22日紧急发布了《关于规范火电等七个行业建设项目环境影响评价文件审批的通知》，严格规范火电、水电、钢铁、铜铅锌冶炼、石化、制浆造纸、高速公路七个行业建设项目环境影响评价文件的审批。然而，要达到目的，目前看来并不乐观。

（四）资质管理办法修订杜绝"红顶中介"

2015年11月1日，环保部发布实施了修订后的《建设项目环境影响评价资质管理办法》，并颁布了与之一同实施的6个配套文件。新管理办法杜绝了环保系统单位的从业可能性，限制了非环保系统的事业单位的资质申请和延续，保障了环评机构体制改革顺利进行，"红顶中介"或将彻底退出环评市场。新管理办法也提高了环评机构资质的环评工程师数量，使得现有的小环评公司要么退出市场，要么合并重组，将在很大程度上减少环评机构的数量。这样，既减少了环保部门对环评机构的管理难度，也提高了环评机构的市场化水平。

民间环保机构重庆两江志愿服务发展中心与广州绿网环境保护服务中心一直以来致力于推动环评资质管理的有效性，先后于2013年、2015年发布了对环评工程师挂靠和环评机构资质出租出借的调查报告，推动环保部在2013年、2015年分别针对两项问题启动全国专项调查，查处了一批违法违规的环评工程师和机构单位。2015年8月，广州绿网环境保护服务中心向环保部寄送了环评单位资质出租出借的调查报告，并通过《南方周末》发布了相关调查报告。[①] 2015年9月，环保部启动了全国环评机构专项整治行动，这是环评制度建立以来针对环评机构最为严格的一次全国性专项整治行动。环保部先后发布3批环评违法违规通报，处理159家环评机构、50余名环评工程师，上千名挂靠环评工程师主动退出环评行业。[②]

[①] 岳家琛、邵启月：《环评资质的"地下交易网"》，《南方周末》2015年8月14日。

[②] 环境保护部：《关于全国环评机构专项整治行动发现部分环评机构及从业人员问题处理意见的通报》，2015年12月18日。

二 2015年各项环评制度落实情况及存在的问题

在中国的环境影响评价制度中,建设项目环评比较成熟,规划环评处于摸索阶段,战略环评处于研究阶段,政策环评处于空白阶段。相比来说,美国《国家环境政策法》的环境影响评价制度,主要是以政府机构所制定的法律、规划、决策等为对象进行评价,而中国的环境影响评价,主要是以建设项目为环评对象,在环境影响评价的广度、力度与深度上有着实质性的不同。加快战略环评、政策环评的发展,全面实施规划环评,在宏观层面做好规划和政策的环评影响评价,将大大减少现今建设项目环评存在的问题,也将减少建设项目环评带来的社会矛盾。

2015年,中国的战略环评开始启动。10月27日,环保部在北京召开京津冀、长三角、珠三角三大地区战略环境评价项目启动会。[1] 这三大地区既是我国经济发展的重心,也是环境矛盾最凸显、公众环保需求最强的地区,还是经济和环境双转型最迫切的地区,期待通过战略环评破解经济与环境两难的矛盾。

但是,中国的政策环评仍无突破。虽然新《环境保护法》提出了制定重大经济技术政策要充分考虑环境影响的要求,但是至今未有配套实施办法出台,也没有在政策法规出台过程中评估环境影响的实例。2015年,环保部环评审批权下放后,地方大量审批高耗能、高排放的项目,势必埋下局部地区环境质量快速下降的隐患,这也是缺乏政策出台环境影响评估的后果。

规划环评效力不足。现行的《规划环境影响评价条例》缺乏刚性约束和追责机制,规划环评中未评先批的现象比较普遍。作为环评管理体系的龙头,规划环评落地难使整个环评制度的成效大打折扣,也极大地增加了建设项目环评的成本和社会矛盾。

---

[1] 环境保护部:《潘岳在三大地区战略环境评价项目启动会暨环境保护部环境影响评价专家咨询组成立会议上强调 规划环评是推动绿色转型重要抓手》,http://www.zhb.gov.cn/gkml/hbb/qt/201510/t20151027_315599.htm,2015年10月27日。

项目环评机制不顺。项目环评关注的是选址选线的环境合理性、环保措施的可行性、环境影响的可接受性和环境风险的可控性。就其本质而言，环评是建设单位对拟实施的建设项目可能造成的负面环境影响及减缓措施向社会公众做出的公开说明和承诺，评价单位的角色是接受建设单位委托，提供独立、客观的专业咨询意见。但是由于现行环评为审批制，建设单位只关注环评审批文件，而不关注环评本身的内容。环评单位为了通过审批，常常使环评文件的内容失实，从而影响项目实施，带来环境风险隐患。

三 环评管理改革仍需加步快行

层出不穷的污染事故、环评违法事件，说明现行的环评在制度、实施等各个层面都出现了问题，应进行改革以保障环评对于环境保护的有效性。在修订《建设项目环境保护管理条例》和《规划环境影响评价条例》的同时，应加快推动《环境影响评价法》的修订。现行的《环境影响评价法》在实施中存在有效性欠缺的问题，对宏观层面的环境影响评价缺乏约束力，部分条款与新《环境保护法》不一致，对其进行修订已经迫在眉睫。

而从社会结构和责任分担的角度来看，环评改革应理顺政府、市场、社会层面的责、权、利关系，以此来规范环评管理。

（一）环评管理存在的问题

环保部门从头到尾的环评管理流程形成了完整的内部闭环，最终实质承揽了除污染企业自身责任以外的全部管理性责任，但是现行的管理机制使之缺乏监督，也无从问责。一个污染事件发生，除污染企业自身责任之外，首先要看环境监察部门日常监管有没有问题，倒推环评验收有没有问题，环评审批有没有问题，环评技术评估有没有问题，环评编制有没有问题，环评单位资质有没有问题，编写环评文件的工程师有没有问题。但是由于环评从头到尾实行全流程封闭管理，最终无法问责环评审批部门，也无法问责环评单位，因为都是经过了环保部门组织的专家论证和环保部门的审批，责任被转嫁给了环保部门。因此，从倒推的责任程序来讲，出现污染事故的责任全部在环保部门。从有效管理的角度来看，应有相互问责机制；从责任分配的角度来讲，应权力和责任对等。

（二）环评管理改革的目标

环评管理改革的目标应是提档瘦身、简政放权、社会参与。提档瘦身指的是从现在以建设项目环评为主提升到规划环评、政策环评、项目环评并行，并着重于规划环评和政策环评，减少对非环境内容的评估和报告编写，强化环境影响评估及其措施手段。减政放权主要指的是简化行政部门在环评流程内的管理内容，专注于制度和监管，其他的均可市场化、社会化。社会参与主要是指建立行业性组织以开展行业管理、行业自律等发展管理工作，培育环保组织等社会监督性力量，畅通公众参与的意见表达渠道和违法监督渠道。

（三）环评管理改革的内容

政府为环评的管理主体，应改变现有的从头到尾的重载管理，仅从制度和监管两端着手，该市场的市场化，该社会的社会化。制定（修订）环评相关法律法规、部门规章、标准，使标准有效，罚则明晰，提高违法成本。提高法律对规划环评、政策环评的约束，以备案制逐步替代现有的审批制。环保部门对本级负责的企业环境管理情况进行监管，对下级相关法律法规执行情况进行监管，从严管理，加大执法力度。

市场为环评的实施主体，应以违法成本来约束其投资或执业行为。市场包括建设单位和环评机构，以及建设项目主体、环评技术服务主体。环评对建设单位的主要作用是评估其项目的环境风险以及处置方案成本，从环境风险层面评估其投资的合理性。建设单位应为环境信息公开的主体，应由其负责环评的信息公开。环评单位应以专业技术人员为主体，成立方式多元化（合伙制、股份制、公司制），对业主负责，提供环境技术咨询，环评结论与质量应由环评机构及其负责的工程师终生负责。

　　社会为环评的参与主体，主要包括三个方面的主体：行业性组织、环保组织、社会公众。行业性组织承担由政府职能转移的资质管理、能力建设、信用评价等行业管理工作，开展行业自律、行业发展等工作，以及技术革新等研究性工作。环保组织对环评违法行为进行调查监督，对重大环评项目发表意见，对环评违法、环境违法机构提起公益诉讼。社会公众对其相关的环评项目提供意见，监督环评违法问题。

城市环境

Urban Environment

2011年，中国城镇人口比例首次超过50%，至2013年，达57%，这意味着城市已经成为中国人最主要的栖息地，城市环境质量的优劣直接关乎他们生存和生活质量的高低。而在此之前，城市经济和社会活动，以及城市人对待自然的主流观念，早已对我国自然资源的利用或损耗、生态环境的保护或破坏，起着支配性作用。

2015年，生活污水、空气污染、生活垃圾等困扰着大多数中国城市的环境污染问题，治理状况仍未见根本性改变。本板块重点突出了城市水环境治理和生活垃圾管理这两个问题，也一并探讨了饮水安全和瓶装水发展带来的环境挑战，以及正在城市中蓬勃发展的自然教育行业的发展现状。

本板块共有四篇文章。

《中国污水厂污泥困局待解》和《生活垃圾管理"十二五"规划成绩单》从宏观角度分别论述了全国范围内城市污水处理的副产物——污泥的后续处置困局，以及生活垃圾管理仍存在的重大问题。它们的共同点在于：都以国家"十二五"的相关规划作为参照，不仅讨论了2015年的问题，而且涉及了此前五年的整体状况，因为2015年作为"十二五"规划的收官之年，有阶段性总结的特殊意义。

两篇文章的内容风格则有很大不同。前者通过记者的追踪调查和专家访谈，深入讨论了污泥处理在技术发展、经济投入、政策导向上存在的问题和

可能的解决出路。后者依据的是环保组织的专题调研，主要运用政府信息公开申请的方法，对生活垃圾管理"十二五"规划相关要求的落实情况进行了细致评估。

《从瓶装水到饮用水安全：2015年度观察》梳理和回顾了"十二五"饮用水安全保障目标的落地情况，以及瓶装水发展对中国水资源管理提出的挑战，揭示了从城镇到农村，公共供水服务均等化面临重重挑战，迅速发展的瓶装水市场挑战了中国的水资源、能源和固废管理政策，并可能进一步挑战中央政府设立的保障饮用水安全的目标。

《中国自然教育行业发展现状》则直接探讨了主要发生在城市区域、主要由城市居民参与的新兴的环境教育活动。该文基于高校专业的研究者在2015年对全国自然教育行业发展进行的调研，内容涉及自然教育机构的外部需求、发展态势、组织形式、地理分布、运营特点等。它尤其指出自然教育行业存在的一些重要挑战，如"不够专注""专业人员稀缺""服务规模小""政策环境不完善"等。它也有针对性地提出了行业发展的相关建议，包括：推动自然教育行业发展的顶层设计，搭建行业内外的交流合作，培养更多专业人才，以及沉淀行业的核心教育理念。

"城市环境"板块负责人：毛达（绿色智库"磐石环境与能源研究所"联合发起人）

G.13
中国污水厂污泥困局待解

崔筝*

摘　要： 住建部方面的官方信息显示，目前全国污水厂产生的污泥近半数没有得到无害化处理处置。业内人士则进一步认为，污泥处理处置在实践中存在的问题更加严重。近年来，与污泥相关的纠纷、诉讼并不少见。污泥处理处置为一个庞大而复杂的系统工程，其整体设计水平、运营管理能力、相关投资力度，都关乎整个系统的运行。因此，彻底、有效地解决污泥问题，是对中国环境管理的精细化程度的一大考验。

关键词： 污泥　污水处理　环境管理

种种迹象表明，在"十二五"收官之际，全国城镇污水厂的污泥处理处置成绩已经可以判定为不及格。污水厂污泥是指在污水处理过程中产生的泥状沉淀物质，污水中原有的重金属、有机物、细菌及其他有害微生物等，经过处理，大半留在以污泥为形式的处理后产品中。根据《"十二五"全国城镇污水处理及再生利用设施建设规划》，到2015年，直辖市、省会城市和计划单列市的污泥无害化处理处置率达80%，其他设市城市达70%，县城及重点镇达30%。[1]

---

* 崔筝，财新传媒记者。
[1] 国务院办公厅：《关于印发"十二五"全国城镇污水处理及再生利用设施建设规划的通知》，2012年4月19日。

然而，现实数字远远达不到规划的预期。住建部的官方信息显示，目前全国污水厂产生的污泥近半数没有得到无害化处理处置。业内人士则进一步认为，污泥处理处置在实践中存在的问题更加严重。

大量污水厂污泥的去向，是污水处理业内公开的秘密。污泥违法偷运、倾倒至郊区农村的农地、废弃地、废矿井等地，是各个城市的通用做法。潮湿的污泥滋生细菌和蚊蝇，散发恶臭，其中的重金属和有害物质也会形成二次污染。近年来，与污泥相关的纠纷、诉讼并不少见。

2015年，大多数城市的污泥问题仍未得到妥善解决，在北京，污水管理部门北京城市排水集团有限责任公司曾被环保部约谈，暴露了即使在首都，污泥无害化处理率也仅有一成的严峻事实。①

在中国，污泥困局难解有其历史原因。长期以来污水处理事业秉持"重水轻泥"的思路，加之相关管理、工程技术的不到位，造成了如今污泥泛滥、处理设施或缺失或闲置的尴尬局面。

污泥处理处置在技术上并非无解，根据国际经验，经脱水后进行焚烧或是堆肥，都能以无害形式使之回归自然。但污泥处理处置为一个庞大而复杂的系统工程，其整体设计水平、运营管理能力、相关投资力度，都关乎整个系统的运行。因此，彻底、有效地解决污泥问题，是对中国环境管理的精细化程度的一大考验。

一 污泥问题现状

据官方统计，目前每年中国城镇污水处理厂处理污水总量约为480亿立方米，产生的含水率为80%的污泥超过3000万吨。

2015年初，住建部对全国城镇污水厂污泥处理处置调查显示，经过制造建材、焚烧、制肥、卫生填埋等工艺，污泥无害化处置率可达

---

① 崔静：《北京排水集团被环保部约谈　部分下属企业或项目超标排放》，http：//news.xinhuanet.com/fortune/2015-08/18/c_1116292886.htm，2015年8月18日。

56%。临时处置手段的污泥占总量的1/3,另有百分之十几的污泥不明去向。

近半数污泥未得到无害化处理,已是令人忧虑的问题,但在业内看来,现有的污泥处理处置率被夸大不少。例如,无害化处置中的"卫生填埋"所占比例极大,在实际操作中通常是简单的加拌石灰填埋,而业内普遍认为,"不明去向"的部分,远不止百分之十几,并且这部分的"去向"就是非法倾倒。

真实的数据从北京市城区的污泥问题可见一斑。2015年8月17日,环保部正式约谈北京城市排水集团有限责任公司(简称"北排")主要负责人,原因是北排旗下污水处理项目日产污泥量约2800吨,仅10%左右实现无害化处置,其余均采用干化或静态堆肥等临时性措施处置,存在环境隐患。

2013年,《财新周刊》等媒体跟踪调查发现,北京市数家大型污水厂污泥未经任何处理便被偷运至北京郊区、河北等地,非法倾倒入农田、林地。[1]

此后,北排乱倒污泥的行为屡禁不止,直至2015年初,有媒体报道,2015年,北京水务行业内部流传着一份红头文件,要求"一吨污泥都不能运出北京"。[2]

突然收紧的政策让整个北京市的污水处理厂措手不及,湿臭的污泥不能非法外运倾倒,又没有妥善渠道处理,只能在厂区内堆放或挖坑填埋。《北京青年报》等媒体报道,2015年夏天,北京数家污水处理厂和临时处置点因堆放污泥滋生蚊蝇,散发恶臭,让职工和周边居民苦不堪言。

目前,中国污泥处理处置的主要方式为卫生填埋、堆肥、焚烧等,其中,卫生填埋仍为当今国内的主要污泥处理处置方式。在水污染日益严重、水环境日趋恶化的今天,污泥造成的二次污染问题日显突出,污泥问题已到

---

[1] 任重远、何林璘:《京城两起污泥案均未追究北排责任》,《财新周刊》2013年第30期。
[2] 王斌:《大量污泥包围污水处理厂》,《北京青年报》2015年7月6日。

不容忽视的地步，迫切需要解决。

然而，解决之路道阻且长。一边是污泥问题的日益严峻，而另一边是早年购置的昂贵污泥处理处置设施无法派上用场。据媒体报道，北京花在处置污泥上的资金，已超过10亿元。① 以北京的资金和管理实力，污泥处理处置水平如此低下的现实让人惊讶。首都如此，更何况二线、三线城市。

在武汉、南京、苏州、深圳等地，近年来均有因污泥倾倒引发的纠纷或群体性事件出现。2014年底，全国首例检察机关支持中华环保联合会作为原告提起的环境公益诉讼案，也与污泥有关，广州市白云区人民法院开庭并当庭宣判，原因是被告倾倒污泥对当地鱼塘造成污染。②

二　困局难解

中国的污泥困局，早在城市化建设的初期就已经埋下祸根。事实上，参考国外成熟的污水处理系统而建的中国污水处理厂，本就该有针对污泥处理处置的规划和设计，整个污水处理体系的构建也应当考虑到污泥处理处置设施的建设和运营成本。但是，早期污水处理处置设施建设以投资为导向，由于"钱紧"，只能着手先解决更显眼、更紧要的污水处理问题。

这就是业内专家们认为中国污泥问题的第一大症结——"重水轻泥"。在各大城市的发展中，污水处理行业一路高歌猛进，并随着社会资本的进入逐渐走向市场化，但"重水轻泥"的习惯被一再承袭，无论是行业内部还是监管领域，长时间以来都忽略了城市污水处理厂建设的污泥处理处置环节。

历经几个历史时期的发展，中国城市的污水处理系统得到长足进步，然而，没有污泥减量化、稳定化和无害化处理的理念，这造成了目前多个城市

---

① 毛丽冰、乔宠如：《北京污水治理费花去哪儿了》，《经济》2015年第1期。
② 《倾倒110车淤泥污染鱼塘　牵出一宗特殊的公益诉讼》，《南方都市报》2014年12月26日。

的困局:污水处理厂内没有空间建处理项目,污泥集中处理难以选址,污泥处置渠道过于单一。

有观点认为,在明确主体,以及落实责任、收费、监管等方面,污泥处理处置的管理水平比污水处理落后了接近十年,而行业内的技术解决能力、主体成熟度的差距也许更大。

在技术方面,混乱的技术路线成了制约污泥处理处置的主要原因之一。

在中国城市化建设初期,城市周边的垃圾填埋场通常成为污水处理厂污泥的最终归宿,脱水加填埋的方法简单又便宜。但随着城市边界不断扩大,垃圾围城问题日渐严峻,当填埋以及运输的成本越来越高,填埋场成为稀缺资源时,填埋已不再是经济简便的处置手段,非法倾倒成了必然选择。

近些年,快速增长的污泥带来了新型"城市病",但并不是绝症。在发达国家,目前,成熟的技术路线分为以下两派。

一派是干化焚烧技术,将污泥干化后作为燃料,灰渣可填埋或作为建材。这是污泥无害化处理并充分利用的较好解决方案之一,也是欧洲多地使用的技术。然而,与国外污泥主要来源于生活污水不同,中国的雨污合流系统使得污泥成分复杂,热值不高,额外添加燃料和对锅炉的影响使得成本升高。干化焚烧技术在日本等地的应用也是主流,但伴随着重金属、二噁英排放控制难度大,以及高能耗、高碳排放等问题越来越严重,在垃圾焚烧已成敏感社会问题的中国难以尝试。另外,中国的大气治理行动也给焚烧带来了难题,与垃圾焚烧厂面临的难题类似,是否能够做到焚烧厂的精细化管理,解决排放问题,也是制约这一技术投用的障碍。

另一派技术路线则以堆肥进行土地利用为主,又细分为厌氧发酵和好氧堆肥两个方法。在中国的实践中,每一种技术路线应用到工程上,又会因地制宜,变出不少花样,令人眼花缭乱。

标准的厌氧发酵技术在德国等国家被广泛应用,是污水处理厂的"标配"。但在中国,因为污泥成分不同、运行管理难度大,以及成本较高,出现了"水土不服"。例如,北京在高碑店、小红门等污水处理厂都有相关尝试,但终因管理难度大、投入产出不成正比而作废。

而作为主流处理路线之一的好氧堆肥，曾存在重金属含量高、项目占地面积大、恶臭等问题，虽然近年来技术进步使得这些问题得到改善，但污泥处理的后产品没有销路和处置途径，也导致之前建成的项目很难持续运行。

技术上的另一个问题，则是污泥处理与处置阶段出现割裂。

污泥处理是指通过一定的技术路线，实现污泥的减量、无害、稳定；而处置则是指处理后产品有出路。目前，污泥的处置路线有土地利用、建材利用、垃圾填埋等几种，也曾有观点认为，污泥中仍有热值，可以作为燃料予以资源化利用。几种路线各有利弊，业界辩论亦一直在进行，但一个共识是，一家污水厂污泥处理路线的设置，应该由相关部门规定的污泥处置方向倒推决定。

在许多城市，污泥处理项目已经确立，但并没有对污泥的最终去向做出明确规定，更没有建立处理处置的顺畅机制。

如上所述，一些国际上的主流技术路线在国内纷纷遇冷，和处置方向不明确有很大关系。对污泥处置，国家尚无明确考核指标。在决策部门当时确定的主要技术路线中，除了焚烧可以"简单粗暴"解决问题外，制肥、做建材等处理技术路线都离不开稳定持续的后产品出路。

而事实上，污泥制成的肥料、建材并未得到相关行业的青睐，下游市场的缺失让产业链条始终无法理顺，即使污泥处理行业投资已经迎来春天，这一问题也始终没有得到解决。

近年来，不少以利用有机质为核心的污泥处理技术，因为产品无法在当地消纳、外销成本过高而无法稳定运行，从处理厂沦为污泥堆放场。而一些简便应急的方式如污泥加钙稳定，本可以在其稳定后用于修路等建设，也无处可去。

曾有专家建议，污泥后产品的销路问题或许可以通过政府采购来解决，例如，污泥后产品可以对接大城市市政部门对园林绿化有机肥料的需求，以及建设部门对建材的需求。这样的渠道本可通过政府部门间协调实现，然而，缺乏激励，部门间的利益链条很难打破。

三 何以解困？

破解城市污泥困局，首先要解决污泥相关基础设施建设缓慢、投资缺位的问题。据住建部统计，大部分省份在污泥处理处置方面的建设目标未能与"十二五"规划同步，而且差距较大。

国家发改委对"十二五"期间全国污泥处理处置的投资情况的中期评估结果显示，当五年计划过半时，污泥处理处置方面的投资完成率不到25%。[①] 而同时，各地在污水处理能力的投资、升级改造的投资方面却提前完成了任务，只有污泥投资远远低于中期目标。这是中国污水处理业"重水轻泥"的再次体现。

还有观点认为，即使设施完备，污泥处置的运行困境还是投资，清华大学水业政策研究中心主任傅涛指出，目前大多数污水处理厂拿到的污泥处置费用，不足以进行无害化处置。在这样的局面下，一些污水处理厂即使建成了先进的污泥处置设施，也难以连续运转。

在发达国家，污泥处理处置是污水处理的重要一环，接近50%的污水处理投资花在污泥处理处置环节，清华大学环境学院环保产业研究中心副主任薛涛指出，在环境处理精细度极高的日本，1吨污泥的处置费用可高达800元。然而在中国，污水处理投资的20%能够放在污泥治理上，已属不错的水平。

与投资同等重要的，是明晰的政策导向。地方政府需要真正认识污泥问题的严峻性、复杂性，加强精细化管理，以及重视处理处置结果。

污泥处理是比污水处置要更加精细复杂的系统工程。正确厘清污泥处理与污水处理全系统的关系，提前谋划污泥处理处置的相关路线，因地制宜选择成本、技术要求，以及运营能力能够匹配当前发展水平的路线，才是未来污泥处理处置工程建设中真正要解决的问题。

---

① 国务院办公厅：《关于印发"十二五"全国城镇污水处理及再生利用设施建设规划的通知》，2012年4月19日。

G.14
生活垃圾管理"十二五"规划成绩单

毛 达*

摘　要： 2015年中国零废弃联盟对《"十二五"全国城镇生活垃圾无害化处理设施建设规划》的执行情况进行了调研，发现：除垃圾无害化处理率整体达标外，该规划设定的其他目标和要求，落实情况很不理想，执行缺乏严肃性，难以对相关政府部门起到必要的规范和约束作用。建议全国垃圾管理的"十三五"规划在深刻评估"十二五"规划完成情况的基础上编制，引入更多的公众参与，唯此才能为下一个五年，乃至更长时间内中国生活垃圾管理的改革之路画出一幅明晰的蓝图。

关键词： 生活垃圾管理　"十二五"规划　零废弃联盟

2015年是《"十二五"全国城镇生活垃圾无害化处理设施建设规划》（以下简称《规划》）的收官之年。在这一年对《规划》的落实情况进行回顾，关乎未来五年，即"十三五"该领域改革之路的设计，具有承上启下的重要意义。

在相关政府部门着手对《规划》进行评估的同时，由致力于促进中国

---

* 毛达，环境史博士，民间环保公益平台"自然大学"及绿色智库"磐石环境与能源研究所"联合发起人。过去10年，一直参与多个环保机构固体废物和环境健康领域的项目或行动，积极推动城乡垃圾和有毒有害物等环境问题的解决。

可持续垃圾管理的40多个机构或个人组成的中国零废弃联盟，也在2015年初成立了课题组，通过文献搜集、信息公开、实地考察等方式，对《规划》各项目标或要求的落实情况进行了调研。本报告就是对调研情况的总结报告。

《规划》包括六个方面的内容[①]，是要求从中央到地方各相关政府部门严肃落实的，也是值得认真回顾和评估的，包括：（1）无害化处理；（2）存量治理；（3）餐厨垃圾处理；（4）生活垃圾分类；（5）处理设施监管；（6）规划落实的保障措施。这些内容大多设置了量化目标，有的则提出了具体的管理要求，可以作为评估的依据。

一 《规划》的落实情况

（一）无害化处理

《规划》除设置了全国城镇和东部沿海地区"十二五"垃圾焚烧处理目标外，还规定到2015年，直辖市、省会城市和计划单列市生活垃圾全部实现无害化处理，设市城市无害化处理率在90%以上，县县具备无害化处理能力，县城无害化处理率在70%以上，全国新增生活垃圾无害化处理设施能力达58万吨/日。[②]

根据国家发改委和住建部向环保组织宜居广州、芜湖生态中心依申请公开的《〈"十二五"全国城镇污水处理及再生利用设施建设规划〉和〈"十

[①] 2012年4月19日，国务院办公厅发布《"十二五"全国城镇生活垃圾无害化处理设施建设规划》，其编制单位包括国家发改委、住建部和环保部。《规划》一出，媒体的焦点基本聚集在一直有较大社会争议的垃圾焚烧处理的发展目标上。"到2015年，全国城镇生活垃圾焚烧处理设施能力达到无害化处理总能力的35%以上，其中东部地区达到48%以上。"这句话成了当时记者引用最多、着墨最重的内容。这样的报道偏重，不可避免地遮盖了《规划》其他方面的要求。对于那些未阅读过《规划》文本的普通公众，甚至职业环保工作者，难免留下好像"十二五"只有一部"焚烧规划"的印象。

[②] 国家发展和改革委员会、住房和城乡建设部、环境保护部：《"十二五"全国城镇生活垃圾无害化处理设施建设规划》，2012年4月19日。

二五"全国城镇生活垃圾无害化处理设施建设规划〉中期评估报告》（以下简称《中期报告》），2012年全国设市城市和县城生活垃圾无害化处理率分别达84.8%和54.0%；到2012年底，不具备垃圾处理能力的设市城市为138个，到2013年6月，不具备垃圾处理能力的县城为368个，分别占设市城市和县城总数的21%和23%。

此外，《中期报告》还就"十二五"全国垃圾无害化处理设施的投资和建设任务完成情况给出了数据。其中，新建处理设施和续建处理设施投资完成率分别为40.4%和102.7%，新增处理能力建设完成率为45.9%。

尽管截至2016年初，即本报告写作的时候，国务院办公厅及相关部委尚未发布《规划》完成情况的最终报告，但根据《中期报告》，在规划期过半时，全国各级城镇无害化处理率都已经十分接近目标，且设施投资和项目建设完成进度也接近一半。因此，课题组估计《规划》所列目标在2015年底以前完成应当很有希望。

不过仍有三点问题值得注意。第一，虽然不少已公布的统计信息表明，"十二五"期间直辖市、省会城市和计划单列市基本已经实现100%垃圾无害化处理，但正如中国人民大学国家发展与战略研究院发布的《我国城市生活垃圾"十三五"管理目标和管理模式建议》所述，以上统计一般只覆盖了相关城市城区的情况，若考虑近郊市辖区，特别是城乡接合部地区的情况，则远远没有达到规划目标。该报告指出："2006~2013年，市辖区生活垃圾无害化处理率呈上升趋势，但仍然较低。2006年均值为52.39%，2013年均值为62.20%，远低于统计年鉴中的城区生活垃圾无害化处理率均值94.98%。"[①] 课题组认为，相应的统计问题也同样会出现在设市城市，《中期报告》所说的"八成以上达标"应当会含有一定"水分"。

第二，《中期报告》坦言，垃圾无害化处理率之所以能够达标或接近达标，"主要是由于已建成的垃圾填埋场超负荷运行，提高了垃圾处理率，相

[①] 中国人民大学国家发展与战略研究院：《我国城市生活垃圾"十三五"管理目标和管理模式建议》，2015年12月。

伴的负面作用是缩短了填埋场的使用寿命"。这不仅说明目前的无害化处理能力在时间的持续性上存在疑问，而且折射出超负荷运行可能会带来严重二次污染的隐患。如此"达标"，同样含有"水分"。

第三，媒体最关注的垃圾焚烧处理目标的完成一直遭遇到很大的困难。根据2015年9月《南方周末》的一篇报道，相关研究机构和行业协会的非官方统计显示，截至当年8月，全国所有建成的垃圾焚烧场的处理能力不超过22万吨/日，离规划要求的30.7万吨/日相差甚远，想要在短短4个月内完成任务基本不可能。① 而此前《中期报告》公布的数据也表明，截至2013年6月，全国新增焚烧处理能力建设任务完成率仅为36.9%，各地选址落地难的问题仍未解决。

（二）存量治理

所谓"存量治理"，就是要对"由于历史原因形成的非正规生活垃圾堆放点和不达标生活垃圾处理设施"进行治理，使其达到标准规范要求。对此，《规划》设定的目标是："'十二五'期间，预计实施存量治理项目1882个。其中，不达标生活垃圾处理设施改造项目503个，卫生填埋场封场项目802个，非正规生活垃圾堆放点治理项目577个。"

针对上诉目标的调研评估，课题组一开始的计划是向住建部申请公开1882个项目的名单，然后有重点地选择一些进行实地考察。然而令人失望的是，对于环保组织提出的信息公开申请，住建部一直没有答复。之后，课题组中的北京成员转而向北京市市政市容委申请《规划》所列的北京市278个存量治理项目名单，准备就近展开调查。出乎意料的是，北京市市政市容委称没有相关名单，也没上报过278个存量治理项目。不管真实情况是否如市政市容委所说，不得不让课题组怀疑《规划》制定和落实的严肃性。

《中期报告》同样就存量治理的问题公布了一些基本数据：截至2013

---

① 岳家琛：《"十二五"快车道临终点　垃圾焚烧国家目标是否达成》，《南方周末》2015年9月10日。

年6月，存量治理项目投资和建设完成率分别为27.4%和31%，垃圾封场能力建设完成率仅有18.5%，"投资和建设任务完成进度均滞后于时间进度，各项任务分省市进度差别更大，有些省市的部分建设任务已经超额完成，但有些省市甚至还未开展相关工作"。① 考虑到中期进展的严重滞后，课题组有理由担忧该项任务可能无法最终按时完成。

在缺乏治理项目名单的情况下，课题组中的北京成员对城区周围4个疑似项目进行了现场考察，发现的确有治理活动在当地展开，包括挖掘出多年堆放的陈腐垃圾，进行机械筛分；将其中一部分可利用的垃圾再利用，例如生产建材；将不能利用的渣土重新回填到垃圾坑中。调查者反映，现场垃圾多年堆放，没有必要的防渗措施，垃圾堆周边土壤和地下水可能已经受到严重污染，但相关治理活动未见土壤和地下水修复的工程，其效果仍不乐观。

总体而言，由于相关政府部门，特别是住建部不主动公开存量治理项目的名单和治理进度，公众很难对这些高危污染隐患和容易带来二次污染的"治理"活动形成有效认知和监督。

（三）餐厨垃圾处理

《规划》为"十二五"期间全国餐厨垃圾处理设定的量化目标是：建设242座处理设施，形成30215吨/日的处理能力。对此，《中期报告》提供的数据是：截至2013年6月，餐厨垃圾处理投资和建设完成率分别仅为26.1%和24%，任务完成进度大大滞后于时间进度，"十二五"目标最终能否完成同样存疑。

与处理设施建设紧密关联的是餐厨垃圾的分类收运工作。作为同一管理链条上的两个重要环节，它们发挥着互相牵扯的作用——设施建不好，分类收运不可能展开；分类收运做不好，设施建设也缺乏应有的动力。另外，餐

---

① 国家发展和改革委员会、住房和城乡建设部：《〈"十二五"全国城镇污水处理及再生利用设施建设规划〉和〈"十二五"全国城镇生活垃圾无害化处理设施建设规划〉中期评估报告》，2014。

厨垃圾的分类运输和处理也是整个垃圾分类工作的关键，因为餐厨垃圾占了我国生活垃圾的一半以上，这部分垃圾若有了合理去处，可持续的垃圾管理才能说开始步上正轨。

《规划》要求：到2015年，全国要在50%设区城市初步实现餐厨垃圾分类收运处理。对此，国家发改委在给环保组织的信息公开申请回函中坦言：该目标的完成"还存在一定难度，我们将会同有关部门加快推进"。[①]结合各地现实的情况看，这项任务恐怕要拖到"十三五"，也意味着生活垃圾分类运输和处理最关键的一环在"十二五"期间仍未取得实质性突破。

《规划》还对城市餐饮单位产生的餐厨垃圾管理进行了特别要求，即"完善餐厨垃圾从产生到收运、处理全过程的申报登记制度，有效监管餐厨垃圾及其资源化产品的流向"。对于此工作的进展，国家发改委在给环保组织的信息公开回函中称："从具体建设进展来看，苏州、大连、西宁、重庆、青岛、宁波等试点城市都建立了全过程的监管体系和登记制度。"[②]

课题组根据国家发改委提供的试点城市名单，重点对大连的情况进行了调研，结果发现该市城区一些大型餐饮单位确实已经纳入正规的餐厨垃圾监管体系，但为数众多的小餐馆还徘徊在监管和登记制度之外，其餐厨垃圾的去向十分不明。而且，当课题组成员直接询问相关部门时，得不到更详细的信息，政府相关网站也几乎没有相关工作的信息公开内容，不得不让人对《规划》要求的执行情况以及试点运行的效果存疑。

（四）生活垃圾分类

《规划》虽然用单独章节对"推行生活垃圾分类"做出规定，但内容基本属于原则性要求，缺乏量化的"硬指标"。其结果可能是：做与不做区别不大，效果无法评价，责任无从追究，进而不能对地方政府和垃圾管理部门

---

① 国家发展和改革委员会：《致广州市海珠区宜居广州生态环境保护中心函》，2015年8月28日。

② 国家发展和改革委员会：《致广州市海珠区宜居广州生态环境保护中心函》，2015年8月28日。

构成实质性的改革压力,这本身就是多年来垃圾分类"推而不动"的制度原因之一。

在许多条软性要求之外,幸好还有两项可以"较一下真儿"的硬指标引起课题组的注意:一是垃圾分类工作的投资目标为210亿元,占规划投资总量的8%;二是"各省(区、市)要建成一个以上生活垃圾分类示范城市,并在示范的基础上逐步推广"。①

对于第一个目标,《中期报告》的数据显示,截至2013年6月,完成率仅为15.3%,居所有投资任务的倒数第一,最终若要完成可能相当困难。对于第二个目标,实际更不可能完成,因为2015年4月,住建部等五部委才联合发布《关于公布第一批生活垃圾分类示范城市(区)的通知》,而该通知所要求的工作周期的截止时间为2020年,这显然已经将"十二五"的任务正式延续到"十三五"。② 主管政府部门对规划的重视不足、投入不够、工作拖沓,显然又部分地回答了垃圾分类为何多年"推而不动"的老问题。

(五)处理设施监管

尽管卫生填埋和垃圾焚烧长期以来被垃圾管理部门视为"无害化"处理,但谁也不能否认,没有严格的监管,这些措施也可以是有害的。《规划》主要从三方面回应了这个非常现实的问题。

首先,它要求以焚烧厂为重点,加快推进运营过程实时监控,所以制定了到2015年底前,焚烧设施实时监控装置安装率100%,其他处理设施实时监控装置安装率在50%以上的目标。③

然而,截至本报告写作的时候,相关部门还没有主动公开上述目标的完成情况,《中期报告》也对此没有任何提及。因此,课题组不得不向环保

---

① 国家发展和改革委员会、住房和城乡建设部、环境保护部:《"十二五"全国城镇生活垃圾无害化处理设施建设规划》,2012年4月19日。
② 住建部等五部委办公厅:《关于公布第一批生活垃圾分类城市(区)的通知》,2015年4月。
③ 国家发展和改革委员会、住房和城乡建设部、环境保护部:《"十二五"全国城镇生活垃圾无害化处理设施建设规划》,2012年4月19日。

部、国家发改委、住建部分别申请公开已经安装实时监控装置的企业名单，但得到的结果不是答非所问，就是躲闪推诿。

环保部虽然在依法答复方面做得不差，但谈的是国内有多少家焚烧厂是国控源，又向申请人"科普"了一下国内暂无垃圾焚烧、填埋企业特征污染物在线监测设备的"知识"，完全没有回应申请者提出的问题。① 国家发改委则以不属于其职能范围为由回避。② 最让人失望的当属住建部，它以要求申请人提供"相关性"证明材料为由拖延答复，③ 损害了公众的知情权，挫伤了公众参与的积极性。

既然政府部门不愿公开信息，公众只能通过自己的努力探究实际情况。2015年底，芜湖生态中心的工作人员在逐个访问各地环保自行监测在线信息平台后，发现全国仅有约1/3的生活垃圾焚烧厂可在信息平台上查到企业信息，但它们当中真正公开了实时监控数据的仅有三成，也就是说全国200多座焚烧厂，有约90%的企业没有通过信息平台发布实时监控数据。这不得不让人心生许多疑窦：没有公开信息的焚烧厂有多少是没有安装设备的？④ 有多少是没有联网的？有多少是没有传输数据的？

其次，《规划》要求对生活垃圾处理设施"开展年度考核评价，公开评价结果，接受社会监督"。针对课题组申请公开"十二五"期间各年度的考核评价结果，国家发改委称其未掌握，所以无法提供；⑤ 环保部称不属于其信息公开范围，请向国家发改委和住建部申请；⑥ 住建部则仍以申请者没有提供"相关性"证明材料为由，拖延答复，拒绝公开信息。⑦

---

① 环境保护部：《环境保护部政府信息公开告知书》（2015年第284号），2015年10月13日。
② 国家发展和改革委员会：《致芜湖市生态环境保护志愿者协会函》，2015。
③ 住房和城乡建设部：《补充申请通知书》（建公开补函〔2015〕683号），2015年9月11日；《补充申请通知书》（建公开补函〔2015〕693号），2015年10月12日。
④ 汪韬、藏文婷：《新标大限已至，垃圾焚烧全国调查76企业两成超标，可否点赞》，《南方周末》2016年1月8日。
⑤ 国家发展和改革委员会：《致芜湖市生态环境保护志愿者协会函》，2015。
⑥ 环境保护部：《环境保护部政府信息公开告知书》（2015年第284号），2015年10月13日。
⑦ 住房和城乡建设部：《补充申请通知书》（建公开补函〔2015〕683号），2015年9月11日；《补充申请通知书》（建公开补函〔2015〕693号），2015年10月12日。

最后,《规划》要求监管部门应"建立信息公开制度,主要监测数据和结果向社会公布"。对于此项要求的完成情况,至今同样缺乏官方的评估数据或报告,公众唯有通过民间环保组织的调查了解一些真实情况。除了上述关于实时监控信息公开的调查外,芜湖生态中心还连同自然之友在2015年5月发布了《160座在运行生活垃圾焚烧厂污染物信息公开报告》,其主要发现如下。

第一,全国160座在运行生活垃圾焚烧厂,仅获得39座飞灰处理情况和65座10项大气污染物排放不完整数据,分别占申请垃圾焚烧厂总数的24%和41%。二噁英类检测数据仅有13座,不足1/10。

第二,在向环保部门申请的10项大气污染物排放数据中,11座超旧标准,45座超新标准,其中烟尘、二氧化硫、氮氧化物、一氧化碳和汞的超标情况最为严重。

第三,在获得资料的39座在运行生活垃圾焚烧厂中,飞灰年产生量大,其中26座送至垃圾填埋场处理,5座直接将其作为建筑材料,仅8座按规定送往有资质的危废处理公司。

第四,生活垃圾焚烧厂大气污染物排放数据的申请涉及24个省份的103个市/区级环保部门,但仅有51个环保部门提供了有效回复。[1]

这份报告足以说明《规划》关于信息公开和达标运行的要求没有得到落实,垃圾焚烧"无害化处理"有名无实。

(六)保障措施

《规划》所列的保障措施中有三方面内容引起了课题组的注意。

一是完善法规。《规划》设定的任务是要修订《城市市容和环境卫生管理条例》,制定"餐厨垃圾资源化管理办法"。通过申请信息公开,课题组获得了住建部和国家发改委的电话和书面回复。针对《城市市容和环境卫生管理条例》的修订,住建部电话答复称修订事宜仍在研究,该项工作复

---

[1] 芜湖生态中心、自然之友:《160座在运行生活垃圾焚烧厂污染物信息公开报告》,2015。

杂，尚未列入国务院立法计划。针对"餐厨垃圾资源化管理办法"的制定，国家发改委书面回复："我委、住房城乡建设部正在研究制定《餐厨废弃物管理及资源化利用条例》，拟建立餐厨收运、处理企业的具体管理制度，长效运营机制，监督管理规定等。由于该项立法需要纳入国务院立法计划，我们将积极争取列入2016年国务院立法计划。但由于仍处于起草研究过程中，相关具体内容存在不确定性，还不宜公开。"① 这两项答复都说明《规划》中的法规完善计划没有按时完成。

二是保证投入。前文已经说明，《规划》的多项处理设施建设、存量治理工程、垃圾分类推动工作的投资计划没有按进度完成。对此，《中期报告》这样评述："造成这一现象的主要原因包括：一是中央政府补助金不足，导致项目建设资金缺口大。二是由于地方政府重视不够或本身财政经费紧张，导致地方投入不足。三是不少经济基础薄弱地区，市场融资难度大。"《中期报告》甚至还直接批评："许多地方不重视专项规划的制定和实施，使建设任务难以落地。"

对于保证投入，除政府按计划直接投资外，《规划》还要求各地开始垃圾处理价格机制的改革探索，让公众更多地为垃圾处理埋单，包括降低收费成本，提高缴费率，以及适度提高处理费标准等。但《中期报告》承认该工作并没有实质进展，属于"下一步工作安排"。而根据课题组的了解，除广州在2013～2015年进行过较为热烈的垃圾收费制度改革社会讨论和实验外，中国大陆地区至今还鲜有城市出台类似中国台湾地区所实施的"随袋征收"或"按量收费"制度，所以不能体现"产生者付费、多产生多付费"的理念，更无法有效支持垃圾处理所需的合理经济投入。

三是评估过程公开。《规划》要求国家发改委、住建部、环保部加强对《规划》实施情况的监督评估，中期评估结果向国务院报告，并向社会公布。按此要求，课题组依申请获得的《中期报告》本来应该得到上述三部

---

① 国家发展和改革委员会：《致广州市海珠区宜居广州生态环境保护中心函》，2015年8月28日。

委的主动公开,但实际上除国家发改委依申请公开外,环保部称"不属于其信息公开范围",住建部仍以要求提供"相关性"证明材料为由,拖延答复,拒绝公开。从这个角度看,《规划》的落实的确在其最基本之处都没有做好。

二 "十三五"规划启示

课题组对《规划》实施情况的调研结论大致可以归纳为以下三点。

第一,作为《规划》实施的责任部门,国家发改委、住建部、环保部主动向社会释放的关于《规划》完成情况的信息十分有限。其中,住建部在收到公众申请的情况下,仍没有积极公开其掌握的信息,最令人失望。在这样的情况下,公众很难对《规划》的落实进行全面、客观评估,有效参与更无从谈起。

第二,政府公开的有限信息,以及民间环保组织的自主调查显示,除垃圾无害化处理率整体达标外,《规划》设定的其他目标和要求,落实情况很不理想。其中,存量治理项目的投资和建设、餐厨垃圾的分类收运和处理、垃圾分类的推动、处理设施(尤其是焚烧厂)的监管,以及法规制度的完善是"重灾区"。

第三,正如《中期报告》所言,"许多地方不重视专项规划的制定和实施,使建设任务难以落地",反映了《规划》的执行缺乏严肃性,似乎难以对相关部委和各地政府起到必要的规范和约束作用。更有甚者,还出现了地方政府否认《规划》内容反映其实际工作的情况,让人觉得《规划》在当初编制的过程中就可能出现了问题。

既然垃圾处理"十二五"规划的落实情况如此不理想,那么"十三五"规划应该更加引起社会各界的重视。试问:如果规划执行的信息仍然得不到全面公开,相关部委、各地政府仍旧不重视,各项目标和要求的落实仍然可有可无或可快可慢,将要制定的"十三五"规划还能起到应有的作用吗?

在这个承上启下的关键时候，课题组向国务院及相关部委建议：全国垃圾管理的"十三五"规划应当在深刻评估"十二五"规划完成情况的基础上编制，应当得到更加严肃的对待，《规划》的制定、执行和评估应当予以充分的信息公开，引入更多的公众参与，唯此才能为下一个五年，乃至更长时间内中国生活垃圾管理的改革之路画出一幅明晰的蓝图。

G.15
从瓶装水到饮用水安全：
2015年度观察[*]

刘虹桥[**]

摘　要： 中国饮用水安全正面临双重挑战。一方面，政府巨额投资，力争保障国民饮用水安全，但从城镇到农村，公共供水服务均等化挑战重重。另一方面，出于对公共供水水质的担忧和不信任，公众正在远离自来水。作为替代品的瓶装水，在中国迅速发展，催生了千亿规模市场。然而，瓶装水生命周期里背负的高水耗和高能耗，以及一次性消费后产生的塑料垃圾，挑战了中国的水资源、能源和固废管理政策，并可能进一步挑战中央政府设立的保障饮用水安全目标。

关键词： 饮用水安全　自来水　瓶装水

在2015年"两会"上，中国政府再次强调提升自来水水质，加强饮用水安全保障。2015年4月16日，国务院发布了备受瞩目的《水污染防治行动计划》（"水十条"），将"饮用水安全保障水平持续提升"纳入2020年工作目标。

---

[*] 本报告以作者为香港非营利机构"中国水风险"（China Water Risk）所做的研究为基础撰写而成。
[**] 刘虹桥，曾供职于中外对话、财新传媒和《南方都市报》，现为自由撰稿人，自2014年起担任"中国水风险"顾问。

政府投入巨额资金，力争保障国民饮用水安全。但是在现实中，对自来水水质的疑虑，使得人们越来越少地饮用自来水，作为替代品的瓶（桶）装水，在中国市场蓬勃发展。

2015年，香港非营利组织"中国水风险"推出报告《安全饮用水：中国的艰难长征》①与《中国瓶装水：繁荣还是衰败？》②。在中国政府筹备"十三五"（2016~2020年）规划之际，两份报告审阅了"十二五"初年设立的饮用水安全保障目标的落地情况，以及瓶装水发展对中国水资源管理提出的挑战。本报告根据"中国水风险"的相关研究，从全国饮用水安全现状、农村饮用水安全和瓶装水繁荣背后的忧虑三个方面，对2015年中国饮用水安全状况做出年度观察。

一 饮用水安全："十二五"巨额投资，挑战仍存

水源污染、自来水水质不达标、供水管网漏损、停水事故频现……这些都困扰着中国饮用水安全。在全国329个城市中，集中式饮用水水源达标率只有84.5%。③在2011年的一项抽查中，全国自来水出厂水仅有83%符合国家标准，末端水达标率不足80%。④

为保障饮用水安全，中国政府在"十二五"期间提出了一系列颇具雄心的目标，包括要在2011~2015年将城市公共供水普及率由90%提升至95%，⑤并全面解决2.98亿农村人口的饮水不安全问题；⑥在2020年前，

---

① 刘虹桥：《安全饮用水：中国的艰难长征》，中国水风险、中外对话，2015年3月。
② 刘虹桥：《中国瓶装水：繁荣还是衰败？》，中国水风险，2015年9月。
③ 王亦君：《中国饮用水水源存在安全隐患 达标比例为84.5%》，《中国青年报》2015年8月30日。
④ 杜鹰：《国务院关于保障饮用水安全工作情况的报告——2012年6月27日在第十一届全国人民代表大会常务委员会第二十七次会议上》，2012年6月27日。
⑤ 住建部、国家发改委：《全国城镇供水设施改造与建设"十二五"规划及2020年远景目标》，2012年5月。
⑥ 国家发改委、水利部、卫生部、环保部：《全国农村饮用水安全工程"十二五"规划》，2012年3月。

实现城镇供水水质"稳定达标"。①

与供水普及率和水质保障规划同时进行的，是由住建部、水利部、国家卫计委、环保部等部门牵头开展的全国饮用水水质提升与标准化运动。2007年正式实施的《生活饮用水卫生标准》（GB 5749—2006），虽然使中国饮用水水质标准与国际标准接轨，但因超越饮用水水质的现实国情，直到2012年7月才正式全面实施。

中国政府一再提出"保障饮用水安全"，但其对水质全面达标的期待颇为宽松。2015年初发布的"水十条"，虽提出多项饮用水安全保障目标，但同样把战线拉到2020年，甚至2030年。

据不完全统计，为提升"从水源到龙头"的饮用水水质保障能力，"十二五"期间国家发布的各项规划所动员的总投资规模，已接近7000亿元。

毋庸置疑，越来越多的中国城市居民已经享受了公共供水服务。诸多了解部委层面水质数据信息的业内人士，对中国饮用水水质状况做出如下基本判断：以省会和东部沿海经济发达地区为代表的大城市，水质安全"基本没有问题"；二、三线城市和中小城镇发展不平衡，但总体有所改善；"三高"（高氟、高砷、高盐）地区农村饮水问题基本得到解决，集中式供水进展较快，污染导致的农村饮水不安全的改善工作正在推进。

在这幅关于中国安全饮水状况的图景中，水质保障从城市向城镇不断扩散。然而，具体到每个城市、城镇、村庄，真实的水质状况并不清晰。于2013年中期启动的"十二五"规划中期评估，或许能给出答案，但评估全文暂未对外披露。官方的水质信息披露有限，政府检测和监测数据秘而不宣，都增加了评估全国城市供水水质状况的难度。供水企业虽有公布，但检测频次、公布指标数目、用户体验等尚有改进空间。

饮用水处于水链条的终端。这意味着，为实现饮用水水质的高标准，需要出台一系列从源头到龙头的配套标准、政策法规并开展相关行动。在中国

---

① 住建部、国家发改委：《全国城镇供水设施改造与建设"十二五"规划及2020年远景目标》，2012年5月。

雄心勃勃的饮用水保障计划中，已经提出要进行水源保护，并为城镇供水设立了2015年和2020年远景目标。

在水处理和管网管理上，中国政府采用"技术锁定"路线，以高额技术改造和基础设施投入换取水质保障与供应安全。不过，在最直接影响终端饮用水水质的"二次供水"方面，仍存在许多难题。各地虽有尝试，但还未找到完美解决方案。

在此背景下，一些民间组织通过自行检测，期望获得真实的水质数据。2015年，中国水安全公益基金对29个大中城市的自来水进行了抽检，但只有一半左右城市能够全部满足20项抽检项目，一个城市甚至存在4项指标不合格。① 这些零散的民间报告与其他公民水质监测活动虽不足以还原中国饮用水水质的全景，但足以勾勒中国饮用水安全面临的风险和挑战。

在中国，由不安全饮水带来的环境健康问题也已经显现。在一些地区，这种健康影响源自自然地质因素，如自然条件导致的饮水高砷、高氟、高盐，而另一些则是由人类活动，尤其是污染导致的。

近年来，在中国的饮用水或水源地中，不断检测出抗生素、持久性有机污染物（POPs）、环境激素等有毒有害物质，引发了广泛的公众担忧。② 这些化学物质并未被有效监控，部分原因是通过饮水暴露导致的健康影响研究还不充分。"水十条"已部署，严控抗生素和环境激素类化学品污染，同时加紧开展有机物和重金属等水环境基准、水污染对人体健康影响和新型污染物风险评价等研究。③

在中国通往安全饮用水的长征路上，需要清除的障碍还有很多。产权不清、水价机制不明、市场机制不成熟、农村商业模式匮乏等，只是其中一些问题。部门间的职能分散与重叠，也为政府治理带来了挑战。

---

① 覃柳笛：《全国29城饮用水水质报告》，《瞭望东方周刊》2015年2月。
② 《南京自来水检出抗生素》，《焦点访谈》2014年12月26日；《饮水忧源——长江三城饮用水源地实地调查分析》，绿色和平2014年报告；王丹、隋倩、赵文涛、吕树光、邱兆富、余刚：《中国地表水环境中药物和个人护理品的研究进展》，《科学通报》2014年第9期。
③ 国务院：《水污染防治行动计划》，2015年4月16日。

针对"九龙治水"的现状，各界畅想改革政府管理系统。一种可能方案是，建立一个跨部门的水管理和协调机制，如建设从国家到地方的饮用水水质监控体系、从水源地到水龙头的水质保障技术体系、监控预警和流域综合管理体系，这也是保障饮用水安全的必要之举。

但需要指出的是，城镇饮用水安全，只是解决安全饮用水硬币的一面。供水服务作为政府提供的市政公共服务，并非均等服务。在中国，近10年快速城镇化进程已让数亿农民进入城市生活，但仍有近7亿人口生活在农村。① 巨额投资的城镇供水计划，覆盖的是大约占中国人口54%的城市和城镇人口。即便在城镇地区，供水服务也只能覆盖91%左右的居民。

二 农村饮水安全："十二五"收官，迎来大考

相较于城镇居民对水质的苛求，农村人口所面对的饮水安全问题更为现实——首先是有水喝，再是有足量、洁净、便利、经济的水喝。

"十二五"期间，中国政府计划"全面解决农村饮水安全问题"。2014年11月24日，国务院总理李克强到访水利部。第一站，便来到农村水利司，了解农村饮水安全工程规划进展情况。李克强强调："努力让所有农村居民喝上干净水，为群众创造最基本的生存条件，是政府应尽职责。"

中央政府自2000年前后就开始着力解决农村饮水安全问题。十余年间，已累计投入近3000亿元资金。仅"十二五"期间，用于农村饮水安全工程建设的静态总投资就预期为1750亿元。与同时期的4100亿元城镇供水投资相比，1750亿元自然是个小数目，但已为近年农村饮水安全投资规模之最。

2015年初，计划内的农村饮水不安全人口尚剩余5000余万人。按李克强的说法，2015年是"决战年"，剩下的都是"硬骨头"。他还指示，"再硬的骨头也要啃下来"，因为这关乎政府的公信力，"必须打赢这场攻坚战"。

---

① 根据2010年9月的全国人口普查数据，中国目前仍有6.74亿人居住在农村。

中国政府是否能在2015年"全面解决"农村饮水安全问题？在官方正式披露相关信息之前，民间不得而知。然而，有学者表示，"全面解决"带有计划经济色彩。考虑到中国农村饮水安全面临的复杂挑战，"全面解决"是不可能完成的任务。

根据水利部数据，"十二五"初年，全国仍有4亿多农村人口直接从水源取水，使用未经任何设施或仅有简易设施处理的分散供水方式，占全国农村供水人口的42%，其中8572万人无供水设施，直接从河、溪、坑塘取水。

水污染已经成为威胁农村饮水安全的重要因素之一。根据《农村饮水安全工程"十二五"规划》，在亟待解决饮水不安全问题的2.98亿农村人口中，1.04亿为因饮用水水质不达标而新增的不安全人口。采矿、工业废水排放、农药化肥使用不合理、畜禽养殖和生活污水排放、农村垃圾处理不当等，都威胁着水源水质。

另外，由于水源来水减少，气候变化和地下水超采，地表水、地下水水源水量大幅减少或枯竭，也使一些原本已经通过工程方式解决饮水安全问题的农村人口，重新面临安全饮水问题。

一位参与《农村饮水安全工程"十二五"规划》中期评估的工作人员表示，为完成"全面解决"的中央任务，各地或可在2015年底紧急完成规划任务，但无法保证供水。

该规划的制定者在对"十一五"期间的农村水利工程进行回顾时就已明确：农村安全饮水工程缺乏完善的长效运行机制，绝大多数农村饮水安全工程只能维持日常运行，无法足额提取工程折旧和大修费，不具备大修和更新改造的能力。

中国农村"空心化"的问题也给工程设计带来了挑战：留守老人用不惯自来水，或不舍得用自来水，而在城乡间"候鸟式"迁徙的外来务工者，往往在返乡季给农村集中式供水带来冲击。

另有学者认为，在现有的工程思路下，总有一部分人难以通过工程建设项目来解决饮水安全问题。这就包括部分偏远地区的农村人口，因受地理条件限制，无水可用或水质不好，再叠加较低的社会经济条件，使得解决喝水问题异常困难。

在谈及农村饮水安全工程存在的弊病时，中国工程院院士、中国水利水电科学研究院水资源研究所所长王浩归纳了"重建轻管"四个字。

以水利部为主导的、以工程建设来解决农村饮水安全问题的思路，在现实操作中面临缺乏可持续的政策机制、可靠技术和资金支撑等诸多问题。就长期而言，现有工程还对气候变化造成的水量分配变化等问题缺乏长远考虑。

在操作层面，水费征收方式不明已经对工程可持续性造成威胁。在全国范围内，虽然大部分工程按照规划要求，建立了管理机构和水费计量收费制度，但仍有一些地区实行按人头收费制度，一些地区甚至仍在喝"大锅水""福利水"。即便在北京城郊，除少数采用常规处理工艺的水厂计收水费外，其他农村安全饮水工程均"不收费"。[1]

相较于城镇地区，农村地区因信息相对匮乏，安全供水图景尚处于迷雾之中。民间机构"淮河卫士"的创始人霍岱珊称，早年为解决淮河流域饮水安全问题所打的深井水，因氟含量超标，村民已经出现不同程度的氟斑牙。他担忧，继续饮用这些井水，可能给生活在"癌症村"阴影下的村民带来新的氟中毒风险。

在一些政府工程尚未涉及的地区，民间组织正在行动。"创绿中心"的"一杯干净水"项目就是国内少数聚焦农村安全饮水的公益项目。根据该项目发布的一份调研报告，一些地方政府为完成中央任务，更倾向于建设成本低、受益人群大的较大规模农村饮水工程，而一些偏僻的小型饮水工程建设相对滞后。报告称，地方政府要做好不计成本地解决这些剩余的难以解决的"小问题"的心理准备。[2]

---

[1] 北京市第一次水务普查工作领导小组办公室：《农村供水工程普查成果》，中国水利水电出版社，2012。

[2] 施丽玲：《中国农村饮水安全现状——78个村庄的乐与苦》，创绿中心报告，2013年12月。

三 瓶装水消费大国：水质忧虑促成蓬勃市场，风险已蓄积

中国现行的《生活饮用水卫生标准》是世界上较严格的公共供水水质标准之一。在理论上，若该标准能够严格执行，中国饮用水安全就能得到保障。然而，对自来水水质的担忧，已经将越来越多的消费者推向瓶装水。

自来水在中国的历史只有100多年。中国居民饮用瓶装水的历史就更短了：直到法国食品饮料巨头达能集团与中国民营企业娃哈哈集团于1996年成立合资企业，涉足纯净水业务，中国才有了现代化的瓶装水生产线。[1]

然而，中国只用了不到20年时间，就迅速成长为世界上最大的瓶装水消费国。公众对饮水安全的担忧是支撑其高速增长的主要驱动因素之一。在过去5年里，中国瓶装水销售收入翻了一番。[2] 2013年，中国已经超越美国，成为全球瓶装水消费第一大国。

国际瓶装水协会统计，中国在2013年的瓶装水消费量达3950万吨，占全球消费总量的15%。[3] 即便如此，中国瓶装水市场的实际规模可能仍被低估。据国家统计局数据，2012年，中国包装饮用水（主要包括瓶装水、桶装水和市面鲜见的袋装水、盒装水等）产量已达5563万吨。[4]

如今，瓶装水已经进入普通中国人的日常生活。行业组织"中国供水服务促进联盟"2014年发布的一项调查称，在100座城市的3万居民中，仅有59%的城市居民仍直接饮用烧开的自来水。放弃饮用自来水的城镇居民，大多选择桶装水作为替代品，其次是小区净化器和家用净化设备。

当饮用瓶装水成为饮水风潮，问题出现了：相较于公共供水系统提供的

---

[1] 《达能与娃哈哈》，《中国商业评论》2007年9月1日。
[2] 《2014年瓶装水行业经济运行情况分析》，http://www.askci.com/news/chanye/2015/01/30/183657gudw.shtml，2015年1月30日。
[3] 《2013年市场报告发现》，国际瓶装水协会《瓶装水报道》2014年7月、8月合刊。
[4] 中国轻工业联合会：《中国轻工业年鉴（2013）》，中国轻工业年鉴社，2013。

自来水，瓶装水是不是更适合中国的安全饮用水方案？瓶装水是否如公众所期待的那样，以高于自来水的价格，提供了更为洁净、安全、高品质，甚至具有特殊健康功效的饮用水产品？瓶装水的崛起能否威胁公共供水安全？对一个人均水资源占有量只有世界平均水平1/4，同时面临能源紧缺、"垃圾围城"的国家而言，中国能否承担每瓶瓶装水背后额外消耗的3瓶水和1/4原油的代价，以及塑料垃圾带来的固废处理挑战？

鉴于瓶装水生产、运输、销售等环节的水足迹、能源足迹和塑料垃圾问题，瓶装水不应成为中国实现安全饮水的路径。其背后沉重的环境代价不仅可能加剧中国的水资源危机，而且可能威胁区域经济的可持续增长，加剧行业发展政策的不公平，甚至带来更为深远的地缘政治影响。在瓶装水市场的繁荣背后，风险已在蓄积。

多项基准研究显示，每生产一瓶瓶装水，需要消耗额外将近3瓶的水资源和近1/4瓶的石油。[1] 若逐吨比较，生产一吨瓶装水与开采一吨煤炭所消耗的水量相当。[2]

经估算，2012年，为满足全国瓶装水生产所需要的水量，足以填满20个西湖；包装这些饮用水所用的塑料原料，足以填满一整座上海金茂大厦；在生产、运输、冷藏等全生命周期里，瓶装水一年消耗的能源相当于三峡大坝一年的发电量。[3]

"中国水风险"在研究中发现，中国70%的瓶装水产自缺水或用水紧张的省份。这些省份的年人均用水量还不够填满一个奥运会标准游泳池。在华北平原，各省份的实际缺水程度堪比中东国家约旦和阿曼，却在2012年生产了全国20%左右的瓶装水。

---

[1] 太平洋研究所：《瓶装的水与能：情况说明》，2007年12月；国家发改委：《饮料制造取水定额》（QB/T 2931—2008），2008。

[2] "中国水风险"基于国家发布的行业取水定额标准估算，开采加工1吨煤炭耗水0.2~4.8立方米，生产1吨瓶装水消耗1.6~3.7立方米的水。

[3] "中国水风险"基于2012年中国瓶装水产量估算，产业的全生命周期能耗为87~158 TWh。这相当于三峡大坝在2012年全年发电量（98.1 TWh）的89%~161%，或者是中国2012年一次能源消费总量的0.3%~0.5%。

在中国公共供水系统备受水源水质或缺水的困扰的同时，中国水质最好的天然水源正在流向瓶装水品牌。随着城镇化进程的推进，一些城市的公共供水系统可能不得不使用将带来沉重公共健康影响的受污染的水源。

鲜为人知的是，人均淡水资源占有量仅为全球平均水平1/4的中国，[①]正在以极其低廉的价格将最优质的矿泉水资源出口到国际市场。2013年，中国矿泉水出口量两倍于进口量，但出口单价不足进口单价的1/3。这不仅无益于中国水安全，而且会造成市场失灵。然而，从政府到企业，均有意在短期内将出口量提升至百万吨级。[②]

中国瓶装水消费量仍有巨大的增长空间。根据国际瓶装水协会的数据，中国年人均瓶装水消费量不足世界平均水平，距离人均消费量最高的墨西哥有8.5倍的增长空间。中国公众对水质和便利性的追求，无疑将继续推动中国瓶装水市场进一步扩张。

瓶装水行业的急速扩张将建立在行业用水量的绝对增长上。保守估计，如果中国瓶装水人均消费量在2020年达到全球平均水平，那么在未来5年内，瓶装水消费量增速将近4倍于用水总量增速。这意味着在能源、纺织、农业等领域数以亿计的节水投资成效可能付诸东流。

省级政府正在积极推动瓶装水的开发。西藏自治区提出，在未来5年内将辖区内的天然饮用水产量提升至500万吨，更设立了2020年1000万吨的发展目标。[③] 在长白山地区，截至2015年3月，政府统计在册的已建、在建、规划建设的瓶装水产能就超过1万亿吨。[④] 要消费这样大规模产能的瓶装水，大概需要一个人口规模介于日本和俄罗斯的消费市场，而且前提是他们在一年的每一天都只喝瓶装水。[⑤]

[①] 根据世界粮农组织（FAO）AQUASTAT数据库，2014年，世界人均水资源量约为7643立方米/年，而中国为2005立方米/年。
[②] 吉林省人民政府：《长白山区域矿泉水资源保护与开发利用规划》，2015年3月15日。
[③] 西藏自治区人民政府：《西藏自治区天然饮用水产业发展规划（2015~2025年）》，2015年10月。
[④] 吉林省人民政府：《长白山区域矿泉水资源保护与开发利用规划》，2015年3月15日。
[⑤] 以每人每天饮用2升水计算，1万亿吨水大约够1.37亿居民全年的日常饮用。日本人口为1.26亿，俄罗斯人口为1.47亿。

更令人担忧的是，瓶装水开发活动正在不断向源头的保护地进军。在珠峰自然保护区、天山冰川等"亚洲水塔"和长白山国家级自然保护区内进行的瓶装水开发活动，不仅有悖于中国政府在水源地保护、气候应对等问题上的一贯策略，而且可能因跨境河流引发新的水事外交争端。

中国遭受的用水压力空前，水资源国情与其他瓶装水消费大国相比差异悬殊，有限的水资源并不足以向国民提供瓶装水所承载的奢侈的便利。在现有的"三条红线"及配套方案的框架下，中国未来是否还有足够的水资源用以支持瓶装水行业的疯狂增长，仍要画个问号。

如果水环境恶化的趋势无法得到遏制、公共供水系统所依赖水源的水质无法得到改善，那么瓶装水制造的安全饮水神话将无异于"麻醉剂"，对解决安全饮水问题毫无裨益。

相反，如果中国政府继续贯彻"最严格水资源管理制度"，那么对飙升的瓶装水用水量采取管控与约束措施只是迟早的事情。当水荒加剧时，政府是选择收紧瓶装水企业的用水配额，控制瓶装水出口，还是将有限的水资源优先分配给公共用水，保障公众的基本饮水需求？答案不言而喻。

对瓶装水产业的有效管理，有望成为检验中国政府的环保和产业政策的试金石，毕竟瓶装水产业过去20年的繁荣发展，与中国政府所推行的打击地下水过度开采，落实最严格水资源管理制度，加快水资源费改革，建立生态资源有偿使用制度，推行垃圾分类与促进水资源循环利用等政策背道而驰。

我们期待，中国政府能够兑现承诺，实现城镇安全饮水保障目标，并逐步完善农村饮水安全措施，改善农村饮用水水质。同时，随着"绿色消费者"群体的崛起，中国消费者或许也将对瓶装水消费的环境代价有所警觉，而逐步寻求替代品。无论哪种情景，均需要通过广泛的公众倡导与公众教育，逐步恢复公众对自来水水质信心。届时，那些曾经因水质疑虑而远离公共供水的公众，或许会选择回归自来水，瓶装水产业的预期增长或将受挫。

G.16
中国自然教育行业发展现状

刘正源 王清春[*]

摘 要: 在全国范围内针对目前开展自然教育活动的相关机构进行的一系列调研结果显示,目前中国大陆自然教育的相关机构自2012年以来出现了快速增长,其中以北京、上海、成都、广东及云南较为集中。这些机构主要工作领域集中在亲子、儿童教育和自然体验三个方面,但目前企业类型的自然教育机构还处于发展初期,在人才培养、经费、政策、市场培育和课程开发上面临较大挑战。

关键词: 自然教育 多元化

为了解当前中国自然教育的发展情况,受第二届全国自然教育论坛委托,我们于2015年8~10月在全国范围内针对目前开展自然教育活动的相关机构进行了一系列调研,其目标是初步了解目前中国大陆致力于自然教育的机构和个人的发展现状与需求,并厘清当下的行业发展大势,对未来中国自然教育的健康发展提供借鉴。

一 调查背景

生态文明进入中国治国的顶层设计,标志着中国开始走上经济发展与环境保护协调共赢的道路。但是建设生态文明,改善人与自然的关系,绝非一

---

[*] 刘正源,北京林业大学自然保护区学院自然保护区学研究生,主要研究方向为自然教育;王清春,北京林业大学自然保护区学院讲师,主要研究领域为生物多样性保护、自然保护区与社区可持续发展、自然教育。

朝一夕的事，需要社会大众的广泛支持、参与和践行，自然教育必将成为人们养成尊重自然、顺应自然和保护自然之社会性格的重要途径之一。本报告中的自然教育，是指以有吸引力的方式，让人们在自然中体验、学习关于自然的知识，建立与自然的联结，尊重生命，树立生态的世界观，遵照自然规律行事，以期实现人与自然的和谐发展。①

与国外相比，中国的自然教育起步较晚，尚处于发展的初期，不少工作在摸索中前行，很多开展的自然教育课程引自国外，需要结合各地域的自然环境情况和人文特点调整。国内从事自然教育研究的专业人员稀少，自然教育工作者缺乏本土的自然教育理论指导，自然教育要想继续往前发展，还有很长的路要走。

然而随着人类在城市生活中产生各种身心疾病，以及现代儿童面临益发严重的"自然缺失症"，人们逐渐意识到人与自然间关系疏离是问题的原因所在。近年来，中国的自然教育从小众自然教育工作者的郁郁独行逐渐走入公众视野，从事自然教育的机构和个人如雨后春笋涌现，有政府机构、非政府组织、社会企业以及个人爱好者等，也有敏锐洞察到商机的商业机构加入这个领域，形式多种多样，发展的方向和水平也不同。那么，作为一个高度契合国家宏观发展战略，又拥有巨大市场潜力的行业，自然教育发展到了怎样的一个阶段？行业的主流特征是什么？现阶段面临的机遇和挑战是什么？有一系列问题亟须调查、整理。

二 调查结果

本次调查主要采用了问卷调查和结构式访谈两种方式。访谈的结果最终与问卷反馈结果进行对照，以补充问卷中遗漏的信息。调查共收集到337份问卷，其中314份有效问卷；共访谈北京、深圳、成都地区15个机构，记录访谈文稿15篇。我们对314份有效问卷中的信息进行了分类统计，可以从中看出目前自然教育行业发展的现状及特点，主要包括如下几个方面。

---

① 石盛莉：《自然教育来了》，《中华环境》2014年第11期。

1. 以企业为主的多元机构属性

在国内，以往的环境教育工作主要是由政府有关部门以及环境保护相关非政府组织（NGO）来完成的，虽然中国公众的环境意识有明显提高，但公众的环保知识和参与环保活动的总体水平仍然普遍较低，公众的环境意识呈依赖政府型。近年来，越来越多的企业类型机构的出现（见图1），不仅说明公众对自然的需求增强，而且证明自然教育是完全可以通过出售或购买服务、利用市场规律来运作的行业。国内大部分NGO早先设有各自的环境教育部门，自然教育的兴起无疑为这些机构开展环境教育工作打开了新的窗口，为保证环境教育工作不再依靠资助，可持续地开展下去，目前越来越多的NGO也开始提供收费服务，走上一条"自我造血"的道路。

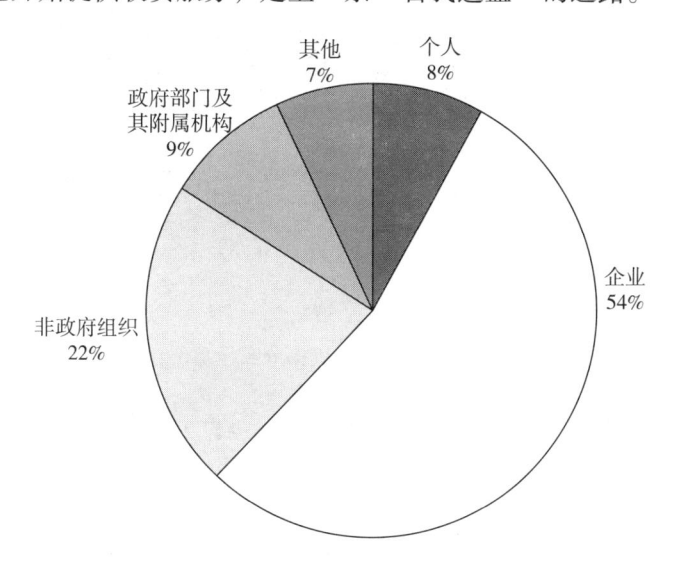

图1 自然教育机构属性分类

注：政府部门及其附属机构，包括政府、公办学校、保护区、科研院所以及公园；企业，指所有以企业方式运作的机构，包括社会企业与商业机构；非政府组织，包括民办非企业、社会团体法人；其他，指私人农场、民办学校、企业托管、自媒体或者其他行业公司等；个人，包括未注册机构以及所有单独开展自然教育活动的个体。

2. 城市对自然教育的渴望

中国目前的自然教育机构主要集中在北京、上海、成都、杭州、昆明等一些重点城市（见图2），中小城市及农村稀少，自然教育发展初级阶段的特征明显。另外，自然教育在某一地区的蓬勃发展，也从侧面反映了人们对自然教育的一种强烈需求，这种需求在高度发展的城市生活中体现得更为明显。

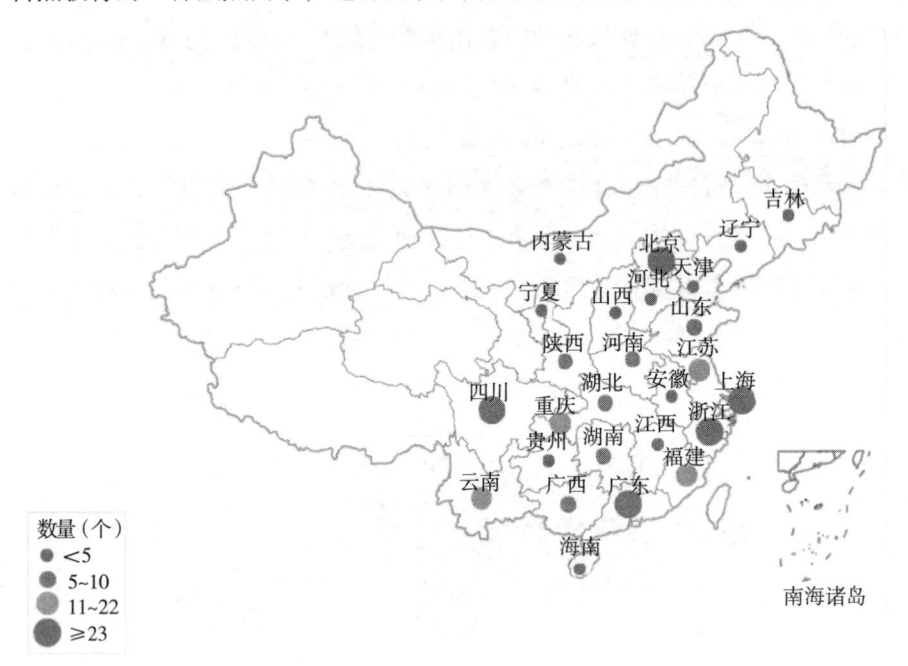

图2 自然教育机构分布示意

3. 井喷式发展的态势

自然教育在早期的博物学、大众旅游中可以找到影子，1929～2003年，每年只有零星的自然教育相关机构成立，此时的自然教育整体还处于萌芽状态，它的形式和主体都很单一，主要是一些动植物园，在具备一定游赏功能的前提下提供一定的解说服务。2004～2011年，每年成立的自然教育相关机构有一个平缓的上升趋势，城市地区快速的经济发展以及环境教育和生态旅游在中国的发展，都是促进自然教育发展的重要因素。从2012年起，中国的自然教育呈现了井喷式发展的态势（见图3），每年越来越多的自然教育相关机构成立，主体不再是NGO和政府机构，更多草根机构的成立以及其他行业类型机构的涉足，使自然教育越来越多元化。

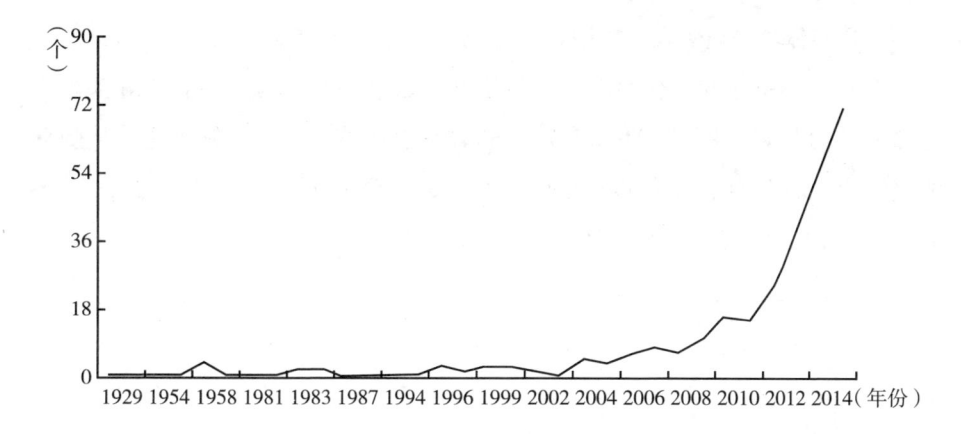

图3 自然教育机构成立数量的变化

4. "旅行社"式的自然教育

与日本、韩国等"在地"性质的自然学校不同，中国的自然教育机构既有集中在某一地区的，也有放眼全国甚至全球开展活动的，并且在大范围内开展活动的机构占比较高（见图4），这与中国有广阔的地域以及丰富的生物资源密切相关。也说明了目前国内大部分机构采用的是一种"旅行社"形式的自然教育。

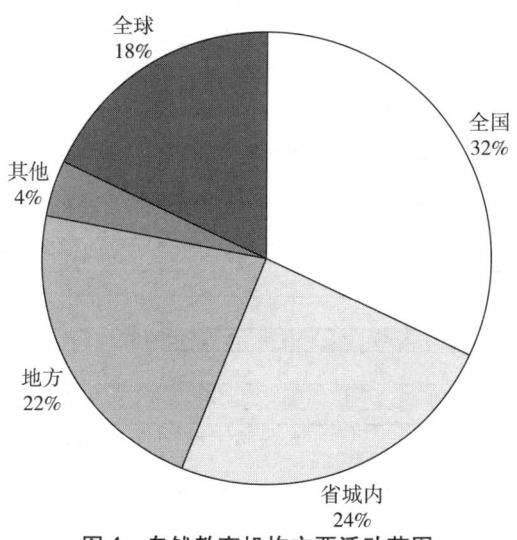

图4 自然教育机构主要活动范围

5. 自然体验是自然教育的核心

自然体验包含的内容很广，自然游戏、自然观察、食育、农耕等都属于自然体验的范畴。目前，不管是从自然教育机构的主要工作领域还是从受众的兴趣点来看，自然教育的核心吸引力还是体现在自然体验上（见图5、图6），这契合了自然教育的主旨，即联结人与自然。

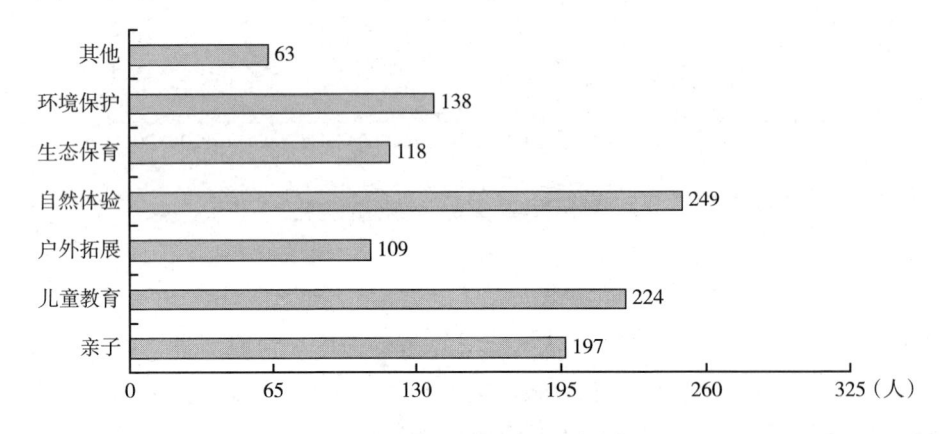

类别	人数
其他	63
环境保护	138
生态保育	118
自然体验	249
户外拓展	109
儿童教育	224
亲子	197

图5 自然教育机构主要工作领域

注：亲子，家庭成员一同开展活动；儿童教育，单独针对儿童，父母不参与活动；户外拓展，徒步、骑行、攀岩、登山等户外项目；自然体验，自然游戏、自然观察、食育、农耕等体验式自然教育项目；生态保育，包含生态普查与监测、野生动植物的保育、自然景观生态的维护等；环境保护，低碳减排、垃圾分类处理、环境教育等环境保护工作；其他，园林展示、心灵疗愈、家庭园艺、文化保育、媒体影像等。

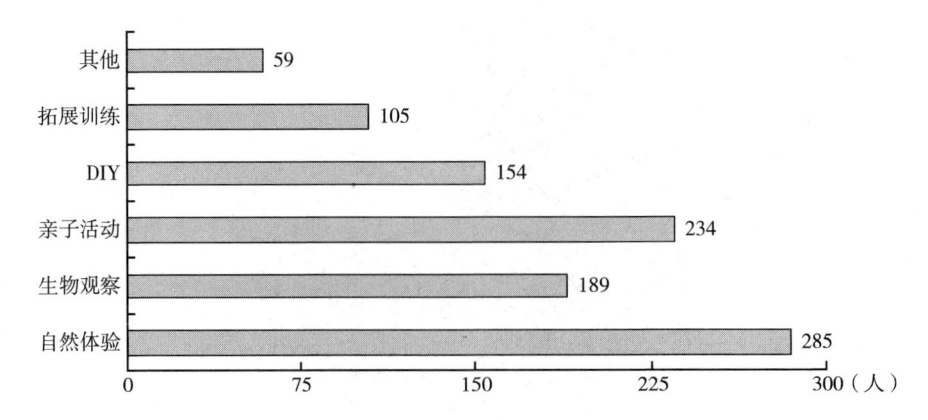

类别	人数
其他	59
拓展训练	105
DIY	154
亲子活动	234
生物观察	189
自然体验	285

图6 自然教育受众兴趣点

注：其他，指文化体验、书本阅读、摄影训练等。

6. 以儿童、亲子为主的自然教育

自然教育对儿童的影响不言而喻，加深儿童对自然的认知与理解也是自然教育倡导的主要理念之一。当前受众群体主要集中在儿童和亲子方面（见图7），一方面说明了这是行业发展初期最容易对接的受众群体，另一方面反映了自然教育受众群体的单一性。在国外，由于环境教育法的规定，政府与企业每年必须拿出固定的时间接受环境教育，它们无疑是自然教育机构重要的客户之一。反观国内的现状，公司以及政府的购买还远远不够，二者是自然教育很大的潜在市场，经过沉淀和积累，其购买服务的水平将远远高于其他受众群体。

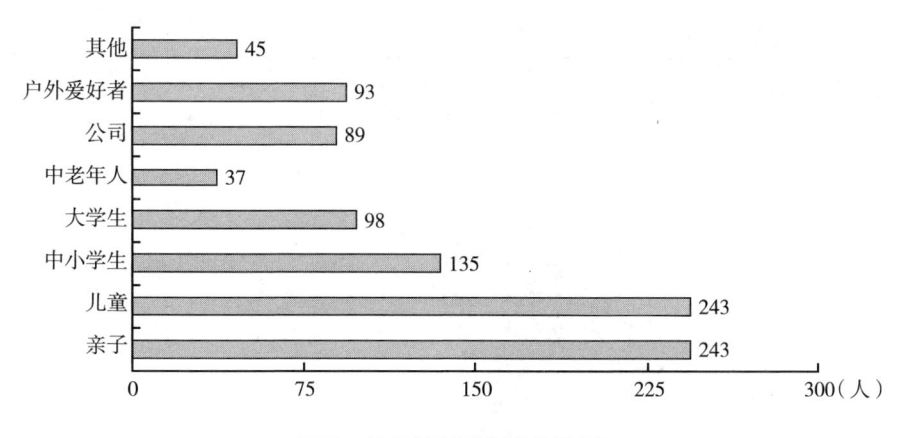

群体	人数
其他	45
户外爱好者	93
公司	89
中老年人	37
大学生	98
中小学生	135
儿童	243
亲子	243

图7　自然教育受众群体特征

注：其他，指机构相关的特殊群体，如政府机构等。

7. 单一的传播方式

目前国内自然教育机构主要的宣传途径还是微信和互联网（见图8），内容包括活动发布、志愿者招募、活动总结等。微信传播有一定的局限性，主要通过朋友圈转发来提高阅读量，其传播对象也大部分是环保圈内人士，受自身关注量的限制，自然教育还无法广泛地进入大众的视野。

8. 自然教育机构的"草根性"

个人出资占绝对主导（见图9），充分体现了中国自然教育机构的草根性。自然教育在中国的出现，更多的是民间环境领域的教育者，在各自实践中自发提出的观点。它不是来自哪个文件、口号、计划，也不是来自学术机构、政府课题，而是来自这个领域工作者真实的探索，代表了民间教育者在"人与自然"这个角度求新、求变的努力和期待。①

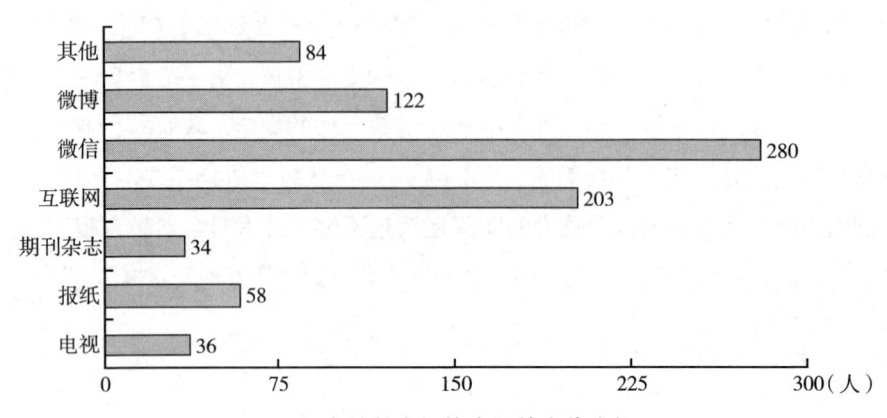

宣传途径	人数
其他	84
微博	122
微信	280
互联网	203
期刊杂志	34
报纸	58
电视	36

图8　自然教育机构主要的宣传途径

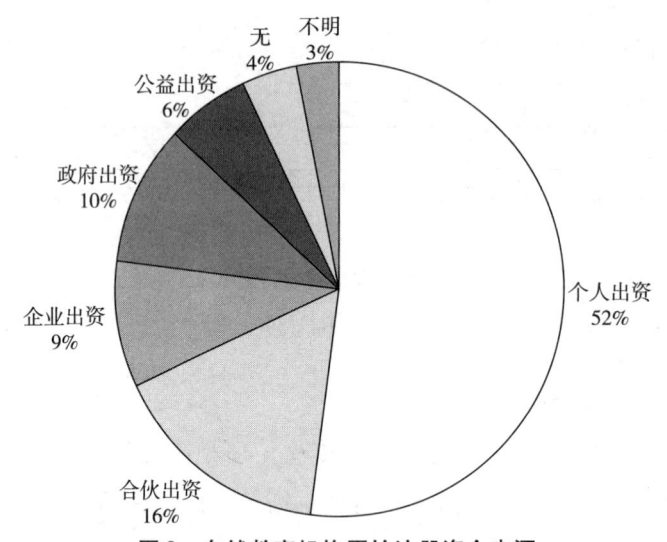

图9　自然教育机构原始注册资金来源

个人出资 52%
合伙出资 16%
企业出资 9%
政府出资 10%
公益出资 6%
无 4%
不明 3%

注：个人出资，指自筹、个人积蓄、民间独资等；合伙出资，指理事成员出资、股东筹集、股东注资、众筹、会员会费、私募、公募等；企业出资，指企业投资、风险投资、天使投资等企业支持的各种情况；政府出资，指政府下拨资金，包括学校及政府相关部门的财政预算；公益出资，指各种性质的捐款、基金会支持等。

---

① 胡卉哲：《自然教育，先做再说》，《中国发展简报》2014年第1期。

9. 低门槛的自然教育活动

从图10可以看出,当前在中国大陆开展自然教育活动并没有太高的门槛,一般10万元以内就可以成立一家普通的自然教育机构。与此相比,通过政府、企业、合伙人渠道成立的机构,一般注册资金量相对较多。

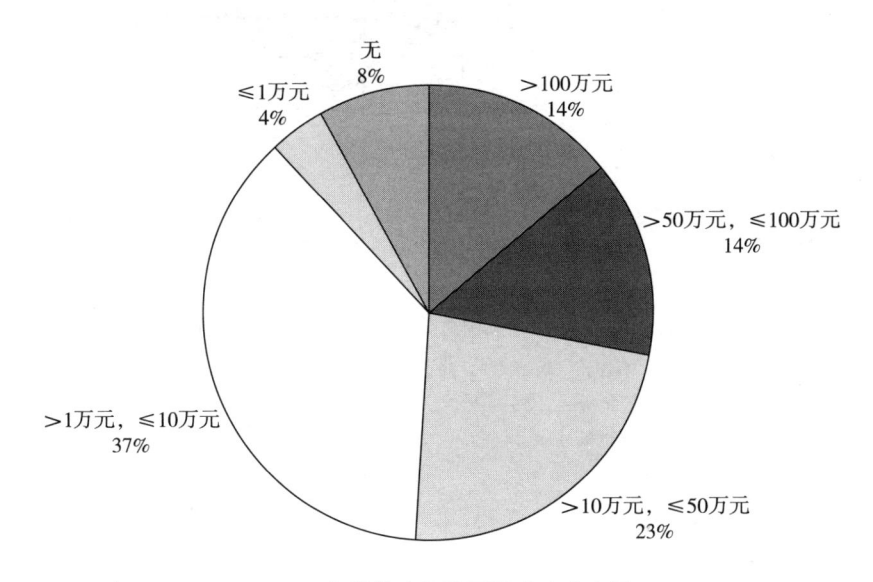

图10 自然教育机构原始注册资金量

- 无 8%
- ≤1万元 4%
- >1万元,≤10万元 37%
- >10万元,≤50万元 23%
- >50万元,≤100万元 14%
- >100万元 14%

10. 打着自然教育的"擦边球"

图11表明,在大多数机构中,自然教育只是相关机构的一个方向、一部分业务,在发展主要业务的同时兼顾自然教育,纯粹的以自然教育为主业的机构不足被调查机构的1/5。

11. 自然教育从业人员稀缺

其他类型机构自然教育方向的员工数量由于问卷设计疏忽,未能了解到实际有用的信息,在这里只能将企业类型机构的专职员工数量进行统计。从图12可以看出,一般自然教育企业类型机构的专职员工数量保持在0~7人,甚至有些机构的员工全部是兼职。

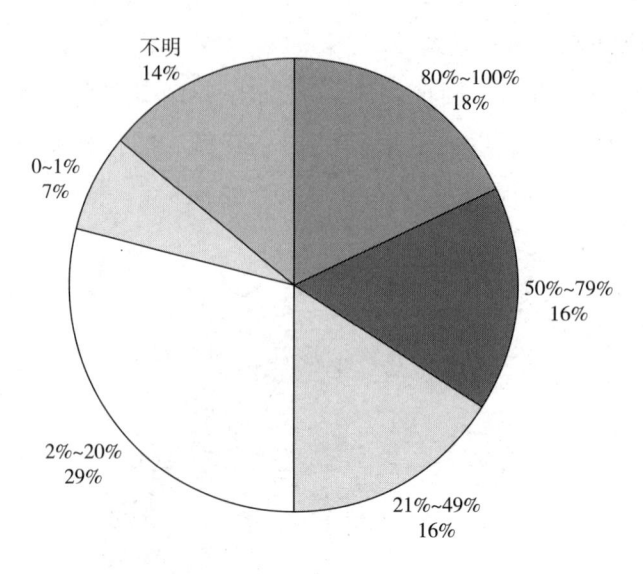

图11 自然教育投入占机构总体运营费用的比例（2014年）

注：80%～100%，指几乎全部投入；50%～79%，指大量投入；21%～49%，指正常投入；2%～20%，指少量投入；0～1%，指极少量投入；不明，指未进行统计。

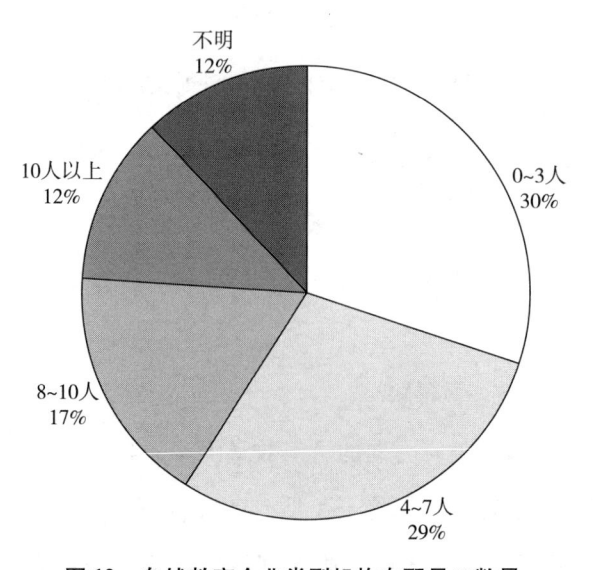

图12 自然教育企业类型机构专职员工数量

12. 年活动频次

2015年成立的机构还不足以说明问题,所以在统计的过程中排除了它们。具体的年活动频次参见图13。不同类型的自然教育机构,因活动内容存在差异,其开展活动的频次也有差异。活动频次还受机构规模、活动场地等因素的影响。

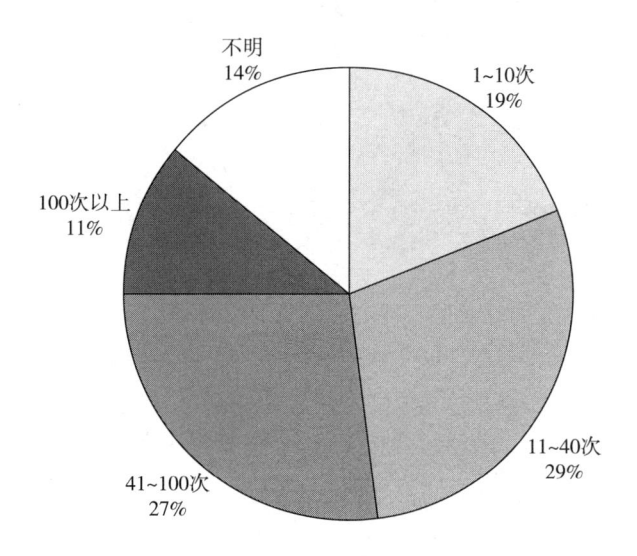

图13 自然教育机构年活动频次(以2014年为准)

- 不明 14%
- 1~10次 19%
- 11~40次 29%
- 41~100次 27%
- 100次以上 11%

13. 年活动人次

在统计的过程中排除了2015年成立的机构。大部分机构年参加活动规模在5000人次以下,其中500人次以下的占多数(见图14),这与国外相比显然还有很大的差距。

14. 面临的挑战

近三成机构觉得自身在人才方面面临重大的挑战(见图15),且将未来3年的目标放在人才培养上。无疑,人才培养是自然教育机构迫切需要解决的问题,一个好的自然教育机构应具备"专业的师资与活动引导人员"及"专业的环教人员"。所以,专业人员的具备,对一个自然教育中心的运营具有决定性的影响。

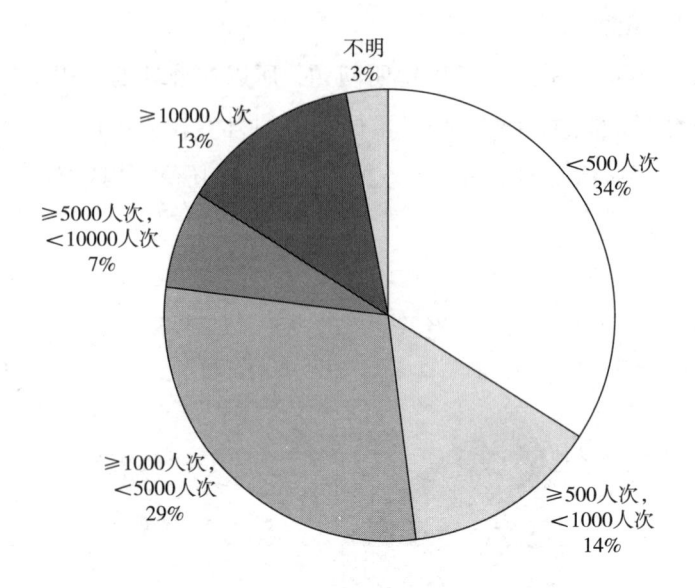

图 14 自然教育机构年参加活动人次（以 2014 年为准）

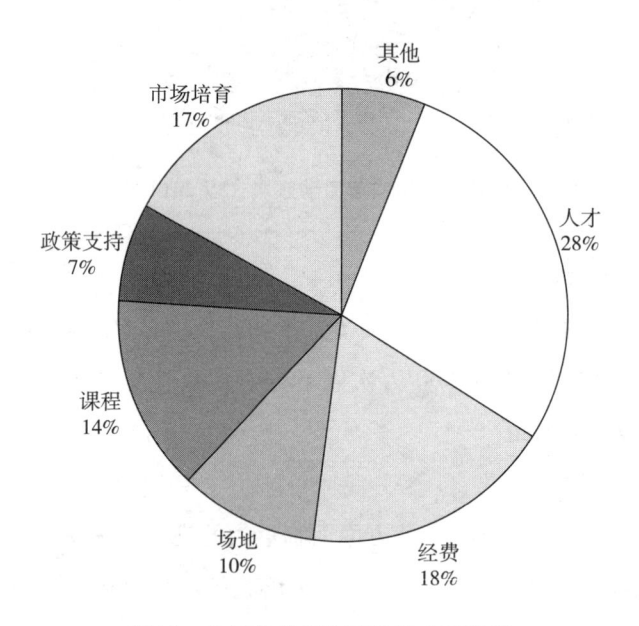

图 15 自然教育机构面临的主要挑战

注：其他，包括多元合作、团队管理、机构运营、资源整合等。

政策的问题也是中国自然教育要取得大的发展必须尽快解决的一个问题。当然，推动政策的发展也需要市场与行业的成熟做保障，所以行业的发展需要一个多位一体前进的过程，既要培养人才、发展市场，又要推动政策完善。

总的来说，自然教育行业目前还处于初级发展阶段。一方面，行业内部还没有形成相应的联盟与标准来引导、规范自然教育活动；另一方面，国家并没有相关的法律政策来监督管理自然教育市场。人才的培养、安全活动的认证、正确理念的引导等，都还需要很长的时间去积累和实践。不管如何，自然教育在短时间内所聚集的力量以及爆发式发展的趋势，都是令人期待的。

三　小结

1. 迅猛的发展趋势

中国的自然教育在短时间内有一个井喷式的发展，虽然现在还没有形成一个稳定的行业，但其发展态势值得期待。

2. 多元融合的行业结构

自然教育不再是政府机构与 NGO 的事，更多不同类型的机构开始参与；不管是注册经费来源还是受众群体特征，都体现了一定的多元化，需求与发展空间巨大。

3. 面临的机遇

一是传统教育的改革。自然教育是传统教育改革的一次探索，它不再是死板枯燥的课堂讲座，而是丰富多彩的体验活动。

二是环境教育的新思路。自然教育让环境教育工作者改变了以往的思路，从问题督查到正面培养人们对自然的美好体验与情感。

三是新型的休闲游憩产品。在人们寻找真正有深度的旅行与休闲游憩活动的过程中，自然教育的出现在一定程度上给予了大众新的选择。

4. 面对的挑战

一是盲目的自由市场。市场是盲目的，需要有正向的理念去引导，不然很容易偏离自然教育的本质。在开展活动的同时也要注重课程的研发，避免恶性竞争以及拿来主义，否则热闹过后这个行业将是一片狼藉。

二是活动的安全风险管理。自然教育由于其体验型的课程要求，大部分活动在户外开展，安全问题是首先要考虑的问题。重大安全事故的发生不仅会给自身机构，而且会给整个行业带来巨大的影响。

三是相关法律政策的空缺。法律政策是行业得以稳固发展的重要保障，相关政策的出台不仅能规范行业标准、监督自由市场，而且能促使政府以及企业的力量更多地加入这个行业。

四　建议

1. 推动顶层设计

在行业发展的初期，法律政策以及相应行业规范的出台无疑能为广大的自然教育机构提供官方支撑，同时也能为自然教育活动的开展提供相应的依据与保障。

2. 搭建交流平台

成立行业协会与联盟，及时了解行业动态，促进行业内部交流，加深行业调查研究，规范行业，为自然教育机构的发展提供指导。

3. 加强外界合作

除了加深行业内部的交流以外，加强不同区域之间、不同行业之间的沟通与合作，汲取当前社会发展的先进技术与理论，对自然教育行业发展具有十分重要的意义。

4. 培养多样人才

在推动自然教育的发展过程中，人才的培养是行业发展面临的主要课题之一。专业人员的具备对一个自然教育机构的运营具有决定性的影响。同时，除了自然教育专业人士的培养以外，行业内部的管理人才，以及营销、科研型人才的培养也是不可或缺的。

5. 沉淀行业理念

自然教育的目标是建立人与自然的结合，在行业发展的过程中也应注重理念的沉淀，例如顺应自然、尊重自然、保护自然等，树立以人为本的核心教育理念。

自然生态

Nature and Ecological Environment

"自然生态"板块由以下两篇文章组成。

莽萍的《生态文明视野下的〈野生动物保护法〉修订——回顾与前瞻》，详细解读了《野生动物保护法》修法过程。作者认为，"生态文明"顶层设计并未在这部"早已不敷使用"的法律的修改过程中体现。

对修法过程堪称激烈的公众反响，来自价值观的分野：野生动物到底是被利用的资源（现有草案），还是具有"自足价值"的地球居民，值得从非人类利用的角度保护其栖息地和生存权？后者是公众、环境机构和专家的共同诉求。

作者进一步提出，一部"良法"的修订过程，应该赋予公民更多机会和权利。尽管民间机构通过各种方式参与了对法条的反馈，但是尚未能带来新法"利用野生动物"这个立足点的改变。在法律修订过程中，立法机关对公共利益维护不足，对社会意见采纳不足，是其中最严重的问题。

闻丞等的《解读首期〈中国自然观察〉报告》，对中国生态与生物多样性保护现状的独立观察报告《中国自然观察2014》进行了解读和导读。

作者以多年积累的详尽数据，从生物多样性信息公开现状、中国森林的状况、生物物种的观察以及中国濒危物种保护的滞后等几个方面，展示了中国生态和物种的现状、保护的成效及空缺，并指出民间的自然观察填补了中国物种分布和数量统计的大量空白，是物种和生态系统基本信息收集与保护成效监督监测的可靠力量。作者认为中国的生物多样性保护存在显著空缺，包括：现有的保护物种名录未能及时准确地覆盖中国的濒危物种，已经严重影响了对这些物种的保护，亟须更新；濒危物种受自然保护区覆盖不足；生态系统和物种信息缺乏且不透明公开；等等。作者建议在自然保护区难以覆盖的地区，特别是东部人口密集地区，尽量建立新的保护区或者建立以当地居民和公众参与为主体的保护小区。

两文作者虽然专长于全然不同的领域，但是他们都认为，中国生物多样性保护的挑战众多。而提升空间，无论是在法律上还是在科学上，都应该鼓励"自下而上"的民间参与和监督。

"自然生态"板块负责人：孙姗（山水自然保护中心理事，太平洋环境组织全球理事）

G.17
生态文明视野下的《野生动物保护法》修订
——回顾与前瞻

莽萍*

摘　要： 本报告系统梳理了《野生动物保护法》修订的背景、修订草案的内容及争议焦点，并提出建议：《野生动物保护法》修订应遵循生态文明建设提出的目标，以保护我国的野生动物物种及其栖息地、维护生物多样性及生态系统的丰富与活力为目标，体现善治理念。

关键词： 野生动物保护　生物多样性

随着生态危机的加重，生态文明建设已经成为我国现代发展的基本国策。它要求人们树立尊重自然、顺应自然、保护自然的理念，并将这些理念融入政治、经济、文化和社会建设的各方面和全过程。在这个大背景下，关乎我国野生动物和生物多样性保护的重要法律《野生动物保护法》的修订被提上议事日程。2013年9月，颁布实施24年、早已不敷使用的《野生动物保护法》修订被全国人大列入立法规划。公众对此期望很高，希望这次修订能够有利于扭转我国野生动物保护不力的局面。[①]

---

* 莽萍，中央社会主义学院政治学教研室教授，中国环境伦理学研究会常任理事，主要研究领域包括当代世界宗教思潮、环境伦理与动物保护。
① 《37名人大代表联名提修改野生动物保护法议案引关注》，http://news.china.com.cn/txt/2013-03/16/content_28263463.htm，2013年3月16日。

生态文明视野下的《野生动物保护法》修订

历经两年，2015年12月30日，全国人大公布了《野生动物保护法》（修订草案）（以下简称《修订草案》），向全社会征求意见。①《修订草案》引起社会各界特别是学者和自然保护公益社团，甚至全国人大代表等多方面人士的质疑和批评，主要基于两点：其一，仍然将野生动物视为资源，缺乏对生物多样性和野生动物的生态价值与伦理价值的充分认识，对需要保护的野生动物的种类界定过窄；其二，仍将对野生动物的"利用"列为立法宗旨，并在多个条款中明示"利用"原则，不但在法律上肯定了以往饱受诟病的对野生动物的各种"利用"，而且为未来对野生动物的更多"利用"提供了新的法律依据。

这就意味着，中国的野生动物保护事业将面临更加严峻的局面，对野生动物的有效保护将更加艰难，法律滞后与社会发展和时代要求之间的差距将更为显著，与社会公众已有的动物保护意识之间的冲突也将更加尖锐。

本报告下面将从修法背景、草案内容和良法善治三个方面，对《修订草案》中的问题展开进一步讨论。

一 修订缘起

现行《野生动物保护法》规定其主旨是"保护、拯救珍贵、濒危野生动物，保护、发展和合理利用野生动物资源，维护生态平衡"。据此，受《野生动物保护法》保护的只是"珍贵、濒危的陆生、水生野生动物"，以及"有益的或者有重要经济、科学研究价值的陆生野生动物"（所谓"三有"野生动物）。动物学学者解焱研究，按照这样的界定和分类，在中国580种哺乳动物中，只有不到30%被定义为野生动物，其中只有14.3%受到保护，15.2%为"三有"动物；鸟类物种中60.8%被定义为野生动物，其中只有很小比例受到保护；爬行动物和两栖动物中只有少数受到保护。许

---

① 《修订草案》向社会征求意见的时间为1个月，截止日期为2016年1月29日。有意见认为，征求意见时间被安排在春节即将到来的这个月，不利于对《修订草案》进行充分讨论。

多在生态系统中扮演重要角色以及受到严重威胁的动物都未受到法律的保护。

现行《野生动物保护法》将"驯养繁殖"与"合理开发利用"作为国家对待野生动物的指导方针，政府有关部门甚至鼓励、引导和扶持个人与企业发展相关产业，从而使野生动物驯养繁殖的规模日益扩大，并催生了各种利用野生动物谋取商业利益的行业。具有讽刺意味的是，这些实际上危害野生动物的利用行为，竟然是在野生动物保护的法律架构下获得其正当性的。据国家林业局在线审批系统的公开资料，2005~2013年，国家林业局共向企业和个人发放了3725张"国家一级保护野生动物驯养繁殖许可证"；同期，共发放了5369张"出售、收购、利用国家一级保护陆生、野生动物或其产品许可"的许可证；加上由各省级林业部门负责管理审批的国家二级保护野生动物的驯养繁殖，即使不算无序的非法驯养繁殖，规模也已经极其庞大。[①] 2008年，国家林业局公告允许临床使用天然麝香、熊胆原材料的定点医院已达66家；允许临床使用赛加羚羊、穿山甲、稀有蛇类原材料的定点医院则有650多家。[②] 此外，国家林业局推出的"中国野生动物经营利用管理专用标识"，允许商业利用的野生动物数量惊人。

为了维护"野生动物商业利用"的正当性，野生动物行业和管理部门长期诱导一些似是而非的说法，例如人工养殖和利用野生动物有利于野生动物的保护；通过人工养殖和利用野生动物的办法满足市场对野生动物的需求，可以减少盗猎，从而起到保护野生动物的作用；通过税收方式，把从野

[①] "中国动物园观察"小组：《中国动物园虎生存状况调查报告2003~2015》，《〈中国野生动物园观察〉报告2014》（未刊稿）；赵建华：《人工驯养繁育老虎6000只 中国官员驳斥外界责难》，http://www.chinanews.com/gn/news/2010/02-09/2117505,shtml，2010年2月9日。

[②] 王媛：《野生虎最后的救赎——访国家林业局野生动植物保护与自然保护区管理司总工程师严旬》，《今日中国（中文版）》2013年第11期。

护。① 也就是说，以对野生动物的经济性开发和利用来支撑野生动物保护。②

事实上，视野生动物为资源而利用的观念与导致野生动物被捕捉、猎杀、贩卖、消费的观念根本上是一致的。对人工繁殖的野生动物的极度消费，极大地加剧了野外野生动物的生存困境，给野生动物和生物多样性保护带来了灾难性影响。有学者指出，"中国过去三十年的实践表明，对野生动物的商业利用（包括以此为目的的驯养与繁殖）对于野外种群的保护并没有起到积极作用。比如，尽管黑熊（棕熊）、丹顶鹤与东北虎都是以保护名义进行人工驯养与繁殖的明星物种，但是中立的研究表明，对这些物种的商业性人工驯养繁殖并没有实现当初立法时所怀有的良好愿望，即达到保护野外种群的作用，实际效果可能恰恰相反"。

20多年来，以"利用促保护"的论调可以说完全破产。其利用模式不仅无法保护野生动物，反而诱导以食用和持有野生动物及其制品为荣的不良风习，直接造成对野外野生动物的滥捕滥杀，对野生动物保护造成巨大伤害，导致生态危机。

根据2014年出版的《中国履行〈生物多样性公约〉第五次国家报告》，我国"生物多样性下降的趋势没有得到根本遏制。无脊椎动物受威胁（极危、濒危和易危）的比例为34.7%，脊椎动物受威胁的比例为35.9%；受威胁植物有3767种，约占评估高等植物总数的10.9%；需要重点关注和保护的高等植物达10102种，占评估高等植物总数的29.3%。遗传资源丧失的问题突出"。③

现行《野生动物保护法》无法制止对野生动物的大规模杀戮和野蛮利用。这也是该法实施后不久，就有全国人大代表和政协委员提出修法建议的重要原因。

---

① 何海宁：《合理的利用，还是正当的保护？——"活熊取胆"争议纵深化，法学家吁请制定动物保护法》，《南方周末》2013年3月10日。
② 郭鹏、魏玉保： 《野生动物保护法修订　是时候告别对野生动物的商业性利用了》，http：//m.thepaper.cn/newDetail_forward_1417757，2016年1月8日。
③ "中国动物园观察"小组：《中国动物园虎生存调查报告》，2015年发布版。

近几年，随着生态危机加重，商业性驯养繁殖国家重点保护野生动物行业乱象丛生，现行《野生动物保护法》与社会发展脱节、无法满足时代要求的情况也变得越来越突出。基于这种情形，从2010年开始，几乎每年都有全国人大代表和政协委员提出修改《野生动物保护法》的议案和提案。2013年"两会"期间，共有130多位人大代表提出了修改《野生动物保护法》的议案。[1] 其中，全国人大代表、农工民主党中央委员、农工民主党江西省委副主委、南昌航空大学副校长罗胜联与另外36位代表一起联名提出的修改《野生动物保护法》议案，引起社会极大关注。[2] 时值中共十八大召开，生态文明建设被提高到国家发展战略的高度，这一届人大代表的议案终于被采纳。

二 《修订草案》：保护法还是开发利用法？

保护野生动物的目的究竟是维护生物多样性、维护野生动物物种繁衍，还是进行商业性利用？近20年来，这个问题一直是人们对《野生动物保护法》立法宗旨提出质疑的出发点。研究者认为，"对野生动物可不可以进行商业性开发与利用，不是一个想当然的事情，而是一个需要严肃认真对待的事情。在严肃的实地考察与严格的论证没有出现之前，最可靠的办法就是不要将'利用'作为法律的主旨写进法律"。

《野生动物保护法》既然以"保护"野生动物为主旨，立法宗旨中就不应有"利用"之说，尤其不能允许对野生动物进行商业性利用，否则，"保护"将沦为"利用"的工具。因此，即使实践中存在"利用"野生动物的实例，一部以保护野生动物为宗旨的法律也不应把"利用"原则引入，而

---

[1] 余晓洁、傅双琪：《野生动物保护法修改列入全国人大常委会立法规划》，http://www.gov.cn/jrzg/2013-12/28/content_2556425.htm，2013年12月28日。
[2] 林平：《37位人大代表联名提修改野生动物保护法议案》，http://news.jcrb.com/jxsw/201303/t20130318_1069337.html，2013年3月18日；《敬一丹提交议案　修改〈野生动物保护法〉》，http://news.china.com.cn/2012lianghui/2012-03/09/content_24852490.htm，2012年3月9日。

是应该对实践中的"利用"活动加以限定,比如严格限制对野生动物的人工繁育,其繁育目的应当服从相关科学研究或者野生动物种群繁衍的目标,这样的"利用"才符合野生动物保护的宗旨。

这正是多年来社会公众、动物保护团体、学者、人大代表和政协委员们呼吁修改《野生动物保护法》希望达到的目标。但是令人费解的是,《修订草案》不但没有实现这一修法目标,反而在包括总则在内的多个条款中反复申明"利用"原则,从而在承认现有大规模利用野生动物状况的基础上,又扩大了利用野生动物的范围。

例如,《修订草案》第一条虽然引入了野生动物栖息地保护和生物多样性等概念,但同时把"规范野生动物资源利用"也列为立法宗旨。这表明《修订草案》并没有放弃和改变视野生动物为资源的基本立场。总则第二、第三、第四条多次提及对野生动物的"繁育"和"利用",把对野生动物的"合理利用"(现行法用语)规定为国家关于野生动物的基本方针,同时却没有对"利用"一词加以限定。[①] 这就为《修订草案》后面各章提到的包括药用、食用、动物表演等各种"利用"野生动物的活动奠定了基础。

《修订草案》共有五章,其主要内容集中在第二章"野生动物保护"和第三章"野生动物管理"。但是人们注意到,第二章"野生动物保护"只有9条,第三章"野生动物管理"则有22条。一些法学学者认为,这"根本是本末倒置"。[②] 也有学者指出,《修订草案》第三章名为"野生动物管理",其规定多是关于如何利用野生动物,其实是在偷换概念,支持开发经营。

事实上,在"利用"问题上,《修订草案》的规定比旧法有过之而无不及。比如《修订草案》第二十四条关于人工繁育国家重点保护野生动物的

[①] 《中华人民共和国野生动物保护法(修订草案)》,http://www.npc.gov.cn/npc/lfzt/rlyw/2015-12/31/content_1958175.htm,2015年12月30日;莽萍:《野生动物保护法修订:不应将野生动物视为资源》,http://www.thepaper.cn/newDatail_forward_1417722,2016年1月7日。

[②] 马维辉:《被指实为"野生动物开发利用法" 野生动物保护法大修痛点》,《华夏时报》2016年1月12日。

许可证制度，第二十六条关于国家允许利用和人工繁育的重点保护野生动物名录等，对利用和人工繁育野生动物的目的和范围均未设限，而且对野生动物的利用甚至可以是经营性的，其范围包括公众展示（演）、药用和食用。这与旧法将"驯养繁殖""合理开发利用"等作为对待野生动物的指导方针可谓一脉相承，只不过在旧的法律体系中，"经营利用""生产经营"等字样是在该法的下位法实施条例中才出现的，《修订草案》却把这部分内容直接纳入法律。

法律学者孙江指出，新修《野生动物保护法》应该限制商业驯养繁殖野生动物，对于国际公约保护的濒危野生动物、国家一级保护野生动物，如虎和犀牛等，应禁止任何为了经济和医药目的而进行的商业化养殖利用。对于驯养繁殖国家二类和地方重点保护的野生动物，要从法律上进行限制进而禁止。[1] 贺海仁认为，《修订草案》应该取消或严格限制对野生动物"合理利用"的有关规定，因为存在这个口子，"合理利用"就会被一些利益集团利用。[2] 安翔律师指出，"现行的野生动物驯养繁殖许可证，也是一个把黑色产业'洗白'的过程"[3]。周柯教授认为，"全世界近百年来关于野生动物的立法趋势，就是不再关心其财产权的属性，即开发利用问题，而是关心生物多样性问题、动物福利问题"，"中国的立法却逆历史潮流而动"[4]。

事实上，为了防止商业贸易对野生动植物的过度利用导致的物种灭绝危险，从1973年《濒危野生动植物种国际贸易公约》（CITES）签署以后，世界大多数国家的立法者都意识到保护生物多样性和挽救濒危物种的重要性，制定法律是以保护野生动物及其栖息地、挽救濒危物种免遭灭绝为目标，不

---

[1] 周东旭：《修订〈野生动物保护法〉不能"为利用而保护"》，http://toutiao.com/i6238790396881666561/，2016年1月8日。
[2] 章柯：《保护还是利用？修法引发野生动物"合理利用"之辩》，《第一财经日报》2016年1月27日。
[3] 章柯：《保护还是利用？修法引发野生动物"合理利用"之辩》，《第一财经日报》2016年1月27日。
[4] 马维辉：《被指实为"野生动物开发利用法" 野生动物保护法大修痛点》，《华夏时报》2016年1月12日。

言利用，更不必说对野生动物的商业性利用了。我国《野生动物保护法》修订必须去除所谓"科学繁育""合理利用"的原则，将保护范围扩展至"所有陆生脊椎野生动物、被列入保护名录的水生脊椎野生动物和无脊椎野生动物"，摒弃将野生动物视为资源的陋习，与国际野生动物保护立法接轨。

三 良法与善治

中共十八届四中全会《关于全面推进依法治国若干重大问题的决定》提出了良法和善治的理念。善治就是一种使公共利益最大化的社会管理过程。①其基本特征是政府与公民对公共事务的合作管理，是"整个社会的好治理，是公共利益的最大化，而不是政府利益或某个集团利益的最大化"。它体现的是政府与社会的一种新颖关系。研究者认为，良好的治理应该赋予公民更多机会和权利参与政府公共政策活动过程，有效保障公共政策对公共性的维护，实现公共利益最大化。在《野生动物保护》法修订过程中，立法机关对公共利益维护不足，对社会意见采纳不足，是其中最严重的问题。

《野生动物保护法》在人大代表的直接推动下进入修订程序，但实际的修订方向与多年政协委员、人大代表、野生动物保护团体和社会公众所建议与期待的全面保护野生动物、限制和取消"利用"原则的方向并不一致。《修订草案》公布后，公共意见和社会批评非常多，媒体报道充分，但这些意见和建议几乎没有被《修订草案》二审稿采纳。

早在2003年，全国政协委员梁从诫先生就提出"关于应尽早修订现行《野生动物保护法》的提案"。他建议把保护范围扩大到一般野生物种，打破只保护珍稀野生动物的局限性，并提出"修订应着眼于杜绝少

---

① 俞可平：《治理与善治》，社会科学文献出版社，2000；陈广胜：《走向善治——中国地方政府的模式创新》，浙江大学出版社，2007。

数消费者和某些行业通过大量捕猎，'吃、用、养'野生动物的陋习，扩大野生动物保护范围，明令禁止为商业或'利用'目的捕猎任何种类的野生动物，包括目前尚未列入保护范围的物种；禁绝任何种类的野生动物及其制品进入市场"。①这份提案提出的目标非常明确：一是全面保护野外野生动物；二是杜绝"吃、用、养"野生动物。

近几年，越来越多的人大代表和政协委员对利用野生动物行业越来越残酷和走向奢华消费表示担忧。他们认为，《野生动物保护法》的立法精神应该是"保护"而不是"利用"，不能为极少数人或某些行业利用野生动物获取商业利益而开法律大门。否则，受到危害的将不只是野生动物和生物多样性，而是整个国家的生态安全和人民的公共利益。

动物保护公益社团针对越来越严重的猎杀野生动物和残酷利用野生动物案例，②也不断发出呼吁，提请国家尽快修订《野生动物保护法》，要求主管部门严格执法，保护岌岌可危的野生动物物种及其栖息地。

然而，人大代表、政协委员和环境与动物保护公益社团提出的呼吁与建议，没有体现在首轮公布的《野生动物保护法》（修订草案）（以下简称《修订草案》）中。

《修订草案》公开征求社会意见后，社会批评很多。众多学者和社会公益组织包括人大代表提出质疑。相关公益社团和学者针对《修订草案》陆续提出修改建议。其中，自然之友、中国绿色发展基金会、绿野方舟等各自提出了修改建议文本。③一些法学专家、野生动物保护专家和伦理学者也参与相关修法研讨会，并提出学者专家修改意见。

---

① 《专家热议〈野生动物保护法〉修订草案，呼吁要"保护"不要"利用"》，《新闻探针》2016年1月28日。

② 2012年11月27日，央视播出"保护野生动物，我们在行动"系列节目，曝光大量野蛮杀戮、血腥吃用野生动物的事实，引起公众震惊和愤怒。仅搜索百度相关主题，就有近百万个该主题相关链接。

③ 参见自然之友《野生动物保护法》（修订草案）的修改建议，中国绿色发展基金会关于《野生动物保护法》（修订草案）的修改建议，以及绿野方舟对《野生动物保护法》（修订草案）的建议及对照。

生态文明视野下的《野生动物保护法》修订

首都爱护动物协会与自然之友两家公益组织举行了"《野生动物保护法》（修订草案）专家研讨会"，邀请野生动物保护一线专家和公益律师、法学与伦理学领域的学者，就《修订草案》开展专题研讨。与会专家认为，"如果一部对利用野生动物大开方便之门的野生动物保护法出台，将极大地加重中国的生态危机，将岌岌可危的野生动物推向深渊，甚至引发更大的生态与社会问题。"

多位法学、动物保护专家和伦理学家、公益律师经过严肃认真的研究与讨论，提出了一份《野生动物保护法》（修订草案）专家修改意见，并在全国人大法工委主持召开的"野生动物保护法座谈会"上递交了"专家修改建议稿总则部分"。

然而，中国人大网于2016年4月27日公布的《修订草案》二审稿几乎没有吸纳社会要求加强保护反对商业利用野生动物的社会意见，却将《修订草案》总则第一条中"保护野生动物及其栖息地"中的"栖息地"去掉，而公众要求删除的"规范野生动物资源利用"却写到了"维护生物多样性和生态平衡"前面。这项重大修改没有在法工委关于《修订草案》二审稿的修改情况汇报中加以说明。

"栖息地"保护列入总则第一条是《修订草案》最重要的亮点。现在，《修订草案》二审稿却不加任何说明就悄悄删除了。相应的，二审稿第十条则删除了《修订草案》第十条中"禁止任何单位和个人违法猎捕、利用或者破坏野生动物及其栖息地"中的"利用"二字。结合上下文，删掉的内容应该是"禁止任何单位和个人违法……利用……野生动物及其栖息地"。巨大的退步何其明显。可以预见，如果允许"利用"野生动物栖息地，对未来野生动物栖息地保护将带来不可估量的损害。

《修订草案》二审稿同时对现有的野生动物保护名录制度做出重大改动。根据《修订草案》二审稿第二十九条，第一，法律授权国务院野生动物主管部门制定"允许利用人工繁育国家重点保护野生动物名录"；第二，根据有关野外种群保护情况，又可以把所谓"人工繁育技术成熟稳定野生动物的人工种群"，移出国家重点保护野生动物名录，实行与野外种群不同的管理措施。这样一来，所有国家重点保护野生动物首先都可以落入第一范畴，然后落入第二范畴。所以，最后的结果就是，所有原来在国家重点保护野生动物名录之中，并且受到特殊保护的人工繁育的野生动物，或早或迟，都会被移出国家重点保护野生动物名录，适用一般"管理措施"。这意味着，现有对野生动物的利用将获得比以前更大的发展空间，得到更强的法律支持，而这对野外动物种群将造成巨大的冲击和伤害。

事实上，《修订草案》二审稿在审议时，就已经在全国人大常委会中引发质疑和批评。闫小培委员建议，"总则第一条应删除'规范野生动物资源利用'，因为第一条是野生动物保护法的立法目的，在立法目的中加入野生动物的利用，很容易使公众误解为保护是为了利用"。[①] 傅莹委员认为，这部法律的重点是要保护野生动物，"利用野生动物资源"本身与保护就有点相悖。"利用（野生动物）是我们国家的国情，也是需要的，但这种情况极少，放在总则里面太突出，建议删掉。第三十条具体地讲了利用野生动物的问题，但其中的规定太空、太虚，空间太大，既然'利用'是不得已而为之，而且又是极少数，就应该规定得很严格和明确，规定严格的审批程序，局限在具体领域。无论是立法者还是主管部门应该都很清楚是哪几项，不要把这个口子开得太大。"

副委员长陈竺特别提及野生动物药用问题，他以老虎举例说，中国华南虎已基本绝迹，东北虎也很少，在这种情况下把老虎通过人工饲养引入药物的生产，甚至引入食物链，形象非常不好。现在提倡五大发展理念，特别是绿色发展，应该落实到这个重要领域。

《修订草案》二审稿基本没有接受社会意见，反而在栖息地保护和利用野生动物问题上大幅退步，导致公众对二审稿征求意见缺乏参与动力。社会反响无声无息，参与提出建议的文章几乎没有。这或许是公众对立法机构蔑视民意的反应。立法机构如何回应社会公众、环境和动物保护组织，以及提

[①] 刁凡超：《全国人大常委会审议野保法二审稿：总则保留"利用"再引争议》，http://www.thepaper.cn/newsDetail_forward_1462002，2016年4月27日。

出议案和参加审议的全国人大代表和人大常委们的意见与建议，恰是善治与否的试金石。

四 结语

2016年新年伊始，各种有关野生动物被伤害、杀戮、贩卖和走私的消息接踵而来。如果法律再不有所作为，不能体现维护生态、保护野生动物的鲜明立场，不对危害野生动物的行为施以严格的惩罚措施，不加大对野生动物及其制品消费的限制和处罚，必将造成对野外动物种群的毁灭性冲击，而其直接伤害、暴虐野生动物人工种群的方式，将引起社会分裂和道德堕落，其暴力气息也将传导和渗入社会，危害到我们每一个人。

《野生动物保护法》是野生动物保护领域的基本法，其修订是一项极其严肃的工作，应体现善治的理念，尊重人大代表、政协委员包括人大常委们提出的修改建议和要求，回应社会民众包括相关学者和公益团体对保护野生动物的呼声和法律修订建议，使《修订草案》回到全面保护野生动物及其栖息地、禁止野生动物商业利用、引导现有野生动物人工驯养繁殖产业转型的方向上。

G.18
解读首期《中国自然观察》报告

闻丞 王昊 顾垒 史湘莹 胡若成 罗玫 钟嘉*

摘　要： 生态系统和生物多样性的信息本底状况缺乏或者不公开，一直是生态保护的根本问题，由此导致科学决策、成效评估和公开监督没有基础。在环境领域也掀起信息化和大数据的高潮之时，《中国自然观察2014》应运而生。这是一份针对中国生态系统和生物多样性保护状况的研究报告，由山水自然保护中心、中国观鸟组织联合行动平台和北京大学自然保护与社会发展研究中心联合发布。这份报告依据的是上述机构多年积累和公开发布的数据，尝试从独立视角给公众和决策者解读与勾绘最近十多年来中国自然生态的变化图景。本文将就这篇报告的主要结论和其背后的含义进行解读。依照原报告的结构，就我国森林的信息公开状况，比较其变化的整体情况和空间分布主要内容；分析我国最受关注的濒危物种的研究状况和分布格局；对自然保护区作为一个重要保护手段从空间分布上的保护成效予以评估。此报告的主要结论包括：我国重点保护物种名录未能及时覆盖我国的濒危物种，亟须更新；民间的自然观察填补了物种的分布和数量统计的大量空白，是物种和生态系统基本信息收集和保护成效监督监测的可靠力量；在保护区难以覆盖的地区，特别是东部人

---

* 闻丞，山水自然保护中心保护与研究主任；王昊，北京大学自然保护与社会发展研究中心讲师；顾垒，山水自然保护中心科学顾问；史湘莹，山水自然保护中心项目经理；胡若成，山水自然保护中心项目助理；罗玫，北京大学生命科学学院博士在读；钟嘉，中国观鸟组织联合行动平台理事长。

口密集地区，应尽量建立新的保护区或者建立以当地居民和公众参与为主体的保护小区；生态信息公开和长期的生态系统及物种研究与监测都迫在眉睫。

关键词： 生物多样性　自然保护区　物种分布预测　GAP分析

2015年是环境保护行业"大数据时代"的开始。中央政府频繁将"生态文明"的理念融入顶层设计，同时民间对提高环境质量、环境信息透明的呼声也越来越高。柴静的纪录片《穹顶之下》引起高达6500万次全网播放并引爆公众话题后，可以看到空气质量的问题乃至水资源的问题都受到了广泛关注。2015年9月发布的《生态文明体制改革总体方案》也提出了对自然资本核算制度的设计，对大气、河流等资源进行核算并且纳入绩效考核和责任追究制度。2015年底，《野生动物保护法》（修订草案）公开向全社会征集意见，修订草案加入了对生物多样性的监测、对栖息地的评估等内容。然而，自然资本、生态系统的变化与生物多样性本底信息的清点和评估，比起其他资源在数据监测和信息公开上更加不易。要准确地描述我国生态和生物多样性的状况和趋势是很困难的，这主要是两方面造成的：一方面是仍然缺乏对物种和生态系统的系统、长期监测与研究；另一方面是各方收集的信息还没有得到充分集成和挖掘分析。

《中国自然观察》系列文章[①]就是在这样一个背景下应运而生的针对中国生态保护现状和变化趋势的独立观察报告，本报告由山水自然保护中

---

① 吕植、顾垒、闻丞等：《中国自然观察2014：一份关于中国生物多样性保护的独立报告》，《生物多样性》2015年第5期；王昊、吕植、顾垒、闻丞：《基于Global Forest Watch观察2000~2013年间中国森林变化》，《生物多样性》2015年第5期；闻丞、顾垒、王昊等：《基于最受关注濒危物种分布的国家级自然保护区空缺分析》，《生物多样性》2015年第5期；顾垒、闻丞、罗玫：《中国最受关注濒危物种保护现状快速评价的新方法探讨》，《生物多样性》2015年第5期。

心、中国观鸟组织联合行动平台和北京大学自然保护与社会发展研究中心联合发布，所依据的资料来源于上述机构的多年积累和公开发布的数据，包括北京大学自然保护与社会发展研究中心与山水自然保护中心在生态保护和研究工作中的积累，以及其组织、参与、支持的生物多样性调查、监测和数据库项目的信息；中国观鸟组织联合行动平台2000~2013年的鸟类观察信息；美国国家航空航天局（NASA）和美国马里兰大学等机构于2000~2013年公开发布的遥感数据集；[1] 以及2000~2013年公开发表的有关我国濒危物种的9338篇中英文研究论文。这个报告旨在尝试利用这些信息，以独立的视角粗略地勾绘中国生态系统变化的图景和物种保护的现状。

从2015年初第一次在北京大学发布开始，《中国自然观察》将陆续在"环境绿皮书"、学术期刊及媒体上，以及独立发行单本，发布这些信息。同时，"中国自然观察"项目也在研究的基础上展开了对数据收集和发布的新尝试，包括通过实地调研填补濒危物种信息空缺，对遥感分析发现森林面积或质量发生变化的区域进行地面勘察，以及通过网络平台"自然观察"（www.hinature.cn）对自然爱好者的物种观察信息进行收集和发布。

这是一次科学工作者与民间合作的尝试。本报告的初衷是抛砖引玉，推动拥有更多更好信息的机构和研究者开展合作，在合法的前提下最大限度地公开我国的生物多样性信息，提高分析的科学水平，让科学信息为决策和公众所用，成为自然保护的力量。同时也希望更多的科学家和公众加入对生物多样性的宏观研究，以及物种和生态系统变化的长期监测，使决策更加科学、保护更加有效。本文将总结报告的关键分析和结果，详细的方法及研究过程可以参见已发表的4篇文章。

---

[1] Hansen M. C., Potapov P. V., Moore R., Hancher M., Turubanova S. A., Tyukavina A., Thau D., Stehman S. V., Goetz S. J., Loveland T. R., Kommareddy A., Egorov A., Chini L., Justice C. O., Townshend J. R. G. (2013), "High-resolution Global Maps of 21st-century Forest Cover Change," *Science*, 342, 850–853.

一 生态系统与物种多样性信息公开现状

如何衡量生态系统和物种是否得到有效保护？首先需要定位它们在哪儿，或者说一个范围内本来有什么，然后根据其变化来验证是否得到可靠保护。国际生态系统和知名的物种分布的数据库包括经合组织最早发起的全球生物多样性信息网络 Global Biodiversity Information Facility,[①] 全球网络生命大百科（EOL）,[②] 生命地图（Map of Life）,[③] 澳大利亚的"澳洲生命地图"（Atlas of Living Australia）,[④] 针对爱好者的 iNaturalist,[⑤] 针对鸟类爱好者的 eBird,[⑥] 以及针对遥感森林信息的 Global Forest Watch[⑦] 等。这些网络大多基于遥感数据，或者分布信息、地理信息系统，同时汲取来自"公民科学家"（自然爱好者）的数据，以及来自研究机构的科研实地监测的数据。

在中国，生态系统和生物多样性的本底信息主要基于自然保护区内的监测和地方林业局的监测，还有各地科研院所的研究调查。生态系统分布、野生动植物分布和调查信息，以及自然保护区的边界信息等，都不公开透明，这对公众参与监督和评价保护措施有效性带来了巨大挑战。

综合我们可收集到的各种信息来源，只有174个最受关注的濒危物种能收集到可用于评估的信息。其中具备5个点以上有效分布数据、可用于模型预测分布区的物种只有46个，约2/5的物种没有分布位点信息。这在一定程度上影响了《国家重点保护物种名录》的更新，使得一些濒危物种未能及时得到有效保护。

[①] "Global Biodiversity Information Facility", http://www.gbif.org/.
[②] "Encyclopedia of Life", http://eol.org/.
[③] "Map of Life", https://mol.org/.
[④] "Atlas of Living Australia", http://www.ala.org.au/.
[⑤] "iNatutalis", http://www.inaturalist.org/.
[⑥] "eBird", www.ebird.org/.
[⑦] "Global Forest Watch", http://www.globalforestwatch.org.

和国外非常发达的"观鸟"传统不同，国内的自然爱好者群体出现较晚，但这些年国内民间自然爱好者已经进入一个蓬勃发展的阶段，20世纪80年代以来，除鸟类爱好者以外，植物爱好者、昆虫爱好者、两栖爬行动物爱好者、淡水鱼类爱好者乃至哺乳动物爱好者，逐渐形成了各自的正式或非正式团体。他们以进行自然旅行等形式进行自发的生态观测活动。在本报告中，我们在进行物种分布的分析时，大量使用了由鸟类爱好者收集的物种分布点信息，例如在能获得分布图的23种鸟类中，有17种主要依赖2000~2013年观鸟爱好者获得的分布信息，这反映了公众参与对丰富濒危物种分布知识的积极作用。自然爱好者不仅可以是潜在的成本较低的生态信息收集者，而且他们自己需要了解更多的信息，也是对生态保护进行宣传和教育的媒介。这些"公民科学家"所搜集的数据有时更加全面，经过整合和挖掘，可以对土地空间规划和政策制定提供有力的信息支持（如图1所示）。

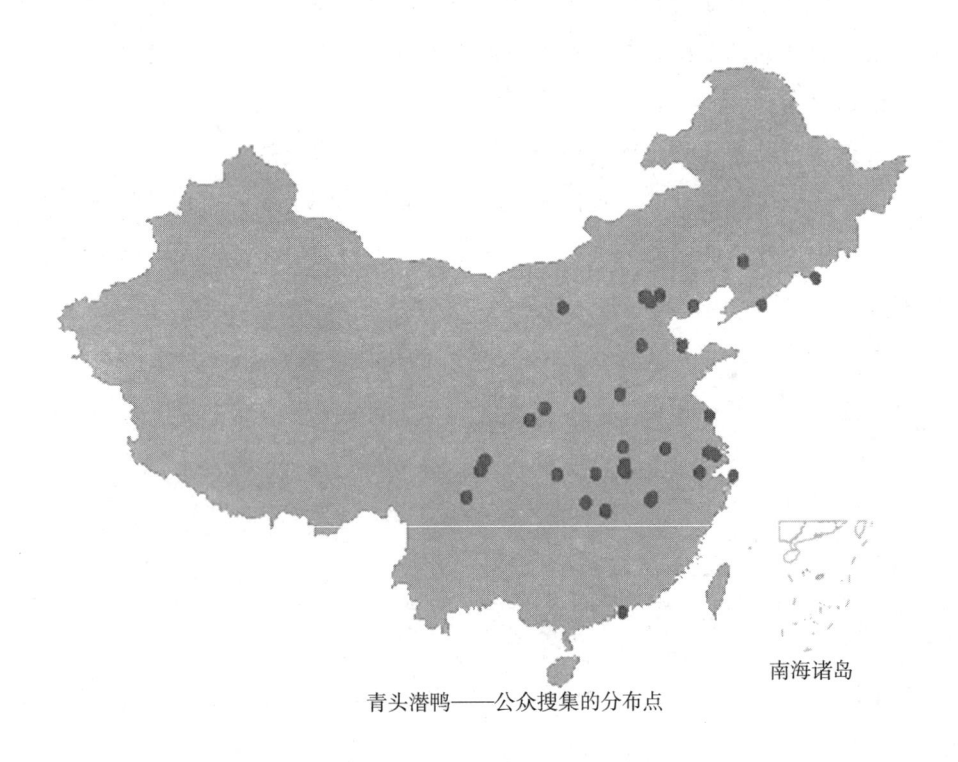

青头潜鸭——公众搜集的分布点

南海诸岛

解读首期《中国自然观察》报告

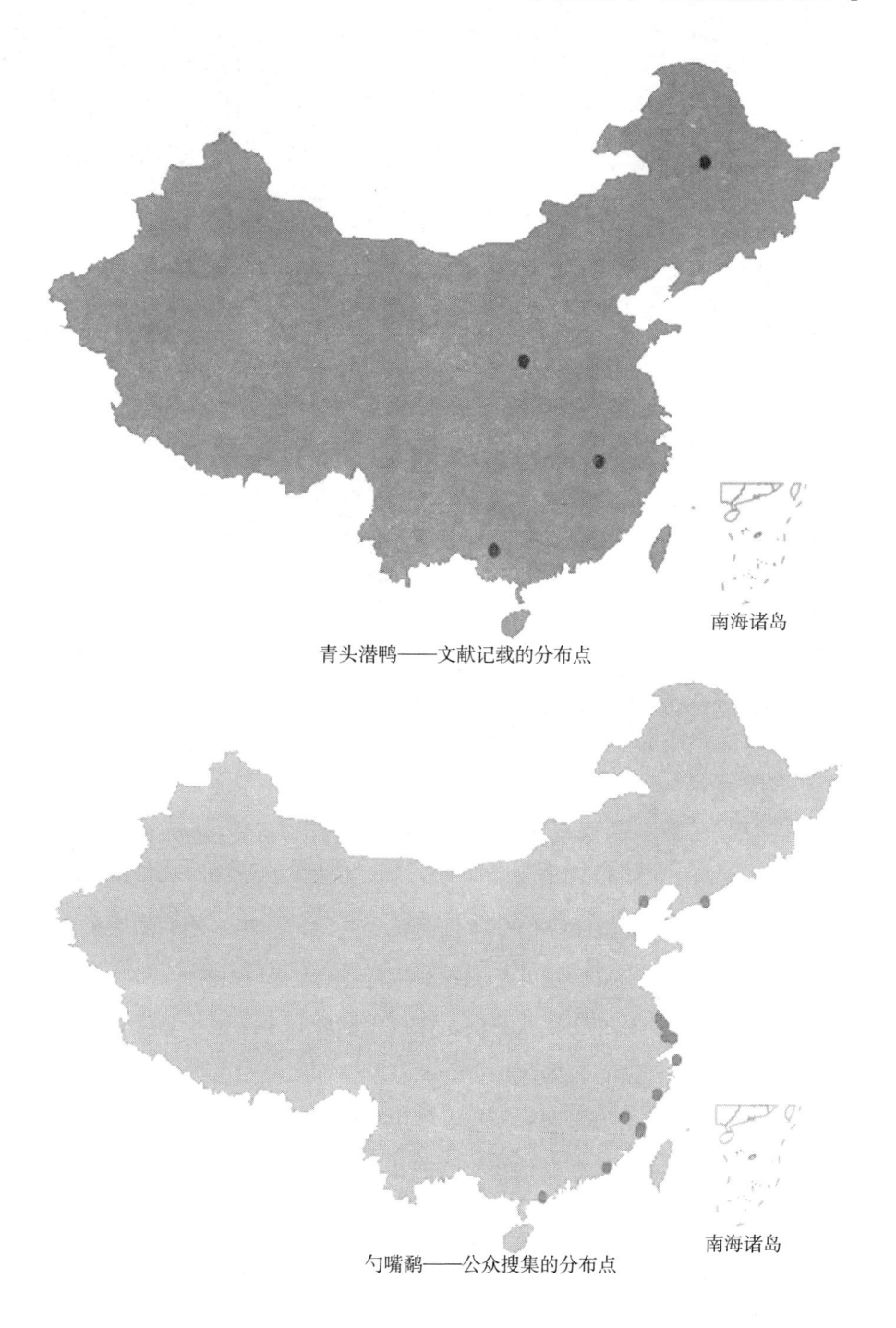

青头潜鸭——文献记载的分布点

南海诸岛

勺嘴鹬——公众搜集的分布点

南海诸岛

勺嘴鹬——文献记载的分布点

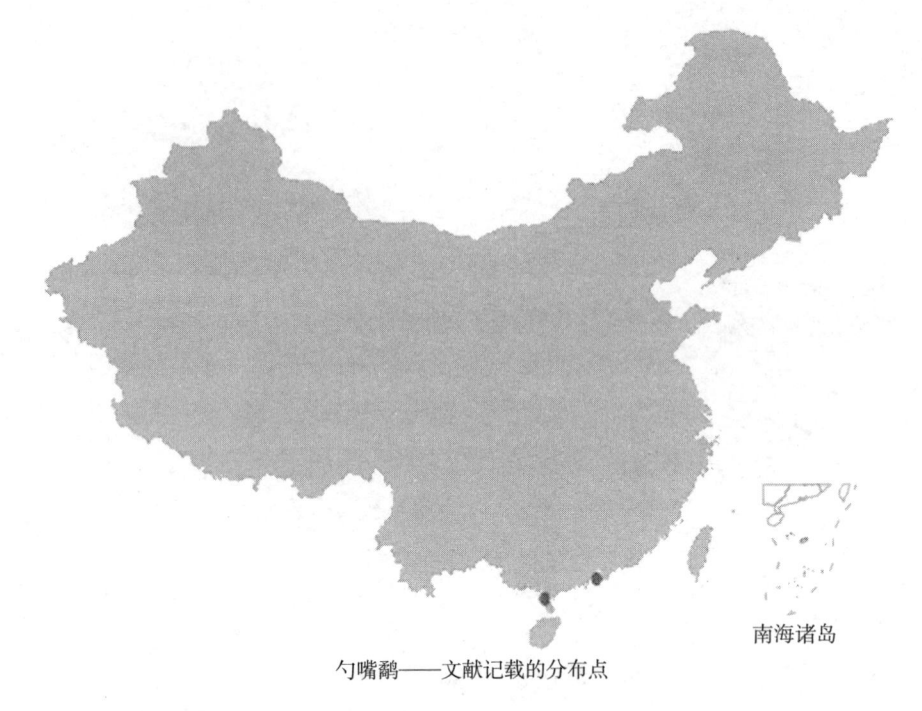

南海诸岛

图1 公众搜集的物种分布信息有时比文献记载的分布点更加全面

二 森林观察

森林对人类的重要性不言而喻，然而其更是地球上很多物种的庇护所和栖息地，森林的变化不仅影响人类的各种生活生产，而且关乎众多物种的生命维系。了解中国森林的变化，不仅是评价中国森林生态系统和生物多样性变化趋势，并以此开展有效的保护行动的基础，而且是公共政策及广大公众普遍关心的议题。本次报告选取了与人类生活最相关的生态系统之一——森林，首先进行现状的评估和变化趋势的估计。

1. 森林面积

关于我国森林的状况，第一个问题便是，我国森林面积有多少，其变化趋势是什么？先来确定一下森林的定义，我国森林资源清查定义：有林地为附着森林植被、郁闭度≥0.20的林有地,包括乔木林、红树林和竹林;而附着乔木树种、郁闭度为0.10~0.19的林地为疏林地。我们还分析了一套美国科学家Hansen等于2013年在Global Forest Watch网站上发布的基于Landsat数据的30m分辨率2000~2012年的全球森林变化数据集,其中对树木覆盖度大于20%的区域与上述有林地的定义接近,于是我们统一使用这个覆盖度定义森林。

从表1可以看出,从四套不同统计方法算出来的森林面积有比较大的不同。2000年,"中国土地覆盖"可能因为其定义森林的范围较宽泛,所以有超过256万平方公里,其他三套数据都显示森林面积不超过179万平方公里,意味着占我国陆地面积的18.7%。那么2000~2010年森林面积增加了还是减少了呢?这段时间是我国大规模实行退耕还林、天然林保护等政策的时期,是否显著增加了森林的面积?再看这四套数据的结果,来自遥感数据的Global forest watch显示森林面积反而减少了约4万平方公里,而另外三套

表1 2000~2010年中国的森林面积及变化

序号	数据集	数据时段（年份）	森林面积(平方公里) 2000年	2010年	变化面积	变化比例(%)
1	Global Forest Watch*	2000	1780472	1738441~1742921*	-42031~-37551	-2.4%~-2.1%
2	中国土地覆盖	2000,2010	2562600	2582600	+20000	+0.8%
3	第六次和第八次森林清查	1999~2003,2009~2013	1749092	2076900	+327808	+18.7%
4	FAO全球森林评估(FRA2000,FRA2010)	2000,2010	1634800	2068610	+433810	+26.5%1

注：* Global Forest Watch 2010年森林面积是根据树木覆盖度>20%计算的2000年面积,减去2010年前森林减少的面积,加上2010年前增加的面积,以及排除发生了增加又发生了减少的面积估算得出的。

资料来源：Global Forest Watch (2015), "Country Profiles: China," http://www.globalforestwatch.org/country/CHN；国家第六次森林清查数据来自 http://www.stats.gov.cn/tjsj/ndsj/2005/indexch.htm；国家第八次森林清查数据来自 http://www.stats.gov.cn/tjsj/ndsj/2014/indexch.htm；The Food and Agriculture Organization of the United Nations (FAO) (2010), "Forest Resource Assessment 2010," http://www.fao.org/docrep/014/i1757c/i1757c.pdf。

主要来自土地利用类型、地面样方和清查的数据，则显示森林至少增加 2 万平方公里。是什么造成了这些数据的差异呢？当然，不同的调查方法都有其缺陷之处，如果清查数据可以公开其空间分布，我们将可以更好地比较其差异，而遥感数据也需要地面的实地勘察来验证，但是至少给出了一些空间变化的细节，可以帮助我们更好地找到变化的来源。

使用 1∶25 万数字地图与 Global Forest Watch 数据叠加，对各省森林变化的解读结果（见图2）显示：各省份森林的变化情况与全国的变化趋势一致，均为减少面积多于增加面积，森林面积新增加前 5 个省份由高到低依次为广西、广东、福建、江西和云南；森林面积新减少前 5 个省份由高到低依次为广西、广东、福建、云南和黑龙江。减少面积的年变化趋势呈现显著放缓的有 4 个省份，分别是青海、甘肃、宁夏和山东；呈现显著加快的有 9 个省份，分别是浙江、安徽、江西、湖北、湖南、广东、广西、重庆和云南。由此看来，森林变化比较大的省份集中在中国南方地区，林地变化最活跃的区域在广西、广东、福建、江西、云南等南方省份，增加得多，减少得更多。2008 年 6 月 8 日，国家颁布了《关于全面推进集体林权制度改革的意见》。2008 年及之后的几年，中国南方的森林减少面积迅速扩大，福建、重庆、湖北、安徽、浙江、湖南、江西、云南、广东、广西等南方省份共减少了 29737 平方公里森林，占中国 2000～2013 年总减少面积的 48%，年均减少面积 4956 平方公里森林，是之前年均减少面积 2885 平方公里的 1.72 倍。森林面积的变化是如何产生的？国家森林清查结果显示，各省份森林面积普遍增加，而全球森林观察数据显示，在内蒙古、西藏、广西等地的森林变化趋势与国家森林清查结果差异非常明显。这一方面可能是由于全球森林观察技术团队采用的林地判别指标体系与中国林业系统采用的林地判别指标体系存在差异；另一方面可能由于全球森林观察数据分析结果缺乏实地验证信息的支持。Global Forest Watch 数据目前还没有发布基于中国的地面验证点的精度评估，不仅限制了对其误差的直接估计，而且限制了其在研究和决策方面的应用。另外，国家森林清查没有公开其带有空间属性的数据，数据集之间没有办法做进一步的比较来找出造成差异的具体原因，客观上限制了这些数据在资源环境保护和研究方面的应用。因此,建议这些由国家使用公共资源获得的成果尽早在法律允许的前提下公开,以满足国家对信息公开的要求和中国自然保护的需要。

全国各省份森林净变化面积（单位：平方公里）
■ Global Forest Watch（2000~2013年）
共减少61622平方公里
■ 国家森林清查（1999~2013年）
共增加327808平方公里

图2 全国各省份森林净变化面积

2. 保护区森林保护成效

我国保护生态系统的重要方式——保护区的设立,是否能有效覆盖足够多的森林呢?目前中国仅有不到一半的保护区能够找到可用的边界数据,有边界的1032个保护区总面积约130万平方公里,森林的覆盖率约为6.8%。全球多数国家和地区保护区覆盖的森林面积比例都超过了10%。那么保护区内的森林就得到完全保护了吗?分析计算表明,保护区内森林面积2000~

225

2013年净减1.39%，低于全国平均水平3.46%，但仍有1200平方公里的净减，没能完全保卫森林。表2是2000~2013年森林面积减少较多的10个保护区，对于上述保护区，应当做详细的实地勘察来澄清森林减少的具体原因。

表2 2000~2013年森林面积减少较多的10个国家级保护区

单位：平方公里

保护区	区内森林面积	增加	减少	增加减少均有	减少面积最多年份	升级为国家级保护区的年份
南瓮河	1540.5	0.2	303.3	0.0	2006	2003
饶河东北黑蜂	5481.8	0.6	73.0	0.0	2011	1997
呼中	1563.3	0.1	59.6	0.0	2001	1988
西双版纳	2678.3	5.9	54.0	3.5	2003	1986
绰纳河	932.3	0.1	48.9	0.0	2008	2012
卧龙	1136.9	0.1	39.1	0.0	2008	1975
友好	592.6	0.8	32.2	0.0	2009	2012
白水河	220.4	0.1	31.0	0.0	2008	2002
雅鲁藏布大峡谷	4640.2	1.9	29.9	0.6	2001	1986
大沽河湿地	1275.8	1.1	19.4	0.0	2004	2009

从上述解读我们可以看出，为了更好地衡量保护成效，保护区自身应该关注森林面积变化的趋势；保护区主管部门也应该把森林面积变化纳入保护区考核内容，并要求保护区根据遥感观察实地核查变化的原因，进行相应追责，或者基于实地情况设计威胁减缓乃至林地恢复的方案。

三 物种观察

世界自然保护联盟（IUCN）发布的《受威胁物种红色名录》表明，目前，世界上还有1/4的哺乳动物、1200多种鸟类以及3万多种植物面临灭绝的危险。自6亿多年前多细胞生物在地球上诞生以来，物种大灭绝现象已经发生过5次，如今全球很可能正在经历第六次物种大灭绝。

中国是一个生物多样性丰富的国家，但物种保护的情况不容乐观。根据原国家环保总局的统计资料，中国在20世纪就有6种大型兽类灭绝，如普

解读首期《中国自然观察》报告

氏野马（1947年野生灭绝）、高鼻羚羊（1920年灭绝）、中国小独角犀（1922年灭绝）、中国苏门犀（1926年灭绝）。中国被子植物有珍稀濒危种1000种，极危种28种，已灭绝或可能灭绝的有7种；裸子植物濒危种受威胁的有63种，极危种14种，灭绝1种；脊椎动物受威胁的有433种，灭绝或可能灭绝的有10种。这些濒危物种的被保护情况如何？保护的投入是否

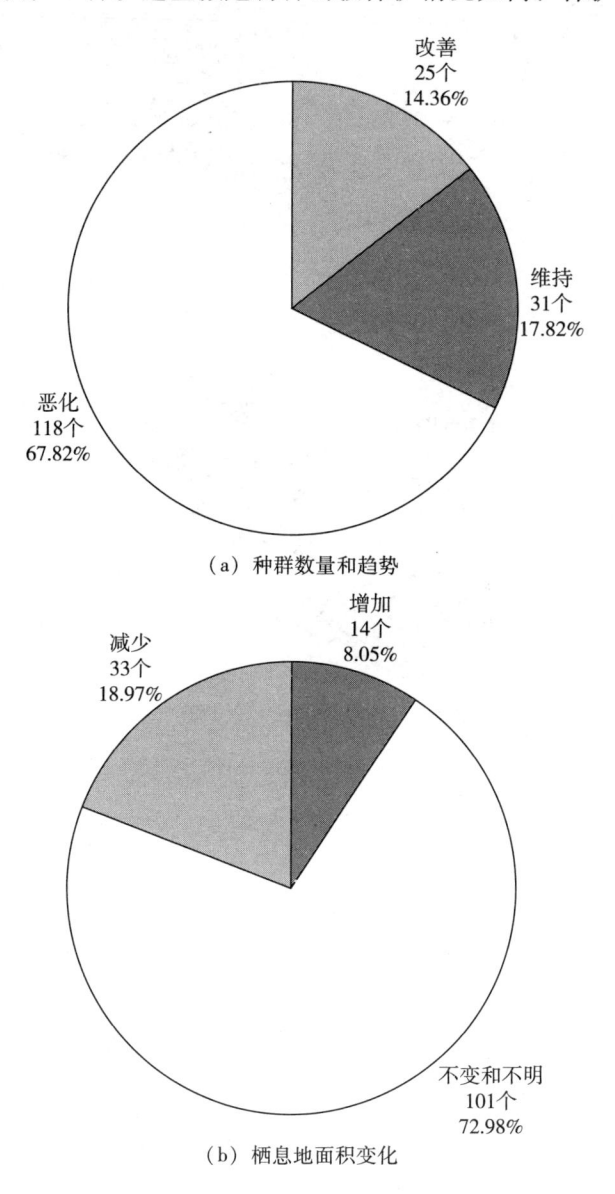

改善
25个
14.36%

维持
31个
17.82%

恶化
118个
67.82%

（a）种群数量和趋势

增加
14个
8.05%

减少
33个
18.97%

不变和不明
101个
72.98%

（b）栖息地面积变化

227

(c) 信息完善程度

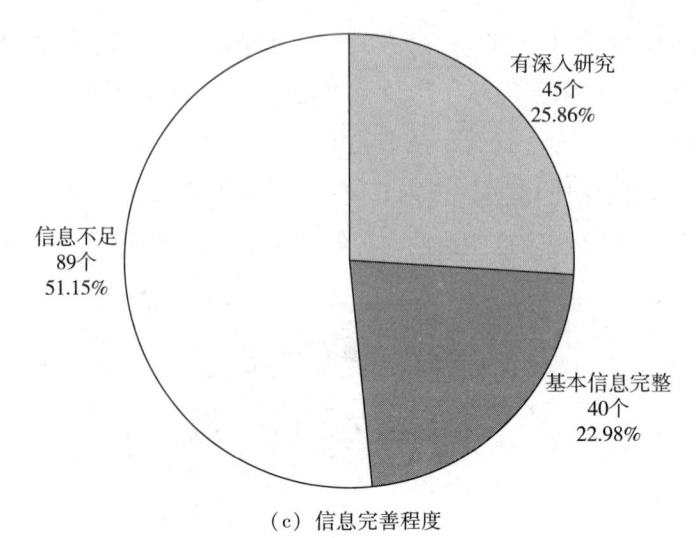

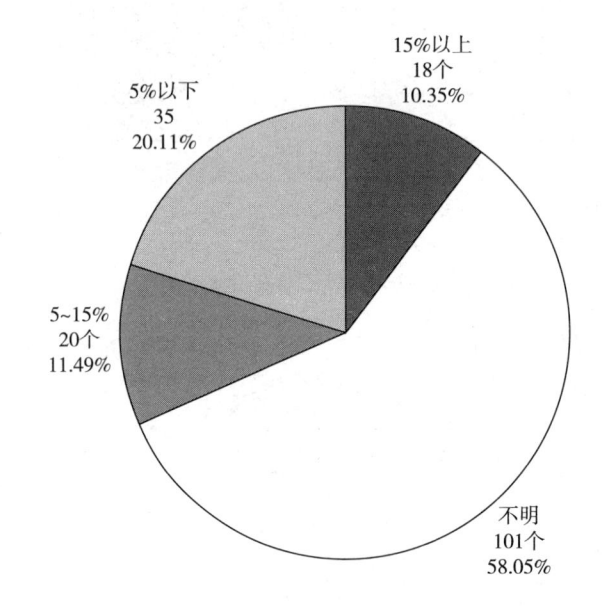

(d) 保护区覆盖情况

图3 四个评估物种保护的指标及174个物种的保护状况

有效地改善了种群数量和栖息地质量？这些问题仍然缺乏一个好的评估标准和参照。我们参照美国1988年修订的《濒危物种法案》(*Endangered Species Act*, ESA) 规定的物种恢复计划中的成效评价指标，制定了一套适用于我国的保护成效评分标准，并通过物种文献的梳理和栖息地与保护地的空间分析，对濒危物种的保护成效进行了快速评估。

1. 濒危物种保护状况评分

为了最有效地保护最有可能灭绝的物种，也为了有充分的信息得到有意义的结果，我们选取了有公认地位的濒危物种和我们有足够信息积累的物种。《中国国家重点保护野生动物名录》和《中国国家重点保护野生植物名录》是我国《野生动物保护法》保障的名录，涵盖其中的物种具备法律保护地位，其中 I 级约 148 个，II 级约 381 个。为了在评估中涵盖较多濒危状况较为严重的物种，我们还加入了 IUCN 物种红色名录中易危（VU）以上等级的物种，其中有额外 100 个物种是没有被前面两个名录收录的。此外，北京大学自然保护与社会发展研究中心积累的信息中还包括 117 个不在上述名录中的物种，这三部分物种整合起来，并结合文献和分布信息都相对完整的物种，最终初步确定 174 个物种为"最受关注的濒危物种"。

如何来判断一个物种保护的情况如何呢？基本需要了解的是它们分布在哪里，种群数量还有多少，以及它们所面临的威胁和获得的保护措施怎么样。从这个角度出发，并结合美国 ESA 的方法，我们确定了以下四个指标：（1）种群数量和趋势。（2）适宜生存环境面积变化。（3）信息完善程度。反映物种的生物学信息被了解的程度，按分类学、种群监测、栖息地变化、行为学、繁育系统和遗传多样性这 6 类研究文献的有无进行评分。（4）模拟分布区被保护区覆盖程度。这些指标的收集方法、分析和评分方法可见报告详述，而评分结果如表 3 所示。

表 3　保护评分最高和最低的物种

评分最低的物种			评分最高的物种		
中文名	学名	评分	中文名	学名	评分
白鳍豚	lipotes vexillifer	-4	西藏野驴	equus kiang	4
白鲟	psephurus gladius	-4	金雕	aquila chrysaetos	3
野马	equus przewalskii	-4	珙桐	davidia involucrata	3

续表

评分最低的物种			评分最高的物种		
中文名	学名	评分	中文名	学名	评分
豹	panthera pardus	-4	黑鹳	ciconia nigra	2
巧家五针松	pinus squamata	-4	东北红豆杉	taxus cuspidata	2
四川苏铁	cycas szechuanensis	-4	台湾猴	macaca cyclopis	2
中华水韭	isoetes sinensis	-4	台湾鬣羚	naemorhedus swinhoei	2
野牛	bosgaurus	-4	伯乐树	bretschneidera sinensis	2
云豹	neofelis nebulosa	-3	独叶草	kingdonia uniflora	2
鼋	pelochelys bibroni	-3	斑尾榛鸡	bonasa sewerzowi	2
华盖木	manglietiastrum sinicum	-3	梅花鹿	cervus nippon	2
灰腹角雉	tragopan blythii	-3	藏羚羊	pantholops hodgsonii	2
云南蓝果树	nyssa yunnanensis	-3	大熊猫	ailuropoda melanoleuca	2
儒艮	dugong dugon	-3	苏铁	cycas revoluta	2

在174个物种中，保护状况最好的物种，如梅花鹿、苏铁、珙桐、西藏野驴、独叶草、台湾鬣羚、台湾猴，均有较大的种群数量，并且近年来稳中有升，而大熊猫、野牦牛、扭角羚、川金丝猴则因物种和栖息地数据较为完备而获得较高分数。受益于保护实践的物种很少，在174种中，目前只有大熊猫、扭角羚、川金丝猴和朱鹮。而且其中朱鹮、川金丝猴和扭角羚作为与大熊猫同域分布的物种，是大熊猫保护的连带受益者。分析结果显示，大熊猫及其同域分布物种，以及主要分布在人迹罕至的青藏高原的物种，是中国物种中主要受益于国家层面保护行动的物种。

在保护状况最差的物种中，野马已经野外灭绝，白鳍豚和白鲟也很可能已经灭绝。在评分为-3以下的物种中，华盖木、云南蓝果树和巧家五针松是极小种群物种，其他物种的信息完善程度很低，都影响了评分。这正说明了很多濒临灭绝的物种受到很少的关注和研究。

值得一提的是，为了给物种保护状况评估提供必要信息，我们对包括前述 174 个物种的 746 个物种进行了全面的研究文献检索（共检索到 9338 篇文献），发现大量研究地点集中在明星保护区，如卧龙、高黎贡山等，而研究物种集中在明星物种和有经济价值的物种，如大熊猫（占了全部的 11.23%）、中华鳖等（见图 4）。然而，这些物种并不能涵盖所有重要的关键物种，一些从易危状态转成濒危状态的物种尤其受到忽视，面临严峻的保护威胁，并更有可能带来生态上的问题，乃至灾难。其他濒危或者具备重要生态价值的物种应当得到更多的关注和保护投入。

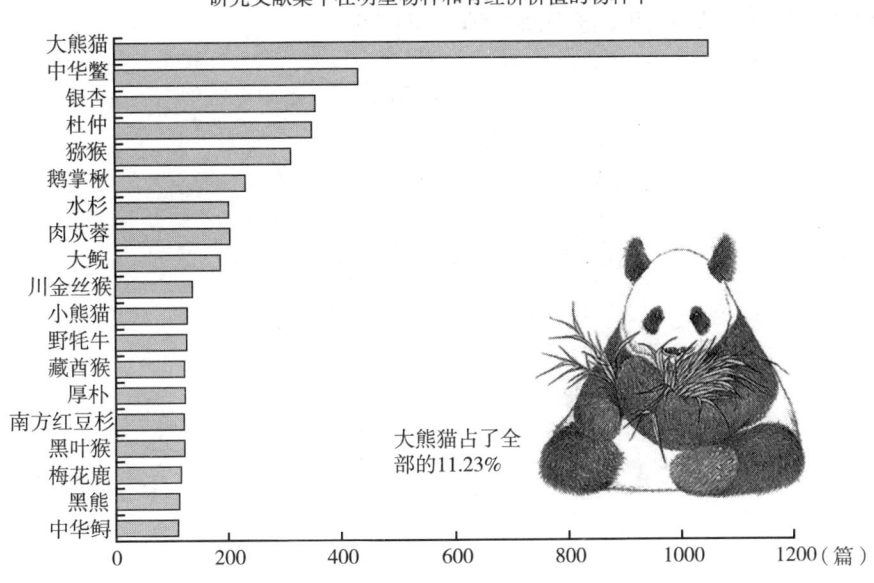

研究文献集中在明星物种和有经济价值的物种中

大熊猫占了全部的11.23%

图 4　研究各个物种的文献数量

2. 国家重点保护物种名录的空缺

在选择评估的物种范围时，我们统计了国家两个名录（统称《名录》）与国际通行的 IUCN 物种红色名录所收录物种的差异，而截至 2015 年底《野生动物保护法》（修订草案）向全社会征集意见，《名录》已经很久没有修订。由于信息的不足和更新的缓慢，《名录》目前未能准确及时地包括我国应受到保护的濒危物种。《名录》的发布时间分别是1989年（动物）、1999年（植物），之后只经历过轻微的修订（动物名录2003年提高了麝属的等级，植物名录2001年提高了发菜的等级），其中存在较大空缺已成为共识。在《野生动物保护法》2015年底的修订草案中，规定《名录》应当5年修订一次。

《名录》不仅缺乏及时更新，而且未能涵盖足够的受胁物种。《名录》目前收录了约530个物种，而作为一个由分类学和保护专家定期更新数据的体系，IUCN物种红色名录目前收录的中国受胁物种（VU以上等级）有792个，与《名录》仅有约262个物种重叠。换句话说，《名录》未能包括约530个国际上已界定的中国受胁物种（见图5）。

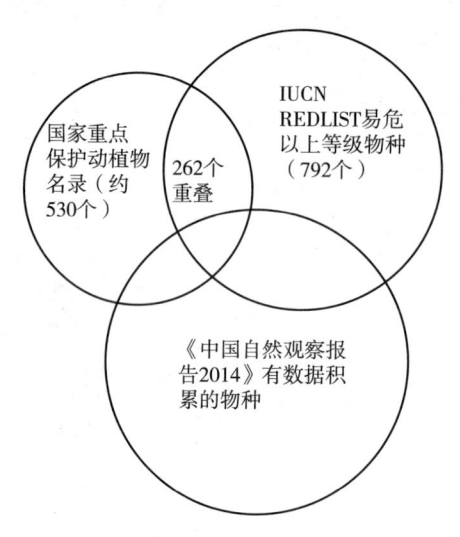

图5 国家重点保护动植物名录、IUCN红色名录以及《中国自然观察报告2014》使用的物种数据比较

《名录》空缺最严重的种群是鱼类，只收录了16种，而IUCN物种红色名录收录了129种。此外，由于《名录》更新太慢，新发表的狭域分布的潜在濒危物种几乎被全面忽视。比如，两栖动物被《名录》收录了7种，IUCN物种红色名录收录了88种，而2000~2013年新发表的两栖动物名称超过750个，一些灭绝风险很高的物种未能包括在内。这直接关乎鱼类、两

栖动物的保护，很多濒危物种因未受到法律保护，即使捕获和贩卖都没有法律责任。例如，曾经广布于欧亚大陆东部的黄胸鹀，由于近30年被作为野味大量捕杀，数量急剧下降，在IUCN物种红色名录中的评级已经成为濒危，但并未被列入《名录》。与黄胸鹀的情况类似，全部兰科植物均已列为IUCN物种红色名录受威胁物种，但是大部分兰科植物并未包括在《名录》当中，这使得偷采兰花以及破坏兰花栖息地的行为不能受到法律制裁。因此，及时以科学评估的保护状况为依据，而不只受名气和经济价值影响的新版《名录》的更新迫在眉睫。

四 保护区观察

栖息地的破碎化是所有物种面临的普遍威胁。建立各种形式的保护地是最常使用的保护手段。在中国，自然保护区是最直接的以保护生态系统及野生动植物资源为目标的保护地。截至2014年底，中国已建立428个国家级自然保护区，[①] 其他各级自然保护区数量也已有2000多个，这些保护区已经覆盖了中国陆地面积的近15.0%。

《生物多样性公约》缔约方大会第十次会议上通过了《生物多样性战略计划》（2011~2020年）。该计划确立了2020年全球生物多样性目标（也称"爱知目标"），即截至2020年，将至少有17%的陆地和内陆水域以及10%的海岸和海洋区域，尤其是对生物多样性和生态系统服务具有特殊重要性的区域，建立有效而公平管理的、生态上有代表性的和连通性好的保护区系统，以及其他基于区域的有效保护措施而得到保护的陆地景观和海洋景观。建立自然保护区是保护生物多样性与生态系统的重要措施。自然保护区分布的区域、保护成效直接关系生态保护的成果。然而，自然保护区的分布是否有效地覆盖了濒危物种的栖息地，是否仍有具备保护价值的热点区域暴露在被开发利用和其他因素威胁的风险之中？以上问题是保护成效评估关注的主

---

① 环境保护部：《全国自然保护区名录》，2015年5月21日。

要问题。

GAP分析是对保护区物种保护成效的主要评估方法。这种方法需要综合重要濒危物种适宜生存环境的分布区和保护区等方面的空间信息，利用地理信息系统方法中的叠加分析，找出未被保护区覆盖的重要物种分布区，在较大空间尺度上提供一个地区的生物多样性组成、分布与保护状态的概况。[1] 具体来说，主流的方法是利用物种分布数据建立分布散点图或分布模型，叠加得到物种分布格局，再与保护区图层叠加，并基于GIS技术进行空缺分析。[2] 在《自然观察》采用的空缺分析中，对于分布信息极少，已知分布点少于5个的物种，用散点图标示其分布；对于已知分布点多于5个的物种，用Maxent模型预测其分布。

通过Maxent模型模拟的46个最受关注濒危物种的潜在适宜栖息地叠加结果显示，西南山地至秦岭地区、长江中下游和华北环渤海区域是上述濒危物种分布最集中的地区。50个用散点标示的最受关注濒危物种的分布点汇总结果显示，西南山地、云南南部边境地区、长江中下游沿岸、东南地区局部山地和台湾岛、海南岛，是这些物种分布相对集中的区域（见图6）。综合Maxent模型模拟与散点标示结果可以看出，环渤海、黄海沿岸及太行山地区（北方），长江中下游地区（长江下游）和横断山区及邻近的秦岭等地（西部），是最受关注的濒危物种高度集中的区域。东南沿海福建、广东至广西也有少数热点分布，这些热点地区加起来约有58.1万平方公里。

将这些热点的分布地区与保护区的覆盖范围相比较，就可以从两个层次进行空缺分析：首先，现有保护区是不是珍稀物种分布最集中的区域？其次，珍稀物种最集中的区域是否有大部分已在现有保护区的覆盖之下？

---

[1] Li D. Q. （李迪强），Song Y. L. （宋延龄） （2000），"Review on Hot Spot and GAP Analysis," *Chinese Biodiversity*, 8, 208–214.
[2] Rodrigues A. S. L., Akcakaya H. R., Andelman S. J. （2004），"Global Gap Analysis: Priority Regions for Expanding the Global Protected-area Network," *BioScience*, 54, 1092–1100.

解读首期《中国自然观察》报告

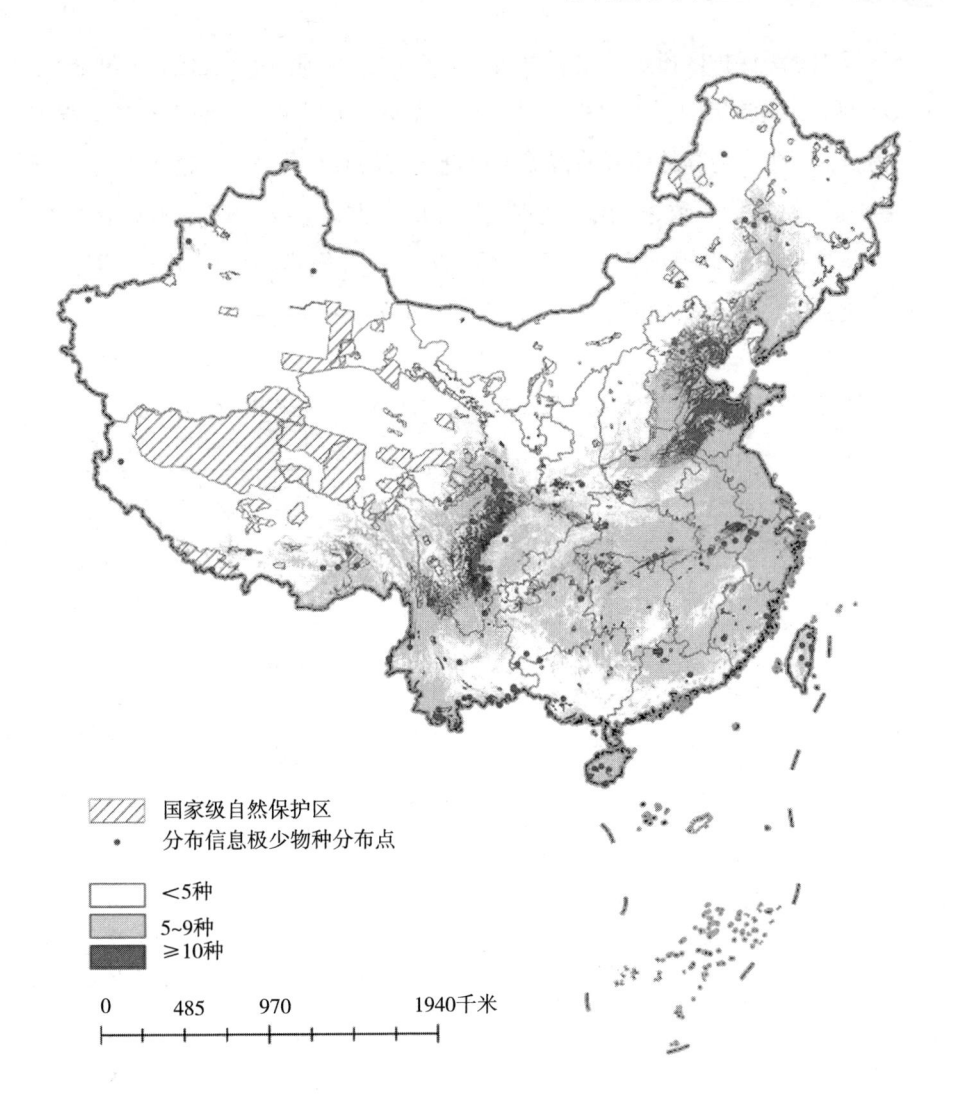

[地图：中国最受关注濒危物种分布热点地区及国家级自然保护区]

图例：
- 国家级自然保护区
- 分布信息极少物种分布点
- <5种
- 5~9种
- ≥10种

0　　485　　970　　1940千米

图6　中国最受关注濒危物种分布热点地区及国家级自然保护区

*注46个最受关注濒危物种的Presence/Absence分布图F叠加结果为灰度图。中国最受关注濒危物种分布热点地区主要为四川中部山地、环渤海及黄河下游平原、长江下游平原部分地区。其中，环渤海及黄河下游平原地区几无国家级自然保护区覆盖。

通过计算428个国家级自然保护区对46个可建模物种预测分布图的覆盖比例可知，青藏高原上的物种的分布区被国家级保护区覆盖的比例较高，与大熊猫同域分布的物种的分布区被国家级保护区覆盖的比例也较高，而其他物种的分布区被国家级保护区覆盖的比例很低（见表4）。我国国家级自然保护区分布也极不均衡，主要集中在人口少、温度低的高寒、干旱地区，而人类活动强度大、海拔低、生产力高的地区的覆盖率过低，布局有待优化。[1] 这个结果与国外多数国家的现状一致，[2] 在不适宜人居住的地方设立保护区是成本最小的，因此大量这样的土地被纳入保护区体系。另外，大熊猫是中国国宝，因此受到的重视最多，对大熊猫的保护惠及了与其同域分布的物种。

表4 各省份国家级自然保护区覆盖最受关注濒危物种分布热点地区比例

单位：平方公里，%

热点地区	省份	各省份保护区面积	各省份热点地区面积	保护区内热点面积	热点地区被保护区覆盖比例
北方	辽宁	11325.8	56938.0	1231.4	2.16
	河北	7555.5	76693.0	701.0	0.91
	北京	1868.9	11719.9	279.5	2.38
	天津	426.1	14491.7	238.0	1.64
	山东	1595.4	131460.6	1752.3	1.33
	河南	6426.7	22279.3	322.8	1.45
	小计	29198.4	313582.5	4525.0	1.44
西部	甘肃	307312.3	6319.0	3190.7	50.49
	四川	244152.3	118175.2	22957.8	19.43
	云南	2825.3	18890.5	1105.4	5.85
	西藏	42426.1	25047.7	7048.6	28.14
	陕西	9604.7	4108.8	1231.4	29.97
	小计	606320.7	172541.2	35533.9	20.59
长江中下游	安徽	3549.1	24325.1	903.5	3.71
	江西	3291.3	6087.1	255.3	4.19
	湖北	12989.3	17961.0	1182.1	6.58
	湖南	2331.8	16584.2	3210.6	19.36
	小计	22161.5	64957.4	5551.5	8.55

---

[1] Zhao G. H.（赵广华），Tian Y.（田瑜），Tang Z. Y.（唐志尧），Li J. S.（李俊生），Zeng H.（曾辉）(2013)，"Distribution of Terrestrial National Nature Reserves in Relation to Human Activities and Natural Environments in China," *Biodiversity Science*, 21, 658 - 665.

[2] Joppa L. N., Pfaff A.（2009），"High and Far: Biases in the Location of Protected Areas," PLoS ONE, 4, e8273; Cantu-Salazar L., Gaston K. J.（2010），"Very Large Protected Areas and Their Contribution to Terrestrial Biological Conservation," *BioScience*, 60, 808 - 818.

对于最受关注濒危哺乳动物，有10.9%的分布热点地区受国家级保护区覆盖，主要集中在四川中西部山地至秦岭，以及云南西北部。对于最受关注的濒危鸟类，仅有1.13%的分布热点地区受国家级保护区覆盖，主要位于中国东部华北平原、渤海/黄海沿岸和长江中下游的湿地类型保护区内。对于最受关注的濒危植物，有7.26%的分布热点地区受国家级保护区覆盖，主要集中在四川、重庆、湖北、湖南和贵州（大巴山和武陵山区），在南岭、武夷山区等地尚有大片热点地区未被国家级保护区覆盖。

国家级保护区在中国东部，尤其是华北地区的环渤海及黄海沿岸相当空缺。相比于西部，中国东部确有数量更多的国家级自然保护区，[①] 但其面积小且空间上分散，这是造成中国东部的最受关注濒危物种及其分布热点地区有大量保护空白亟须填补的根本原因。

表5展现了每个物种的潜在分布区域受到保护区覆盖的比例。现有自然保护区对藏羚羊、大熊猫等知名度高的旗舰物种和与它们同域分布的其他物种保护有效，但对其他大多数最受关注濒危物种的保护可以说相当不足。

热点地区分析，对生态保护政策的制定及自然保护区的合理布局等有重要参考意义。[②] 国际上公认的全球生物多样性热点地区有些涉及中国，分别是

表5 国家级自然保护区对 Maxent 模拟的最受关注濒危物种分布区的覆盖

中文名	学名	保护区覆盖面积比例（%）
植物		
珙桐	davidia involucrata	8.0
滇桂石斛	dendrobium guangxiense	14.7
斑叶杓兰	cypripedium margaritaceum	7.1
秃杉	taiwania crgptomerioides	5.0

[①] Kong S.（孔石），Fu L. Q.（付励强），Song H.（宋慧），Fu G. H.（付国华），Ma J. Z.（马建章）（2014），"Spatial Distribution Difference of National Nature Reserves and National Geoparks in China," *Journal of Northeast Agricultural University*, 45（9），73–78.

[②] Ma K. P.（马克平）（2001），"Hotspots Assessment and Conservation Priorities Identification of Biodiversity in China Should be Emphasized," *Acta Phytoecologica Sinica*, 25, 125.

续表

中文名	学名	保护区覆盖面积比例
水杉	metasequoia glyptostroboides	4.1
曲茎石斛	dendrobium flexicaule	4.0
爬行类		
蟒蛇	python molurus	4.9
鸟类		
斑尾榛鸡	bonasa sewerzowi	15.7
黑嘴松鸡	tetrao parvirostris	6.6
灰孔雀雉	polyplectron bicalcaratum	4.9
黑颈长尾雉	syrmaticus humiae	4.1
白颈长尾雉	syrmaticus ellioti	3.7
马鸡属（1种）	crossoptilon（1 species）	3.6
角雉属（4种）	tragopan（4 species）	3.4
中华秋沙鸭	mergus squamatus	2.2
金雕	aquila chrysaetos	8.0
白肩雕	aquila heliaca	3.3
白尾海雕	haliaeetus albicilla	5.0
胡兀鹫	gypaetus barbatus	18.8
黑颈鹤	grus nigricollis	19.6
丹顶鹤	grus japonensis	3.5
白头鹤	grus monacha	2.6
白鹤	grus leucogeranus	2.3
大鸨	otis tarda	4.2
东方白鹳	ciconia boyciana	2.6
遗鸥	laras relictus	3.0
哺乳类		
白眉长臂猿	hylobates hoolock	7.2
黑叶猴	trachypithecus francoisi	3.9
熊猴	macaca assamensis	14.6
滇金丝猴	rhinopithecus bieti	11.5
川金丝猴	rhinopithecus roxellana	21.6
黔金丝猴	rhinopithecus brelichi	35.0
雪豹	panthera uncia	25.2
云豹	neofelis nebulosa	9.9

续表

中文名	学名	保护区覆盖面积比例
大熊猫	ailuropoda melanoleuca	57.1
野牦牛	bos mutus	68.3
羚牛	budorcas taxicolor	20.5
白唇鹿	cervus albirostris	20.2
马麝	moschus chrysogaster	18.0
藏羚	pantholops hodgsonii	72.5
藏野驴	equus kiang	43.1
亚洲象	elephas maximus linnaeas	9.2

喜马拉雅山脉、印缅地区、中亚山地和中国西南山地，① 但随着对中国物种分布格局认识的深入和形势的变化，这4个生物多样性热点地区已不能全面反映中国在物种保护方面的优先区。本报告研究表明，仅有印缅地区中国部分和中国西南山地与中国最受关注濒危物种的分布热点地区有重叠，涉及环渤海、长江中下游和东部其余大面积最受关注濒危物种分布热点地区，并未在国际生物多样性热点地区范围内。尽管近期已有学者呼吁中国的沿海水鸟迁徙路线应得到关注，② 同时长江中下游的大型湿地一直是我国和国际环保组织在保护投资方面的重点地区，但最受关注的濒危物种集中分布的华北环渤海地区、长江中下游地区和中国南方山地等区域依然未受到足够的保护。

另外，值得注意的一点是，观鸟者群体在中国的兴起，已极大地促进了社会对中国物种和威胁因素分布的认识。观鸟，指观察自然状态下的野生鸟类的活动。观鸟是一种休闲运动，同时具备一定的科学性和保护性质。这项活动最早兴起于英国和北欧，是一项纯粹的贵族消遣活动。到今天，观鸟

---

① Myers N. (2000), "Biodiversity Hotspots for Conservation Priori-ties," Nature, 403, 853-858.
② Ma Z. J., Melville D. S., Liu J. G., Chen Y., Yang H. Y., Ren W. E., Zhang Z. W., Piersma T., Li B. (2014), "Rethinking China's New Great Wall: Massive Seawall Construction in Coastal Wetlands Threatens Biodiversity," Science, 34, 6212.

已经发展成世界上流行的户外运动项目之一。中国香港观鸟活动随着英国观鸟活动开展较早,中国台湾观鸟活动则始于20世纪70年代。中国大陆观鸟活动开始于1996~1997年,从北京开始,近年来已经发展成一项全国性的活动,聚集了一批热衷观鸟的"鸟友",他们不仅在一起观鸟中发展社交,而且随着线上记录平台和网络社交的流行而开始建立观鸟社团、开展线下活动和线上交流。在《中国自然观察报告2014》所使用的数据中,有相当大的比例来自这些民间的观鸟爱好者在中国观鸟记录中心的自发记录。

对于44种最受关注濒危鸟类中的25种,相比于同期发表的科学文献,观鸟爱好者提供了数量更多的分布点信息;而对于可模拟分布的21种鸟类,有16种主要依靠观鸟爱好者提供的数据建模,其中包括有一些近年来数量急剧下降、缺乏研究以及没有专门保护区来保护长距离迁徙的鸟类,如青头潜鸭、勺嘴鹬等,它们都主要分布在人口稠密、保护区覆盖不足的中国东部、南部地区。在上述地区,爱好者及其团体在有效发现上述物种重要栖息地(尤其是保护区外的)方面具有重要作用——此前观鸟爱好者对中国鸟类分布信息更新的贡献已经引起各方重视。[①] 其他物种类群的爱好者团体也掌握了大量未发表的物种的分布信息。这些信息如能系统整合,对保护事业亦能发挥巨大作用。在保护区覆盖不足的中国东部,其他类型的保护地,如风景名胜区、保护小区[②],以及与民间组织共管的民间保护站[③]等,将成为现有保护区外,由爱好者发现的濒危物种重要栖息地的补充载体。同时,日益庞大的公民科学家群体也可以成为在各地发现威胁因素、监测物种动态的中坚力量。

[①] Li X. Y., Liang L., Gong P., Liu Y., Liang F. F. (2013), "Bird Watching in China Reveals Bird Distribution Changes," *Chinese Science Bulletin*, 58, 649-656.

[②] Wang Y. B. (王云豹), Luo J. C. (罗菊春), Cui G. F. (崔国发) (2006), "Analysis of Present Characteristics of Nature Small Reserves in China—Taking Some Counties in Zhejiang," Jiangxi and Fujian Provinces as Examples, *Jiangxi Forestry Science and Technology*, 33, 47-50.

[③] Zhou M. (周满) (2013), "Xinning Established Migratory Bird Protection Stations to Achieve the Government and Civil Organizations Con-dominium," *Forestry and Ecology*, 60, 48.

五 结论

我们在为本报告收集信息的过程中发现，我国的生态系统和生物多样性保护存在以下显著空缺。

（1）现有的保护物种名录未能及时准确地覆盖我国的濒危物种，已经严重影响这些物种的保护，亟须更新。我们在收集濒危物种信息时发现，我国的《中国国家重点保护野生动物名录》和《中国国家重点保护野生植物名录》（统称《名录》），即Ⅰ级和Ⅱ级重点保护物种约530个，与792个IUCN物种红色名录收录的我国受威胁（VU以上等级）物种相比，仅有262个物种重叠。换言之，《名录》未能包括约530个国际上已界定的受威胁物种。物种信息的不足和更新程序的缓慢，是《名录》目前未能准确及时地包括我国应受到保护的濒危物种的主要原因，这影响了对我国濒危物种的及时有效保护。因此，《名录》需尽快更新。

（2）濒危物种的热点地区受自然保护区的覆盖不足。如果把单位像元上最受关注的濒危物种潜在分布数目不低于10种的位点定义为濒危物种的热点，则仅有8.3%的热点被自然保护区覆盖。西南山地至秦岭地区的热点被自然保护区覆盖最好，有20.59%；长江中下游地区热点被覆盖8.55%，北方地区则只有1.44%。

（3）生态系统和物种信息缺乏且不透明公开。生态系统和物种的可靠准确的实地调查信息仍然非常缺乏。这既对制定有针对性的保护政策和规划有根本影响，也对评价保护措施和政策的有效性带来了巨大挑战。此次对生态系统和物种栖息地的评估之所以利用了遥感数据，也是因为大部分物种没有栖息地变化趋势的地面调查信息，而官方的数据缺乏空间细节信息的公开。综合我们可收集到的各种信息，只有174个最受关注的濒危物种可收集到用于评估的信息。其中具备5个点以上有效分布数据、可用于模型预测分布区的只有46个，约2/5的物种没有分布位点信息。这在一定程度上也影响了《名录》的更新，使得一些濒危物种未能及时得到有效保护。

(4) 能够服务于保护实践的生态研究比较缺乏。综合此次检索的全部9338篇濒危物种研究文献，能够看出，系统阐述一个物种数量和分布状况、威胁和保护成效及发展趋势的研究非常有限，表明全面、长期和系统的物种与生态系统研究及监测仍然非常缺乏，现有的研究难以对生态系统和物种的整体状况与发展趋势进行全面、准确评估。对物种的研究多集中于旗舰物种和有经济利用价值的物种，其余物种大多缺乏研究。

综上所述，生态保护这个领域的数据监测和信息公开仍然有很大提升空间，而"自下而上"，鼓励民间参与和监督，将是提高信息收集速度、降低成本和形成有效监督的很好途径。《中国自然观察报告2014》还只是一次初步的尝试，期待更多的科学家、民间组织、民间自然爱好者，以及政府有关部门一起协作，共同促进生态保护更加科学、更加有效。

大 事 记
Chronicle

G.19
2015年环境保护大事记[*]

1月1日,被称为"史上最严"的新《环境保护法》正式实施。这是环保法25年来的首次修订,两次大范围公开征求公众意见。其中的按日计罚、环境公益诉讼制度的实践被广泛关注。

1月1日,北京市朝阳区自然之友环境研究所、福建省绿家园环境友好中心提起的环境公益诉讼在南平市中级人民法院立案受理。本案系新《环境保护法》实施后全国首例环境民事公益诉讼,涉及原告主体资格的审查、环境修复责任的承担以及生态环境服务功能损失的赔偿等问题。

2月25日,针对山东省临沂市部分企业存在未批先建、批建不符、久试不验、偷排漏排、超标排放和在线监测设施运行不规范等环境违法行为,受环境保护部委托,环保部华东督查中心对山东省临沂市主要领导进行了约谈,并且提出了限期整改要求,启动了新《环境保护法》实施后华东区域内的首次环保约谈。

---

[*] 写作方法说明:《2015年环境保护大事记》由志愿者搜集整理。工作方法是,通过搜索全国人大、环保部、最高人民法院、最高人民检察院的网站,以及民间机构中国发展简报、自然之友的半月刊与月刊杂志、环境公益诉讼简报等,以及环境信息邮件,整理出有重大意义和年度特色的大事,并按时间排序。

2月27日，中华人民共和国主席习近平发布主席令：根据中华人民共和国第十二届全国人民代表大会常务委员会第十三次会议于2015年2月27日的决定，免去周生贤的环境保护部部长职务，任命陈吉宁为环境保护部部长。

3月7日，在十二届全国人大三次会议记者会上，环境保护部部长陈吉宁提出，绝不允许戴着红顶赚黑钱，环保部下属8个环评单位2015年将从环保部脱离。至此，一场自上而下的环评"红顶中介"整治工作开始。

3月30日，环境保护部在对金沙江乌东德水电站环境影响报告书的批文（环〔2015〕78号文）中，否决了在重庆小南海建设水电项目。至此，环保组织长期关注、呼吁的水电项目终被叫停。过去十年，长江上游珍稀、特有鱼类国家级自然保护区，因为金沙江下游和中游一期工程等进行过两次调整，已经使自然保护区功能受到较大影响，未来必须"严守生态红线"。

4月9日，环境保护部公布新的《建设项目环境影响评价分类管理名录》，自2015年6月1日起施行，同时原《建设项目环境影响评价分类管理名录》废止。

4月16日，《水污染防治行动计划》（简称"水十条"）正式出台，明确取缔污染企业，专项整治造纸、印染、化工等重点行业，从全面控制污染物排放、推动经济结构转型升级、着力节约保护水资源、严格环境执法监管、强化公众参与和社会监督等十个方面开展防治行动。

6月5日，"世界环境日"，两年一度的SEE生态奖颁奖典礼在北京举行。2015年度，共有10个机构/个人荣获此奖。SEE生态奖自2005年创立以来，一直致力于树立中国民间环保公益典范，推动生态环境改善和可持续发展，逐渐成为中国颇具影响力的民间环保公益奖项。

6月29日，环境保护部部长陈吉宁受国务院委托，向第十二届全国人大常委会第十五次会议做《关于研究处理大气污染防治法执法检查报告及审议意见情况的反馈报告》。

7月1日，第十二届全国人民代表大会常务委员会第十五次会议通过《关于授权最高人民检察院在部分地区开展公益诉讼试点工作的决定》，授权最高人民检察院在生态环境和资源保护、国有资产保护、国有土地使用权出让、食品药品安全等领域开展提起公益诉讼试点。试点地区确定为北京、内蒙古、吉林、江苏、安徽、福建、山东、湖北、广东、贵州、云南、陕西、甘肃13个省份。人民法院应当依法审理人民检察院提起的公益诉讼案件。

7月13日，环境保护部公布《环境保护公众参与办法》，自2015年9月1日起施行。

7月23日，北京市首例环境公益诉讼在北京市第四中级人民法院立案受理。本案由中国政法大学环境资源法研究和服务中心、北京环鸣律师事务所支持起诉，自然之友（北京市朝阳区自然之友环境研究所）为原告，被告为北京都市芳园房地产开发有限公司、北京九欣物业管理有限公司，二者违法将建筑垃圾和建筑开槽土等倾倒入湖，填埋湖泊，严重破坏了植被、湿地等生态系统。

8月8日，由自然之友、中国生物多样性保护与绿色发展基金会主办，安徽绿满江淮协办环境公益诉讼案例研讨会召开。据统计，《环境保护法》正式生效实施以来，共有23起环境公益诉讼进入司法程序。

8月12日，23：30左右，位于天津滨海新区塘沽开发区的天津东疆保税港区瑞海国际物流有限公司所属危险品仓库爆炸，发生爆炸的是集装箱内的易燃易爆物品。事故发生后，当地环保部门启动环境应急监测与现场处置，各部门积极配合，专门处置小组对现场残留物进行取样。

8月29日，经十二届全国人大常委会第十六次会议修订通过的《中华人民共和国大气污染防治法》正式发布，自2016年1月1日起施行。

9月11日，中共中央政治局会议审议通过了《生态文明体制改革总体方案》。作为生态文明领域改革的顶层设计和部署，该方案提出要遵循"六个坚持"，搭建好基础性制度框架，全面提高中国生态文明建设水平。

9月28日，甘肃省张掖市、甘肃省林业厅及祁连山国家级保护区因为保护区旅游设施未批先建、生态环境恶化等问题，成为被环境保护部约谈的城市和单位。自2014年5月以来，已有20多个城市或单位因为环保问题被环保部约谈，其中包括多个省会。环保约谈机制成为推动地方环保工作开展的重要举措。

10月27日，自然之友、北京市朝阳区环友科学技术研究中心向昆明市中级人民法院递交起诉书，对中石油云南石化有限公司提起诉讼，要求被告全面停止建设运营炼油项目，不得向螳螂川排放任何污水，并撤回优化调整环境影响报告书，在全国性知名媒体公开赔礼道歉。这是新《环境保护法》施行后针对大型在建工程的首例预防性公益诉讼。

11月24日，贵州省十二届人大常委会第十九次会议审议《贵州省大气污染防治条例（草案）》。该条例对新《大气污染防治法》做了进一步细化，提出县级以上政府应当支持环境公益诉讼，机动车排污检测数据将与交管局联网共享，并对违反大气污染防治相关规定的行为做出明确处罚规定。同时，针对国家机关工作人员、企事业单位，因为不履行职责或者不力，致使环境质量下降、重大环境问题长期得不到解决、环境污染严重的，由其上级机关或者主管部门按照规定给予处分。对因盲目决策造成大气环境严重损害的，应当终身追究决策主要负责人和其他负责人的责任。

12月29日，辽宁省大连市人民检察院下午对外发布消息，曾引起社会广泛关注、由大连市环保志愿者协会担纲原告、辽宁省大连市人民检察院支持起诉的大连市首起环境污染民事诉讼案，经大连市中级人民法院调解结案。涉案中日合资企业大连日牵电机有限公司将赔偿200万元用于修复环境等。

附 录

Appendixes

G.20
2015年度环境领域政府公报汇总[*]

法律、司法解释

名称	颁布机关	颁布及生效时间
中华人民共和国大气污染防治法	全国人大常委会	2015年8月30日公布,2016年1月1日施行
关于审理环境民事公益诉讼案件适用法律若干问题的解释	最高人民法院	2015年1月6日公布,2015年1月7日生效
关于审理环境侵权责任纠纷案件适用法律若干问题的解释	最高人民法院	2015年6月1日公布,2015年6月3日生效

规范性文件

名称	颁布机关	颁布及生效时间
关于推行环境污染第三方治理的意见	国务院办公厅	2015年1月14日公布,自公布之日起施行
关于印发国家突发环境事件应急预案的通知	国务院办公厅	2015年2月3日公布,自公布之日起施行

[*] 写作说明:政府公报的内容整理方式是,收集梳理2015年度国家颁布的与环境保护有关的法律、法规、政策、公报、文件。写作方法为,通过在北大法宝等搜索平台查找相关法律法规政策,分别对应在全国人大、最高人民法院、环保部、国家海洋局官方网站上核实其官方发布信息,并做统计。

续表

名称	颁布机关	颁布及生效时间
关于印发生态环境监测网络建设方案的通知	国务院办公厅	2015年8月12日公布,自公布之日起施行
生态环境损害赔偿制度改革试点方案	中共中央办公厅、国务院办公厅	2015年12月4日公布,自公布之日起施行
水污染防治行动计划	国务院	2015年4月2日公布,自公布之日起施行
2015年政府信息公开工作要点	国务院	2015年4月3日公布,自公布之日起施行
2014年中国环境状况公报	环境保护部	2015年6月5日公布
2014年中国海洋环境状况公报	国家海洋局	2015年3月16日公布
中美气候变化联合声明	—	2014年11月12日公布
关于授权最高人民检察院在部分地区开展公益诉讼试点工作的决定	全国人大常委会	2015年7月1日公布,自公布之日起施行

部门规章

名称	颁布机关	颁布及生效时间
关于调整公布第十五期环境标志产品政府采购清单的通知	财政部、环境保护部	2015年1月27日公布,自公布之日起施行
财政部环境保护部关于推进水污染防治领域政府和社会资本合作的实施意见	财政部、环境保护部	2015年4月9日公布,自公布之日起施行
建设项目环境影响评价分类管理名录	环境保护部	2015年4月9日公布,2015年6月1日施行
突发环境事件应急管理办法	环境保护部	2015年4月16日公布,2015年6月5日施行
废弃电器电子产品拆解处理情况审核工作指南(2015年版)	环境保护部	2015年5月21日公布,自公布之日起施行
环境保护公众参与办法	环境保护部	2015年7月13日公布,2015年9月1日起施行
关于调整公布第十六期环境标志产品政府采购清单的通知	财政部、环境保护部	2015年7月31日公布,自公布之日起施行
建设项目环境影响评价资质管理办法	环境保护部	2015年9月28日公布,2015年11月1日施行

续表

名称	颁布机关	颁布及生效时间
关于发布《节水治污水生态修复先进适用技术指导目录》的通知	科技部办公厅、环境保护部办公厅、住房和城乡建设部办公厅、水利部办公厅	2015年12月3日公布,自公布之日起施行
建设项目环境影响后评价管理办法（试行）	环境保护部	2015年12月10日公布,2016年1月1日施行
行政主管部门移送适用行政拘留环境违法案件暂行办法	公安部、环境保护部、工业和信息化部、农业部、国家质量监督检验检疫总局	2014年12月24日公布,2015年1月1日施行
环境保护主管部门实施按日连续处罚办法	环境保护部	2014年12月19日公布,2015年1月1日施行
环境保护主管部门实施查封、扣押办法	环境保护部	2014年12月19日公布,2015年1月1日施行
环境保护主管部门实施限制生产、停产整治办法	环境保护部	2014年12月19日公布,2015年1月1日施行
企业事业单位环境信息公开办法	环境保护部	2014年12月19日公布,2015年1月1日施行
突发环境事件调查处理办法	环境保护部	2014年12月19日公布,2015年3月1日施行
关于贯彻实施环境民事公益诉讼制度的通知	最高人民法院、民政部、环境保护部	2014年12月26日公布,自公布之日起施行

G.21
公众倡议

关于《中华人民共和国环境保护税法（征求意见稿）》制定的建议

尊敬的国务院法制办：

  我们是北京的一家环保组织自然之友，一直以来都很关注中国的环境问题，近日我们获悉《环境保护税法》制定正在面向社会公开征求意见，我们感到非常高兴，并希望能以为此次修法贡献微薄之力。

  我们建议删除第四章税收优惠中的第十一条第二款。该款将"机动车、铁路机车、非道路移动机械、船舶和航空器等流动污染源排放的应税污染物"列入"免征环境保护税"的范围不近合理。首先，据我们了解，以北京为例，机动车排污对北京 PM2.5 的贡献率达 31.1%，超过工业污染成为主要污染源。其次，根据环保部《全国环境统计公报（2013）》数据，在全国废气中氮氧化物排放量 2227.4 万吨中，机动车氮氧化物排放量为 640.6 万吨。机动车对氮氧化物排放总量的贡献率紧随工业排放之后，约占总排放量的 2/5。另外，除机动车外，铁路机车、非道路移动机械、船舶等流动污染源用油主要是柴油。由于柴油车发动机燃烧温度高、燃烧均匀性差、控制技术落后等原因，柴油车的单车二氧化氮和颗粒物排放显著高于汽油车，因而在机动车二氧化氮和颗粒物排放方面有着重要贡献。因此，此类柴油车、船等的污染物排放控制对减少雾霾具有重要的意义。

  由于时间有限，我们经过认真研讨后提出如上粗浅建议供参考，具体法条的修改意见还需要更充分的时间来研究和讨论。希望以后还能有更充分的公众参与《环境保护税法》立法的机会，我们也会持续关注该法的制定，希望能基于我们的行动为立法提供更科学的建议。最后，希望在立法机关的主持下，通过社会各界力量的共同参与，制定一部能通过经济手段有效解决我国环境污染问题的法律！

同时附上节选自相关报告的关键信息，以供参考。

期待您的回复！

自然之友
2015 年 7 月 9 日

自然之友向环保部提交《环境保护公众参与办法（试行）》（征求意见稿）的修改建议信

2015 年 4 月 10 日，环境保护部组织编制了《环境保护公众参与办法（试行）》（征求意见稿）（以下简称《办法》）并向社会公开征求意见，《办法》对新修订的《环境保护法》关于信息公开与公众参与的专章规定的落地实施具有指导意义，是推进我国环境保护公众参与进程的一大举措，也充分体现了环境部门对公众参与工作的重视。

自然之友对《办法》的出台十分欣喜，通过网站、微博、微信等社交网络平台进行了广泛的意见征集，并且邀请法律领域专家对《办法》进行了充分讨论，形成意见如下：

第一，第九条对社会公众意见的采纳的规定。"应当重点关注利益相关方的意见，重视专业人员的意见，同时兼顾一般社会公众的意见"这一规定，我们认为，应该增加"重视相关社会组织的意见"，此处的"相关社会组织"包括从事相关领域公益活动的社会团体、民办非企业单位、基金会等，比如环保公益组织、行业协会等，这些组织的意见更加具有普遍性、专业性和代表性，应当得到重视。此外，本条规定的"所在地及环境质量受到其直接影响的相邻区域的单位和个人"，建议改为："环境权益受到或可能受到其直接影响的单位和个人。"把"环境质量"改为"环境权益"，能够包括除了环境质量以外的人身健康权等其他环境权益。删除"所在地"及"相邻区域",原因是有些污染,比如大气污染,具有跨界性,不相邻的区域也可能是直接利益相关方。

第二,在第三章的公众监督部分,建议第十九条增加一款:"环境保护主管部门及有关部门接到举报后应在5个工作日内回复举报人是否立案,不予立案的应说明理由。"对环境保护主管部门设定回复举报的时限,督促其依法行政,同时也有利于提高公众参与的积极性。

第三,第二十六条的规定值得赞许,对缓解和解决环保社会组织在环境公益诉讼过程中取证困难的问题具有现实意义,我们建议对这一条进行稍许修改,改为:"符合法定条件的环保社会组织在提起环境公益诉讼过程中,申请对被告行为负有监督管理职责的环境保护主管部门为其提供协助的,该环境保护主管部门及环境保护监测部门等环保公共事业单位为其提供便利。"增加"环境保护监测部门等环保公共事业单位"这一义务主体,尽可能帮助处于相对弱势的环保社会组织调查取证、提起环境公益诉讼。

第四,我们建议《办法》增加政府采购环保社会组织的公众参与服务的条款,鼓励环境保护主管部门通过政府购买服务等形式,资助相关社会组织开展环境保护公众参与活动。

最后,对于《办法》的"公众监督"部分,我们希望环境保护主管部门调查核实举报的事项结束后,向举报人反馈调查结果和拟做出的处理决定,在做出行政处罚决定的过程中接受监督。

除了以上几点建议外,下表是对《办法》的详细修改建议,并附有修改的理由,特此提交,供参考。

希望上述意见能有所帮助,并期待你们的回复!

此致
中华人民共和国环境保护部

自然之友
2015年4月20日

自然之友"两会"提案：关于保障环境公益诉讼制度有效实施的建议

新《环保法》第五十八条明确规定了对污染环境、破坏生态及损害社会公共利益的行为，依法在设区的市级以上人民政府民政部门登记，专门从事环境保护公益活动连续五年以上且无违法记录的社会组织可以向人民法院提起诉讼。最高人民法院发布的《关于审理环境民事公益诉讼案件适用法律若干问题的解释》进一步降低了公益诉讼原告资格的"门槛"。据民政部统计，有700余家组织符合该法规定的环境公益诉讼的主体资格，但自新《环保法》实施以来，全国仅有中华环保联合会、自然之友和福建绿家园3个组织提起了3起公益诉讼，该制度的有效实施不容乐观。调研发现，该制度的有效实施存在两个亟待解决的问题。

第一，符合法律规定的环境保护团体提起公益诉讼的动力、资源及能力均不足。新《环保法》通过后，对民间环保组织提起环境公益诉讼的意愿调查表明：大部分环保组织对其依法获得原告资格感到高兴，但对实际提起公益诉讼持谨慎态度。产生这种现象的主要理由是国家对民间环保组织提起公益诉讼的具体支持政策不明朗，缺乏有效的资金机制支持环境公益诉讼。民间环保组织自身的人力、物力、财力都难以支撑资金成本较高、专业素质要求高、调动资源能力强的公益诉讼。我国目前的民间环保组织成立时间不长，成员规模有限，大部分组织的资金来源很不稳定，这成为阻碍其进行环境公益诉讼的巨大障碍。在调研中了解到，一些组织具有强烈的提起公益诉讼愿望，但因缺少资金支持难以真正展开。

第二，最高人民法院发布的《关于审理环境民事公益诉讼案件适用法律若干问题的解释》，将公益诉讼划分为"民事公益诉讼"和"行政公益诉讼"，明确了环境民事公益诉讼案件的审判程序。但这也带来了一个问题，即新《环保法》第五十八条应如何理解？该条规定的"污染环境、破坏生态，损害社会公共利益的行为"是否包括有相应职权的行政管理部门的违法作为或不作为？新修订的《行政诉讼法》未对行政公益诉讼加以规定，更使"环境公益诉讼"内涵不明晰，影响了环境公益诉讼司法实践的顺利推进。

为了解决上述问题，建议采取有效措施，推动环境公益诉讼制度的有效实施。

一、建立环境公益诉讼激励机制，鼓励和支持符合资格的社会组织提起环境公益诉讼

1. 制定政策，建立政府专项基金，鼓励公益诉讼；同时，鼓励和支持社会公益组织建立环境公益诉讼专项基金，用于支持环境公益诉讼活动。目前，已有民间环保组织设立了专项基金，但经费有限，难以承担支持环境公益诉讼的重任。因此，应该鼓励政府和民间成立更多的类似基金，并从政策和资金上加大对这些基金的支持力度。

2. 鼓励社会组织通过多种渠道募集资金用于环境公益诉讼活动。

3. 最高人民法院可在现有司法解释的基础上，进一步明确公益诉讼费用负担规则，并通过案例形式，鼓励法院支持环境公益诉讼中胜诉原告的合理办案成本及原告律师费用由被告支付的诉讼请求。

4. 建立激励机制，对为环境保护做出突出贡献，成功提起公益诉讼的环保组织予以奖励。

二、明确新《环保法》第五十八条环境公益诉讼的内涵，通过立法解释和司法解释进一步规范环境公益诉讼制度

1. 通过立法解释，对新《环保法》第五十八条的规定加以明确，对"法律规定的机关"进行界定；同时，把行政管理部门违法作为或不作为造成污染环境、破坏生态，以及损害社会公共利益的行为，纳入环境公益诉讼的范围。

2. 出台相关司法解释，明确对行政机关违法或不作为损害社会公共利益行为提起诉讼的原告资格，建立合理的诉讼规则、证据规则、裁判方式、承担责任方式等程序。

3. 明确法院内部审判权配置规则，明确环境公益诉讼的立案、主管、

审理、执行的内部协调机制，理顺环境资源审判庭与相关业务庭室的关系，确保环境公益诉讼案件既不被拒绝审理导致"告状无门"，也避免出现错位审理导致"张冠李戴"。

自然之友

2015 年 3 月

G.22
年度评选及奖励

2015年福特汽车环保奖

"福特汽车环保奖"始于1983年,现已成为世界上规模较大的环保奖评比活动之一,它所传递的环保精神已遍及全球五大洲的62个国家和地区。2000年,"福特汽车环保奖"首次进入中国。在2015年,其将主题定为"联合行动,共同治理",鼓励民间环保力量、企业、政府针对环保领域的同一议题,在同一目标下实现跨界合作。

（一）"自然环境保护-先锋奖"

本奖项鼓励那些在促进生态建设、自然资源的保护与合理利用、节能减排、污染防治等可持续发展方面做出重大贡献的个人或集体项目。本奖项要求项目已经实质性地开展至少1年的工作。

获奖名单：

奖项	获奖项目	获奖单位/个人
一等奖	让候鸟飞·公众护鸟响应中心	中华社会救助基金会让候鸟飞公益基金
二等奖	推动企业家参与环保公益	瑞安市塘下镇环境保护协会
二等奖	三江源基层环境组织发展项目	青海省三江源生态环境保护协会
三等奖	南方有净土	长沙市曙光环保公益发展中心
三等奖	秸秆焚烧干预及留守女性赋能	杨凌环保公益协会
三等奖	30载义务守护红豆杉	郑乃员
提名奖	我与朱鹮共成长——基于社区的极小种群保护	汉中朱鹮国家级自然保护区管理局
提名奖	保护与生计发展项目	茂县九顶山野生动植物之友协会
提名奖	守望东江	东莞市环保志愿服务总队

（二）"自然环境保护–传播奖"

本奖项鼓励那些以提高公众环境意识为目标，通过教育、宣传、倡导等创新方式促进公众行为或习惯积极转变，并有实际成效的个人或集体项目。本奖项要求项目已经实质性地开展至少1年的工作。

获奖名单：

奖项	获奖项目	获奖单位
一等奖	大气污染公众行动倡导	自然之友
二等奖	2014年自然艺术节	上海浦东新区禾邻社区艺术促进社
二等奖	必胜客绿色小超人	中华环境保护基金会
三等奖	大学生环保社团骨干培训	重庆市绿色志愿者联合会
三等奖	蓝色志愿	三亚市蓝丝带海洋保护协会
三等奖	新媒体助全民参与环保	云南省绿色环境发展基金会
提名奖	生态科普三百倡导行动	温州市绿文环保公益中心
提名奖	播撒"爱的种子"	青海防治治沙暨沙产业协会
提名奖	"云上的家庭"滇金丝猴纪录片项目	野性中国

（三）"社区实践奖"

本奖项鼓励那些为了营造更美好的社区环境，积极动员公众参与社区环境保护，推动环保行动在社区落地的个人或集体项目。"社区"主要指具有共同联系的群体集中居住的村落、乡镇、城市大型居民居住区等相对固定的区域（不包含互联网等虚拟社区）。本奖项注重"参与"和"实践"的体现，要求项目在具体社区（一个或多个）中已经实质性地开展至少半年的工作，并取得初步的实践成果。

获奖名单：

奖项	获奖项目	获奖单位/个人
一等奖	惜食分享——传递人间最美善意！	上海绿洲生态保护交流中心
二等奖	海底公民科学家	赵晶

续表

奖项	获奖项目	获奖单位/个人
二等奖	绿聚人——社区再造项目	成都根与芽环境文化交流中心
三等奖	珠江水联合行动	广州市绿点公益环保促进会（代）
三等奖	绿主妇全面推进社区和谐	上海徐汇区凌云绿主妇环境保护指导中心
三等奖	迭部县社区保护地建设	天水市陇右环境保育协会
提名奖	绿活行社区环保创意工作坊	绿爪子环保公益团
提名奖	爱自然爱乡村社区体验计划	重庆市万州区薄荷社会工作服务中心
提名奖	世外桃源——红鹤生态家园示范项目	桃源县富群自然资源保护与乡村可持续发展促进会
提名奖	GMGC（Green Mother & Green Children）绿积分计划	南京幸福妈妈亲子成长指导中心

2015年第六届 SEE 生态奖

该奖由阿拉善 SEE 生态协会于 2005 年创立（北京市企业家环保基金会即阿拉善 SEE 基金会，于 2008 年成立）。该奖项旨在促进日益兴起的生态环境保护行动，推动中国民间力量参与生态环境和可持续发展工作，改善生态环境。2015 年，第六届 SEE 生态奖首次采用提名人推荐候选人的机制，经组委会初评后筛选出 44 位候选者，再经二轮筛选形成数量为 20 位的入围名单，之后通过考察团实地走访和评委会评审，最终产生 10 位获奖者，除了荣誉证书和奖杯，每位获奖者还将获得 6 万元环保基金。

获奖名单：

刘业勇：云南哀牢山无量山国家级自然保护区景东管理局护林员

陈杰：《新京报》首席记者

赵治海：张家口市农业科学院总农艺师、谷子研究所所长

柴静：独立调查记者、前央视主持人

台湾荒野保护协会

自然之友法律与政策倡导部门

刘湘：环境律师

重庆两江志愿服务发展中心
山东省环境保护宣传教育中心
贵州老寨鹅掌楸社区保护地管理委员会
特别提名奖：阿里巴巴公益基金会公益委员会

2015年最佳环境报道奖获奖名单

"最佳环境报道奖"评选由中外对话和英国《卫报》(*The Guardian*)联合发起，旨在提倡客观、公正、深入的环境报道，提高环境报道水平，奖励优秀环境记者，促进中国环保事业发展。此前六届活动，共有91位记者或团队获奖。

1. "年度最佳记者"陈杰

2014年，陈杰做了7组环境类系列报道，其中《沙漠之殇》独家报道腾格里沙漠污染事件，得到国家主席习近平三次批示，国务院成立专门调查组，内蒙古有数十位官员被免职或处分。这一事件被写入2015年3月全国政协工作报告。陈杰在2014年的工作，完美地展现了记者工作的价值：你的收入虽然很少，但可以改变世界。

2. "年度青年记者"孔令钰

刚大学毕业的第二年，孔令钰就在《财新周刊》发表了3篇封面环境报道，其中《排污阳谋》尤其突出。腾格里沙漠排污事件发生后，编辑与她深入一步，研究沙漠排污的原因。孔令钰花了两个月在3个省份找了30多个晾晒池，揭示了"腾格里式排污"的深层逻辑——西部地区环境容量不足，"零排放"神话随之而生，晾晒池作为零排放工艺，为企业排污创造了名目上的合法性。此文发表后，环保部查处，地方整改，最终晾晒池被叫停。

3. "最佳公众服务奖"钟美兰、《四川日报》

四川省盐源县将在泸沽湖景区投放机动游船，引起当地民众质疑。《四川日报》记者钟美兰赴当地采访探寻：当地政府为何要投入新式机动游船？对泸沽湖环境有无污染？当地百姓能否接受？是否会破坏摩梭文化？作为当地最有权威的官方媒体，《四川日报》连续跟进，扎实调查，新媒体和传统媒体同步推出，营造了一波又一波舆论声势，盐源县不得不搁置推行游船的计划。因为出色的报道，泸沽湖的环境和当地弱势民众的权益得到了保护。记者钟美兰及其所在媒体《四川日报》因此获得年度的"最佳公众服务奖"。

4."最佳调查报道奖"刘伊曼

在四川彭州，为何要建一个饱受争议的大型石油化工基地？刘伊曼持续关注、采访，长达5年，采访上百人，通过翔实的证据，揭示了地方政府和中石油不顾客观条件，不顾民众的环境利益，将环评当成一场"硬仗"来打，最终造成"双输"局面，并以此个案揭示了中国环评问题的根本症结所在。因为其巨大的影响力，这篇报道被不停删帖，但又被公众持续不断地推送，成为一个有趣的现象。它所揭示的事实真相一如既往，不容置疑。

5."最佳气候报道奖"澎湃新闻

在中国，《气候移民》是以真正的新媒体报道气候变化的开山之作，也是令人印象深刻的气候报道之一。气候变化作为"高冷"领域，一直很难与公众的生活贴近。但这组报道，以画面、视频、声音、文字和数字，全面报道了宁夏西海固地区因气候变化而导致的移民问题，不但令受众读到，也看到、听到、感觉到了气候变化，在这组报道面前，气候变化不再只是理论问题，而是有人物、有命运、有画面、有声音、有味道、有温度、有切肤之痛的活生生的问题，它正扑面而来。因此，2015年新设的"最佳气候变化奖"授予澎湃新闻《气候移民》的石毅、徐晓林等作者团队。

6."最佳公民记者"宁德守护者

福建，一度被认为是公众环保热情不高、与环境破坏行为的博弈能力不强的省份。但这个团队的出现，打破了这个成见。如果说，2007年厦门公众与PX项目的对峙还有诸多偶然因素起作用的话，那么几个手无寸铁的农民、教师、工人，面对上千亿元的项目，面对党委和政府的持续保护性发展，他们能做的，就是大量揭露、起诉、参与听证会、邀请媒体采访等。在这一过程中，他们所承受的压力，没有参与其间的人难以想象，也无法理解。而他们所表现的定力、韧性和智慧，每一天都让围观者惊叹。

G.23
2015年中国民间环境报告*

一 《160座在运行垃圾焚烧厂污染物信息公开报告》

编制单位：芜湖生态中心、自然之友。

【内容摘要】

芜湖生态中心与自然之友合作，在2014年申请了全国超过300座在运行的生活垃圾焚烧厂中160座的污染物排放数据。向24个环保厅和103个环保部门进行了两轮申请后，14个环保厅和51个环保部门提供了监测数据信息，涉及65座垃圾焚烧厂的10项大气污染物监测数据，其中二噁英和飞灰的数据极少；北上广三城市回复很差，在二噁英数据依申请公开方面更是全部缺席。

报告就属于危险废物的飞灰的处理数据进行了分析，发现在39座垃圾焚烧厂中，仅8座按规定将飞灰送往有资质的危废处理公司。报告发现，垃圾焚烧厂10项大气污染物排放超标问题严重，包括烟尘、氮氧化物、二氧化硫、一氧化碳、氯化氢以及汞废气污染物。在仅获得的13座垃圾焚烧厂的二噁英监测数据中，6座出现超出 $0.1ng\ TEQ/m^3$ 新标准限值。

据此，"中国零废弃联盟"联合发出《加快生活垃圾焚烧厂污染控制技术整改和实现100%在线监测倡议书》。

二 《气候公正——达成2015全球气候协议的关键》

编制单位：创绿中心。

全文网址：http://www.ghub.org/?p=1807。

---

* 写作说明：民间环境报告的内容整理方式是，收集梳理2015年民间组织就中国环境发表的研究、报告等。

【内容摘要】

气候变化，是目前最重要的全球环境问题，从公正的角度来看，就是工业革命以来国家在发展经济的同时，没有承担碳排放这一外部成本。本报告通过分析气候变化的全球协议进程，提出：欲改变目前全球气候政治低迷无力的局面，让常识与良知战胜短视与欲望，虽然是困难的，但并不是不可能的。报告建议：创造这种可能性需要各方努力，而推进气候公平的讨论正是其中的重要组成部分。当联合国《气候变化框架公约》把气候公平议题重新摆上谈判桌时，民间环保组织要积极参与讨论，创造建设性的对话，推动政府间的合作。从常识出发，从不同理解中寻找一些共通的元素，从而构建一个各方都能接受的气候公正的框架。

三 《地球生命力报告·中国2015》

编制单位：世界自然基金会、中国环境与发展国际合作委员会、中国科学院地理科学与资源研究所、全球足迹网络、中国科学院动物研究所。

全文网址：http://www.wwfchina.org/content/press/publication/2015/地球生命力报告·中国2015.pdf。

【内容摘要】

大自然是人类商品与服务的基本来源。在社会经济迅猛发展的时代，随着资源需求的不断增长，理解人类是否生活在地球生态承载力范围之内，变得愈加重要。该报告从物种趋势指数、生态足迹、水足迹三个维度比较全面地反映了人类生存和发展所依赖的生态系统基础物种及自然资源环境的健康程度，为评估中国生态系统的整体情况提供了参考。该报告的主要内容包括对中国人均生态足迹的分析，对中国的生物承载力空间分布和变化趋势的分析，对中国是生物承载力来源的分析，对中国各省份生产水足迹核算的分析，对由于人类干扰和环境变化导致生物承载力降低、生态足迹扩大，以及中国生物多样性丧失严重的分析，以及对中国发展中的生态赤字、生态债务不断加剧的分析。报告根据做出的分析给出了建议。

四 《中国民间水环境保护组织发展调查报告》

编制单位：合一绿学院。

全文网址：http：//www.hyi.org.cn/about/%E5%90%88%E4%B8%80%E5%8A%A8%E6%80%81/1978.html。

【内容摘要】

本报告采用网上问卷的形式，以 2014 年为基准年，对中国水环境保护的民间环保组织基本信息、服务内容、人员结构、资金状况、组织制度、工作模式和组织发展进行了分析。报告发现：在全国 512 家民间环保组织中，有 110 家以水环境污染为主要关注议题。2011 年以来，中国水环保组织发展迅速，78%的组织注册时间在 2011 年以后，并普遍开始采用环境信息公开、环境影响评价、环境公益诉讼等专业性的法律手段开展环保监督，并开始尝试与政府协同。本报告还对这些组织的工作领域、资金量进行了分析。

五 《非法转基因阴云笼罩下的东北玉米产业——非法转基因玉米种植、仓储、流通调查》

编制单位：绿色和平。

全文网址：http：//issuu.com/gpchina/docs/gecorn2015/5？e=1。

【内容摘要】

本报告针对在中国严格监管制度下，不允许生产转基因玉米的种植情况，进行了调查。经过对辽宁省为期 8 个月的调查，本报告发现：多个中国玉米主产区大面积出现了未经国家批准的非法转基因玉米，且遍布种子销售、种植、粮食收购及市场流通等各个环节。此次检出的 4 种转基因玉米的种植属于严重的非法行为。报告建议，农业主管部门彻查非法转基因玉米种子来源，并监管转基因玉米种子的生产、经营活动。

六 《零废弃之路 中国实践》案例集

编制单位：零废弃联盟。

全文网址：http://fon.org.cn/uploads/attachment/72191445013984.pdf。

【内容摘要】

本案例集选择了10个成都、上海、广州的城市社区与四川乡镇垃圾分类，西宁餐厨垃圾管理模式，北京餐厅垃圾减量，以及北京在线电子废弃物回收等案例，还包括垃圾减量教育课程探索案例，以及个人在家庭和校园的垃圾处理实践与心得。

七 《海洋环保组织名录》（2014年版）

编制单位：合一绿学院、上海仁渡海洋公益发展中心、智渔生态环境研究中心。

全文网址：http://www.hyi.org.cn/about_us/events/1851.html。

【内容摘要】

本名录为中国国内首份海洋环保组织名录。海洋生态问题日益严重，越来越多的环保组织开始关注海洋。调查者通过问卷的形式，调查了中国海洋环保组织的数量及其具体工作。本名录共收录了111家海洋环保组织，包括28家国内海洋环保社会组织、3家国内海洋环保学生社团、6家国内涉海环保基金会、12家国际涉海环保组织、29家国内涉海环保社会组织、5家国内涉海环保学生社团、28家缺乏信息的海洋环保组织。另外，本名录附有21家支持性组织。

八 《安全饮用水：中国的艰难长征》

作者：刘虹桥（中国水危机、中外对话）。

全文网址：http：//pan.baidu.com/s/1sjpz0pJ。

【内容摘要】

本报告在《水污染防治行动计划》（"水十条"）发布之际，针对中国城市与农村供水的实际状况进行了研究和探讨。作者比照"十二五"期间中国政府设立的饮用水水质保障目标，发现目前公共供水普及率在增加，但水质情况并不明晰。中国距离饮用水安全还有漫漫长路，需要厘清的障碍包括：产权不清、水价机制不明、市场机制不成熟、农村商业模式匮乏，以及部门间的职能分散与重叠等。本报告在列举了大量案例的基础上，提出中国在解决饮用水安全方面或许选择了错误的道路（也就是"技术锁定"）。

九 《中国瓶装水：繁荣还是衰败？》

作者：中国水风险、刘虹桥。

下载地址：http：//pan.baidu.com/s/1bnx4DXl。

【内容摘要】

中国已经成为世界上最大的瓶装水消费国，而中国人均淡水资源占有量只有世界平均水平的1/4。本报告探讨了中国在备受水污染与水资源短缺困扰的情况下，瓶装水繁荣背后隐藏的危机，以及暴露的水资源风险。报告回顾了中国政府在保护水资源和规范瓶装水产业发展上所采取的行动，结合分省案例展示：在一个水资源短缺的大国，瓶装水产业的发展为何与中国水资源现状背道而驰。报告提出：中国的瓶装水行业正处在分岔路口，前途未卜。

十 《中国自然观察2014》

作者：山水自然保护中心、中国观鸟组织联合行动平台和北京大学自然保护与社会发展研究中心。

全文网址：http：//www.hinature.cn/Report/view/report_id/103。

【内容摘要】

见本书"自然生态"板块相关文章。

十一 煤化工行业违规建设现状调查

作者：绿色和平。

下载地址：https：//www.greenpeace.org.cn/investigation-of-illegal-consturction-of-coal-chemical/。

【内容摘要】

2015年7月，国家环保部以"所在区域地表水、大气已无环境容量"以及"选址存在较大环境风险"的原因，连续否决了伊犁新天及山西潞安两个煤化工项目的环评。对煤化工行业来说，这两个否决引发了担忧：2013年以来，中国能源需求增长放缓，煤炭传统市场低迷，各产煤大省都将发展现代煤化工提得很高，大批新项目得以立项，进入核准通道。而煤制气、间接或直接煤制油、煤制烯烃类项目，均存在水耗巨大、高能耗、碳排放量大、废水难处理等问题，在水资源短缺、生态容量匮乏的西北干旱省份，这些挑战更为严峻。国家能源局《关于规范煤制燃料示范工作的指导意见》（第二次征求意见稿）中提出"量水而行""更高的准入标准""最严格环保标准"，环评的收紧似乎验证了这一趋势。

十二 中国煤电产能过剩与投资泡沫研究

作者：绿色和平。

下载地址：http：//www.greenpeace.org.cn/coal-power-overcapacity-and-investment-bubble/。

【内容摘要】

中国经济步入新常态，全社会用电量增长态势也经历了由高速到中速的剧烈调整。火电利用小时数持续走低，除了受配合清洁能源并网的调峰需求增加以及气候异常的影响之外,更主要的是火电装机容量增长速度与电力需求增速不匹配。电力规划执行的滞后性和电源建设周期长等特点使得电源建设难以与需求增长始终保持一致。但更重要的是,煤电的显著经济优势和当前低煤价、高上网电价助长的投资冲动,促使煤电新增装机容量增长显著高于实际需求。本报告简要分析了"十二五"期间电力发展现状,尤其是火(煤)电的产能利用情况,在展望"十三五"电力需求和可再生电力发展规划的基础上,匡算了我国煤电的发展空间,对煤电产能过剩与投资风险问题进行了系统研究。

十三 高风险预警：警惕进口涉嫌非法采伐的木材

作者：绿色和平。

下载链接：http：//www.greenpeace.org.cn/high – risk – alert – imported – illegal – logging – woods/。

【内容摘要】

随着经济的高速发展、国内天然林的禁伐,中国对进口木材的需求正在与日俱增。非洲刚果雨林是中国进口热带木材的主要供给产地之一。在中非木材贸易扩大的同时,中国企业对非洲林业的投资也正在日渐升温。

然而近年来由于木材的国际市场需求巨大,非洲刚果雨林一直饱受非法采伐的侵袭。依赖刚果雨林生存、发展的非洲原住民的权益受到侵犯。非洲发展小组《2014非洲发展报告》指出,每一年,非法砍伐给非洲造成的经济损失高达170亿美元。

十四 世界自然遗产——四川大熊猫栖息地毁林调查报告

作者：绿色和平。

下载链接：http：//www.greenpeace.org.cn/sichuan – defroestation – report –

2015/。

【内容摘要】

2017年,中国将在全国范围内实施天然林保护工程,停止所有天然林的商业性采伐,这无疑是中国政府继2000年正式在长江上游、黄河中上游地区实施天然林保护工程后的最为重大的一项森林保护措施,也是维护中国国家生态安全的一项重大战略举措。

但是,全国范围实施天然林保护工程以后,中国的天然林是否就高枕无忧了呢?带着这个问题,绿色和平从2012年开始对已经实行天然林保护工程十余年的两个林业大省——云南和四川进行了调研。绿色和平发现,对于以保护为目的的天然公益林,相关的经营和保育措施已经比较完善,但是对于那些以生产为目的的天然商品林,一直存在发展和保护的根本矛盾,这些矛盾在2009年通过一项低效林改造的林业政策后最终爆发。

十五 如何管理中国最关键的20家木材进口公司——刚果盆地非法木材贸易的贡献者们?

作者:绿色和平。

下载地址:http://www.greenpeace.org.cn/report-congo-deforestation/。

【内容摘要】

刚果雨林正在面临肆虐的非法采伐的威胁,该地区一些国家的非法采伐率甚至为80%~90%。中国自2012年起取代欧盟,成为刚果盆地木材的第一大出口目的地。然而,中国主要木材进口商缺乏对非法采伐木材问题的认识以及保证木材合法性的意愿。不负责任的贸易,会成为无节制采伐的助推器,绿色和平因此于2015年11月24日发布报告,探讨在刚果盆地-中国木材贸易链中,中国能够及应该承担的责任。该报告是绿色和平基于对过去10年中国海关数据的分析以及最近一年的访谈和调研撰写而成。

十六　海洋系温度——可持续海鲜消费指南

作者：绿色和平。

下载地址：http：//www.greenpeace.org.cn/seafood - guide/。

【内容摘要】

一提到美味的海鲜，各路"吃货"常常不能自持，不管是家住在海边的，还是离海边有那么一点点距离的，海鲜市场、海鲜餐馆、"海鲜拥趸"都绝对不少。除了吃的是否美味可口、是否安全之外，更重要的是，如何"可持续"地吃。由于野生鱼类资源日趋枯竭，以及部分水产养殖业严重依赖野生资源，我们吃海鲜就不但需要注意安全问题，而且需要重视水资源问题。

为了判断海鲜品种是否符合可持续原则，依据国际环保组织绿色和平的《可持续捕捞渔业评价标准》和《不可持续养殖渔业评价标准》，我们将市场上常见的海鲜品种进行评估后，划分出三类不同推荐指数的榜单，给各位"吃货"一个靠谱的参考。把这份清单背熟，或者拿着它逛逛菜场，进进馆子，何乐而不为？

十七　绿色之约——绿色和平对北京2022年冬奥会的环境评估与展望

作者：绿色和平。

下载地址：http：//www.greenpeace.org.cn/environmental - assessment - of - winter - ol/。

【内容摘要】

2015年7月31日，北京和张家口如愿以偿地获得了2022年冬季奥林匹克运动会的主办权，北京也将历史性地成为唯一既举办夏季奥运会也举办冬季奥运会的城市。

绿色和平认为，举办2022年冬奥会应成为北京乃至整个京津冀地区进一步改善环境的一次机遇，并为该地区和中国留下一份持久的绿色遗产。

2008年的北京奥运会曾经为这座城市带来宝贵的经验与财富，并在之后的几年里仍使这座城市获益。我们认为在中国经济深度转型、中国公民环境意识高涨的新背景下，北京2022年冬奥会有理由超越2008年的奥运会，推动根本性的绿色转型。在这一过程中，2008年奥运会在可持续发展方面的经验，应该成为未来北京和张家口筹办冬奥会的重要参考。

十八　蓝藻威胁下的水源地——2015太湖、巢湖饮用水源地微囊藻毒素检测报告

作者：绿色和平。

下载地址：http：//www.greenpeace.org.cn/report-of-blue-alga-in-tai-chao-lake/。

【内容摘要】

由于水体富营养化，我国湖泊、水库等地表水常年发生蓝藻聚集现象。蓝藻发生最严重的地区集中在长江中下游和云贵高原区域，以太湖、巢湖、滇池尤为严重。2015年8月，新闻媒体曝出太湖、巢湖蓝藻聚集。绿色和平在太湖和巢湖的饮用水源地，共采集7个样本进行微囊藻毒素的检测。结果显示，在7个样品中，有5个的微囊藻毒素-LR含量超过国家标准，最高一个样品超国标2600倍。

十九　绿色和平：2015超市转基因食品草甘膦残留检测结果

作者：绿色和平。

下载地址：http：//www.greenpeace.org.cn/glyphosate-residue-reports/。

【内容摘要】

草甘膦是一种广谱除草剂，在转基因作物的种植过程中被大量使用。目前在全球种植的转基因作物中，超过85%是抗草甘膦的品种。在2015年3

月20日世界卫生组织下属的国际癌症研究中心（IARC）发布的报告中，草甘膦被确定为"很可能致癌物"。因此，在2015年5月发布超市食品转基因成分调查结果后，绿色和平将检出含有转基因成分的食品进行了草甘膦残留检测。结果显示，近四成样品（38%）检出草甘膦残留。

二十　绿色和平：铅锌万苦——云南兰坪亚洲最大铅锌矿污染调查

作者：绿色和平。

下载地址：http：//www.greenpeace.org.cn/lead－zinc－pollution－report/。

【内容摘要】

本拥有丰饶地质资源的七彩云南，历来是矿业公司眼中的"肥肉"，多年肆意开采已致其成为中国西部重金属污染最严重的省份。而云南近年大力找矿开矿，甚至不惜修改香格里拉附近保护区的边界，让路矿业公司。2014年12月，环保部点名云南省按期完成《重金属污染综合防治"十二五"规划》目标"存在较大困难"。"美丽云南"可能即将成为"污染云南"。

二十一　西非渔业资源之殇完整报告

作者：绿色和平。

下载地址：http：//www.greenpeace.org.cn/africa－fisheries－paradise－at－a－crossroads－report－full/。

【内容摘要】

中国远洋渔业企业在西非的违法违规及破坏性捕捞行为，正损害着西非海洋生态资源的可持续性。以中国最大的渔业企业——中国水产（集团）总公司为代表的部分中国远洋渔业企业，欺瞒渔船实际总吨位，在西非海域实施大规模的破坏性捕捞。其非法、不报告和不管制的违法捕捞行为，对当地渔业资源和生态环境造成了严重破坏。中国远洋渔业企业的违法行为，对提倡"双赢"的中非合作关系产生了严重的影响。中国相关政府部门迫切需要尽快修改远洋渔业法律法规，加强监督、管理和执法能力建设，制止并纠正中国远洋渔业企业在西非的违法违规行为。相关西非国家也必须尽快加强政府管控，从渔业政策上确保其海洋资源开发行为在环境可持续及社会公平的基础上开展，同时采取有效的国内及区域性行动计划，打击遏制当地的非法、不报告和不管制行为。

二十二 上市公司污染源在线监测风险排行榜

作者：《证券时报》上市公司社会责任研究中心、公众环境研究中心。

下载地址：http：//www.ipe.org.cn/about/newnotice_de_1.aspx？id=17676。

【内容摘要】

2015年初，《证券时报》上市公司社会责任研究中心与公众环境研究中心启动了A股上市公司在线数据污染物排行榜项目，跟踪标的覆盖1365家重点控制企业，涉及519家上市公司，分布于25个申万行业分类的一级行业。2015年度，排行榜共发布了49期，化工、公用事业、有色金属三个行业的上市公司数量居前。在监测周期内，共有141家上市公司及其关联企业上榜，其中28家企业给予了回复，而且其中大部分已经实现合规排放。

二十三 绿色供应链——CITI指数2015年度评价报告

作者：公众环境研究中心。

下载地址：http：//www.ipe.org.cn/about/newnotice_de_1.aspx？id=1821。

【内容摘要】

2015年10月22日，绿色供应链CITI指数100品牌年度排名在天津绿色供应链服务中心、中环联合认证中心、公众环境研究中心、可持续发展联盟联合举办的"可持续发展与商业实践——2015 绿色供应链论坛"发布，评价结果显示，苹果、阿迪达斯和 H & M 在 167 个国内外消费品牌绿色供应链评价中领先。

二十四 格局创新——2014~2015年度120城市 PITI 报告

作者：公众环境研究中心。

下载地址：http://www.ipe.org.cn/about/newnotice_de_1.aspx? id = 1773。

【内容摘要】

2015 年 8 月 11 日，120 城市污染源环境公开指数（PITI）评价报告在北京发布，评价结果显示，在各界对环境信息公开达成更多共识的基础上，全国污染源信息公开工作在 2014~2015 年度取得显著进展。

二十五 蓝天路线图 III——公开激发良性互动

作者：公众环境研究中心。

下载地址：http://www.ipe.org.cn/about/newnotice_de_1.aspx? id = 1772。

本路线图梳理了 2014 年以来我国在大气污染的监测预警、识别污染源和重点减排方面所取得的进展，并就扩大监测覆盖范围、提升空气质量预报预警能力、扩展在线监测实时公开范围、借鉴山东模式建立全国的 4 级环保微博工作体系等，提出了政策建议。

二十六 绿色选择纺织业调研报告4：谁来守住污水处理的责任底线？

作者：公众环境研究中心等。

下载地址：http：//www.ipe.org.cn/about/newnotice_de_1.aspx? id = 1766。

【内容摘要】

2014年12月23日，公众环境研究中心、绿色江南、自然资源保护协会、朝露环保、环友科技五家环保机构在北京发布第4期《纺织业调研报告》，指出印染废水集中处理机制存在显著缺陷，建议多方合力完善集中处理责任制，守住污水处理的底线。

二十七 2015年中国煤电逆势投资的后果——2015年1~12月通过审批的燃煤电厂将对环境造成的负面影响评估

作者：绿色和平。

下载地址：http：//www.greenpeace.org.cn/wp – content/uploads/2015/11/The – consequences – of – coal – investment – in – china.pdf。

二十八 绿色和平：2015年度中国366座城市PM$_{2.5}$浓度排名

作者：绿色和平。

下载地址：http：//www.greenpeace.org.cn/pm25 – city – ranking – 2015/。

二十九 构建中国绿色金融体系

作者：绿色金融工作小组。

下载地址：http：//www.unepfi.org/fileadmin/communications/EstablishingChinasGreenFinancialSystem.pdf # rd？ sukey = cbbc36a2500a2e6c6abc8705d6bcb93a89aa59131ecacd8291472afa07f13004f4046369a06aa927c05fb84c7e911c23。

三十　绿色信贷"走出去"：中资银行海外践行绿色信贷案例分析

作者：创绿中心。

下载地址：http://www.ghub.org/wp-content/uploads/2015/05/%E7%BB%BF%E8%89%B2%E4%BF%A1%E8%B4%B7%E6%8C%87%E5%BC%95%E6%8A%A5%E5%91%8A%E7%94%B5%E5%AD%90%E7%89%88.pdf。

G.24 民间环保组织列表（2015）

写作说明：

1. 此为"环境绿皮书"第一次整理中国民间环保组织列表。

2. 本表所称的"民间环保组织"包括在中国各级民政部门注册的、以环境生态保护为主要业务范围的社会团体、基金会以及民办非企业单位。[①]

3. 本列表由自然之友的马荣真律师，以及两位实习生——潘婷瑶、乔安润亚完成；在此感谢"合一绿学院"和孙姗整理提供环境NGO名录。

4. 资料来源与整理方法如下所示。

（a）本列表的基础是"合一绿学院"的中国环保组织地图，首先据此分别导出每个省份的环保组织信息。

（b）然后与阿里巴巴NGO名录、"SEE创绿家"资助人名录，以及海洋组织名录比较，补充列表。

（c）之后根据几个标准进行筛选，包括：从事环境保护相关公益活动，有团队，有行动，以及有网站或其他传播媒体。

（d）最后名录共有339家机构。

5. 我们注意到，在此整理筛选方法下，有一些类型的机构未能纳入，

[①] 民政部民间组织管理局把"社会组织"分为社会团体、民办非企业单位、基金会以及涉外社会组织。其中：社会团体是由公民或企事业单位自愿组成、按章程开展活动的社会组织，包括行业性社团、学术性社团、专业性社团和联合性社团。基金会是利用捐赠财产从事公益事业的社会组织，包括公募基金会和非公募基金会。民办非企业单位是由企业事业单位、社会团体和其他社会力量以及公民个人利用非国有资产举办的、从事社会服务活动的社会组织，分为教育、卫生、科技、文化、劳动、民政、体育、中介服务和法律服务等十大类。一直以来，中国政府部门在官方文件中对这些社会组织均称为"民间组织"。后来，十七大报告里首次使用了"社会组织"来替代之前的"民间组织"，但是由于历史因素，这些社会组织的管理机构仍然叫"民间组织管理局"，归属民政部。

具体包括如下几类。

（a）由政府主导的协会、学会。

（b）未独立注册的大学二级单位，如"中国政法大学污染受害者法律帮助中心"。该中心从事环境保护活动多年，并且也取得了一定的社会影响，但是这次列表未纳入。

（c）未注册，但是仍在长期开展活动的机构。

6. 如读者发现名录中有遗漏，可以发电子邮件（office@fonchina.org）到自然之友，并注明"民间组织名录"。

民间环保组织

序号	名称	省份	负责人	网址
1	SEE 基金会	北京	刘小钢	http://www.see.org.cn/foundation/
2	北京绿色未来环境基金会	北京	张莉	http://npo.charity.gov.cn/orgwww/site/org/33341.html
3	北京绿色阳光环保公益基金会	北京	李建	—
4	北京水源保护基金会	北京	—	www.shuiyuan.org.cn
5	万通公益基金会	北京	李劲	www.vantonefound.org/
6	亿利公益基金会	北京	王文彪	www.elion.com.cn/
7	中国生物多样性保护与绿色发展基金会	北京	胡德平	www.cbcgdf.org/
8	中华环境保护基金会	北京	傅雯娟	www.cepf.org.cn/
9	自然之友基金会	北京	张伯驹	www.fonfund.org
10	MEI 家园	北京	王雁茂	—
11	阿拉善生态保护协会	北京	刘晓光	www.see.org.cn/
12	爱思创新	北京	—	www.csi.ngo.cn
13	鹜翔公益	北京	冉冬卉	http://www.weibo.com/u/3199689531?is_all=1
14	保护地友好体系	北京	解焱	www.baohudi.org/
15	北京地球村	北京	廖晓义	www.gvbchina.org.cn/
16	北京观鸟会	北京	赵欣如	http://weibo.com/cbwbj
17	北京国仁绿色联盟	北京	温铁军	http://weibo.com/grlslm
18	北京环保娃娃公益发展中心	北京	陈小祎	—
19	北京绿十字	北京	孙君	http://www.bjlsz.org.cn
20	北京猛禽救助中心	北京	—	http://www.brrc.net.cn

续表

序号	名称	省份	负责人	网址
21	北京七悦社会公益服务中心	北京	张丛丛	http://www.bjmzj.gov.cn/news/root/xkgs/2013-09/108194.shtml
22	北京人与动物环保科普中心	北京	张吕萍	http://www.animalschina.org
23	北京三生环境与发展研究所	北京	叶文虎	
24	北京市昌平区多元智能环境研究所	北京	田桂峰	http://tinyurl.com/j4zedcj（西城区社会组织公共服务平台）
25	北京市大兴区绿主妇城市农园科普服务中心	北京	欧阳赵敏	http://www.csnykp.com
26	北京市丰台区绿派同行环境研究所	北京	李恩泽	—
27	北京市海淀林业老科技工作者协会动物救助分会（ARB动物之友）	北京	吴天玉	http://www.arbchina.org
28	北京市西城区节能减排环保促进会	北京	郑伟英	http://www.bjjnhb.com
29	北京天恒可持续发展研究	北京	陈青	http://www.chinadevelopmentbrief.org.cn/org398/
30	北京自然向导科普传播中心	北京	—	http://blog.sina.com.cn/s/blog_1420eb6f90102vhrm.html
31	达尔问自然求知社	北京	赫晓霞	www.bjep.org.cn/
32	大海环保公社	北京	衣无尘	http://www.dahai.ngo.cn
33	绿色大学生论坛	北京	杨金	http://www.gsfchina.org
34	道和环境与发展研究所（IED）	北京	葛勇	http://www.ied.cn
35	妇女与环境小组	北京	梁伯平	—
36	公众与环境研究中心	北京	马军	http://www.ipe.org.cn/default.aspx
37	瀚海沙可持续生活平台	北京	—	http://www.weibo.com/hanhaisha?is_hot=1
38	合一绿学院	北京	吴昊亮	http://www.hyi.org.cn
39	黑豹野生动物保护站	北京	李理	http://www.heibaolili.com
40	鸿芷乐活空间	北京	张丹丹	http://www.weibo.com/ilovehongzhi?refer_flag=1001030103_
41	环友科技	北京		http://www.envirofriends.ngo.cn/a/angzhan/2012/0531/39.html
42	劲草同行	北京		http://www.jctx.org.cn/index.html
43	绿地里	北京	邹宇泽	http://www.weibo.com/zouyuze?refer_flag=1001030201_

续表

序号	名称	省份	负责人	网址
44	绿家园（北京）	北京	汪永晨	—
45	绿色北京	北京	—	—
46	绿色和平	北京	—	http://www.greenpeace.org.cn
47	绿色少年工作室	北京	刘少庄	http://www.weibo.com/GreenYoungster
48	绿色之星环保人合作组织	北京	王自新	
49	绿行未来	北京	刘子鋆	http://www.weibo.com/GSFCHINA?refer_flag=1001030101_&is_hot=1
50	绿爪子公益团体	北京	汤历漫	http://www.weibo.com/greenclaw2011?refer_flag=1001030201_&is_hot=1
51	磐石环境与能源研究所	北京	赵昂	http://www.reei.org.cn
52	青年环境评论	北京	—	http://www.weibo.com/greenyouther?refer_flag=1001030101_
53	清华大学美术学院协同创新生态设计中心	北京	刘新	—
54	清水同盟	北京	高中	http://www.weibo.com/cwacn
55	全球环境研究所（GEI）	北京	金嘉满	http://www.geichina.org/index.php?controller=Default&action=Index
56	山水自然保护中心	北京	吕植	http://www.shanshui.org
57	生地行文化中心	北京	—	http://www.weibo.com/ecoactiontravelling?is_hot=1
58	生态和平亚洲	北京	李三悦	http://www.ecopeaceasia.net
59	生态人类	北京	张文波	http://www.ecohumanity.org
60	陶然天地	北京	许岳虎	—
61	污染受害者法律帮助中心	北京	王灿发	http://www.clapv.org
62	燕山学堂	北京	—	http://www.weibo.com/yanshanxuetang?refer_flag=1001030201_
63	野性中国	北京	奚志农	http://www.wildchina.cn
64	影像生物多样性调查所（IBE）	北京	徐健	http://www.ibewildlife.com
65	曾经草原	北京	陈继群	http://www.cyngo.nct/go1_ecology_a news.htm http://www.weibo.com/163art?is_hot=1
66	中关村汉德环境观察研究所	北京	唐大为	http://www.weibo.com/u/5654407658?refer_flag=1001030201_&is_all=1
67	中国海洋学会	北京	王曙光	http://www.cso.org.cn/index.html

279

续表

序号	名称	省份	负责人	网址
68	中国海油公益基金会	北京	武广齐	http://foundation.cnooc.com.cn/cms/main.do
69	中国猫科动物保护联盟	北京	宋大昭	http://www.weibo.com/chinesefelid
70	中国青年应对气候变化行动网络（CYCAN）	北京	詹育锋	http://www.cycan.org
71	中国民间应对气候变化行动网络	北京	王香奕	http://www.c-can.cn
72	自然大学	北京	冯永锋	http://nu.org.cn
73	自然观察者	北京	计云	http://www.weibo.com/inquirer?is_hot=1
74	自然景象环境保护协会（CNature）	北京	王瑶瑶	—
75	自然图书馆	北京	康大虎	http://www.weibo.com/u/2566592015?is_hot=1
76	自然之友环境研究所	北京	杨东平	http://www.fon.org.cn
77	中国鸟类保护联盟	北京	—	—
78	中国清洁空气联盟	北京		http://www.cleanairchina.org
79	北京市西城区常青藤可持续发展研究所	北京	林岳	http://www.evergreen.org.cn
80	根与芽环境教育项目北京办公室	北京	—	http://www.genyuya.org.cn
81	海淀绿主妇	北京	—	—
82	鹬之飞羽生态监测工作室	北京	宋晔	
83	甘肃绿盟	甘肃	胡煜	http://www.weibo.com/u/5072518039
84	甘肃绿色环保组织	甘肃	王智	http://t.qq.com/jixian951465275?pagesetHome=0
85	甘肃绿色志愿者之家	甘肃	魏伟	
86	甘肃省陇南市绿源环保志愿者协会	甘肃	张明秀	
87	甘肃省民勤县绿色生态农业研究小组	甘肃	刘昊德	—

续表

序号	名称	省份	负责人	网址
88	兰州生态发展促进会	甘肃	马燕	http://www.weibo.com/u/5374975863?refer_flag=1001030101_
89	临夏州生态环境保护协会	甘肃	孔令熙	http://www.weibo.com/u/3193450052?refer_flag=1001600001_
90	陇南市岷山生物多样性保育研究协会	甘肃	杨文赟	—
91	天水市陇右环境保育	甘肃	李晓鸿	http://blog.sina.com.cn/ecly2006
92	绿哈达	甘肃	罗藏彭措	http://t.qq.com/LUXGreenHada
93	绿驼铃	甘肃	—	http://www.gcbcn.org/
94	平凉市保护母亲河联合会	甘肃	赵向阳	—
95	拯救民勤	甘肃	韩杰荣	http://webplus.njau.edu.cn/s/87/t/111/a/19141/info.jspy
96	甘肃伊山伊水环境与社会发展中心	甘肃	虎孝君	http://www.yishanyishui.org/
97	沧州野生动物救护中心	河北	孟德荣	—
98	橄榄绿环境文化传播中心	河北	鄢福生	http://www.baike.com/wiki/
99	河北电视台绿家园	河北	程伟民	http://www.yzhbw.net/v/lsjy/
100	河北环保联合会	河北	—	http://www.hb12369.net/gzhd/hblhh/
101	河北绿色知音	河北	傅路江	http://t.qq.com/xuanhua19691113/
102	河北省邯郸市橄榄绿青年志愿服务团	河北	孔媛媛	http://www.ganlanlv.net
103	衡水市地球女儿环保志愿者协会	河北	赵鸿	http://vweb.youth.cn/cms/2004/ccylhuodong/07ftb/wjhg/jtmd/200804/t20080416_685218.htm
104	乐亭野生动物保护协会	河北	田志伟	http://www.eac-cn.org/organization-more.aspx?Classid=82&Unid=2348
105	绿色雁翎	河北	张欢欢	http://www.ngo20map.com/User/view/id/763?l=en
106	绿唐高校环保联盟	河北	史殿硕	http://www.weibo.com/u/3866208808?refer_flag=1001030201_
107	平山县西柏坡爱鸟协会	河北	李剑平	http://www.chinabirdnet.org/xipoboc.html
108	秦皇岛市观(爱)鸟协会	河北	—	http://www.birdingchina.cn
109	安阳共同家园野生动物保护协会	河南	申王平	https://freeweibo.com/weibo/%40安阳共同家园野生动物保护协会

续表

序号	名称	省份	负责人	网址
110	安阳市环保志愿者总队	河南	—	http://www.ayzyfw.cn
111	河南观鸟会	河南	赵玉岭	http://www.hnbirds.com/portal.php
112	河南绿色中原	河南	匡洁	http://www.weibo.com/thegreenark
113	河南省罗山鹭鸶保护协会	河南	—	http://www.weibo.com/u/5099220527
114	淮河卫士	河南	霍岱珊	http://www.weibo.com/hhwsw?refer_flag=1001030201_&is_hot=1
115	淮河源公益林绿色发展合作社	河南	杨会	—
116	绿色未来环境保护协会	河南	宋克明	http://www.gfepa.org
117	绿中原	河南	杨晓静	http://www.weibo.com/greenhenan
118	桐柏林业防护协会	河南	李鹏	http://www.forest.ngo.cn/slzm/220.html
119	新乡环境保护志愿者协会	河南	田桂荣	http://www.xxshjbhzyzxh.com
120	驻马店环保协会	河南	杨君浩	http://bbs.zmd5.com/forum-478-1.html
121	大兴安岭森林湿地生态保护科技创新团队	黑龙江	闫志刚	http://www.icaijing.com/hot/article4861722/
122	绿色唱响环保服务队	黑龙江	朱静	http://www.see.org.cn/Foundation/Article/Detail/47
123	绿色龙江	黑龙江	张亚东	http://www.greenlj.org
124	牡丹江环保践行社	黑龙江	尹贵斌	blog.sina.com.cn/s/blog_a6cb818101017z6i.html
125	牡丹江市绿动未来公益环境保护协会	黑龙江	—	http://wmw.dbw.cn/system/2014/04/29/000846263.shtml
126	七棵树自然学校	黑龙江	姜龙	—
127	绥化市青山绿水环保志愿者协会	黑龙江	刘曦楠	http://www.eac-cn.org/organization-more.aspx?Classid=89&Unid=1992
128	中国抚远县大马哈鱼生态环境保护协会	黑龙江	高瑞睿	http://v.qq.com/boke/page/n/0/d/n01738oy32d.html
129	长春野鸟会	吉林	—	http://www.weibo.com/ccynh?refer_flag=1001030103_
130	珲春市野生动植物保护协会	吉林	金永松	http://www.weibo.com/u/3921757525?is_hot=1
131	珲春天和东北虎保护协会	吉林	李志兴	http://www.ybnews.cn/news/newsyb/201602/257446.html

续表

序号	名称	省份	负责人	网址
132	通榆环保志愿者协会	吉林	万平	http://phtv.ifeng.com/project/special/fxxgy/ziliao/detail_2013_08/29/29141681_0.shtml
133	榆树市野生动植物保护协会	吉林	张德江	—
134	大连市环保志愿者协会	辽宁	杨白新	http://www.depv.org
135	大连野鸟会	辽宁	孙康	http://tinyurl.com/gu34dmb(百度百科)
136	大连野生动植物保护协会	辽宁	单联森	http://www.dwca.org.cn
137	黑石礁守护者	辽宁		
138	黑嘴鸥保护协会	辽宁	刘德天	http://www.heiziuou.com
139	辽宁营口市环保志愿者组织	辽宁	胡铁楠	
140	绿色盘锦	辽宁	钱亚超	http://weibo.com/igreenpanjin?refer_flag=1001030201_
141	盘锦观鸟协会	辽宁	张明	http://www.pjbw.org/forum.php
142	盘锦市保护斑海豹志愿者协会	辽宁	田继光	http://weibo.com/u/1460307497?refer_flag=1001030201_
143	盘锦市大洼县环境科普公益协会	辽宁	钱亚超	http://www.chinadevelopmentbrief.org.cn/org2272/
144	蔚然大连	辽宁	孙莉	http://weibo.com/u/2771832735?from=profile&wvr=5&loc=infdomain&is_hot=1
145	小草志愿团	辽宁	朱彩凤	
146	包头市生态环境保护协会	内蒙古	—	http://www.epyva.org/
147	呼伦贝尔民萌草业碳汇与生态文化产业研究所	内蒙古	陈宝林	纯研究机构
148	绿色北疆	内蒙古	段瑞兵	—
149	内蒙古巴彦淖尔市乌拉特前旗博雅文化协会	内蒙古	滑闻学	http://www.chinadevelopmentbrief.org.cn/org893/
150	内蒙古绿色先锋环境发展发展中心	内蒙古	梁慧梅	
151	娜荷丫环保志愿者协会	内蒙古	莲花	http://www.see.org.cn/clj/greendetail.aspx?id=976
152	四子王旗环保志愿者	内蒙古	李文辉	—
153	西乌珠穆沁旗牧区信息服务中心	内蒙古	巴雅尔图	http://www.chinadevelopmentbrief.org.cn/org3571/
154	内蒙古楚日雅牧区生态研究中心(草原之友)	内蒙古	达林太	http://www.fog.ngo.cn

续表

序号	名称	省份	负责人	网址
155	阿拉善泉心可持续发展中心	内蒙古	—	http://news.foundationcenter.org.cn/html/2014-02/78525.html
156	宁夏扶贫与环境改造中心	宁夏	龙治普	http://www.chinadevelopmentbrief.org.cn/org368/
157	宁夏青年环境教育交流中心	宁夏	熊欢	http://www.doc88.com/p-8748593845895.html
158	彭阳县慈悯养殖农民专业合作社	宁夏	张毅	http://2891979.1024sj.com/
159	青绿环保中心	宁夏	王宇箫	—
160	银川市明达青少年发展中心	宁夏	张方鼎	http://blog.163.com/dingzi_12@126/blog/static/75058530201501791068 93/
161	银川雨花斋环保志愿者协会	宁夏	张海鲸	http://weixin.niurenqushi.com/article/2015-03-15/2174584.html
162	盐池县可持续发展协会	宁夏	呼延钦	http://www.rsda.com.cn/
163	年保玉则生态环境保护协会	青海	扎西桑俄	http://tinyurl.com/hu6wkwq（百度百科）
164	乔美环保协会	青海	乔美仁波切	—
165	青藏高原生态保护网	青海	—	http://www.qtpep.com/
166	青海防沙治沙暨沙产业协会	青海	尤鲁青	http://www.chinadevelopmentbrief.org.cn/org3641/
167	青海湖生态文化保护与普氏原羚公众交流基地	青海	南加	http://www.qtpep.com/bencandy.php?fid-93-id-3426-page-1.htm
168	三江源保护协会	青海	哈希·扎西多杰	http://weibo.com/u/1880156813
169	雪境生态宣传教育与研究中心	青海	卡吉加	http://www.chinadevelopmentbrief.org.cn/org3319/
170	雪联盟	青海	—	http://snowalliance.org/
171	扎布拉生态保护协会	青海	赵海青	http://tinyurl.com/jf3cukw（百度百科）
172	点点环保	山东	汪昭华	http://weibo.com/u/2589267837?is_all=1
173	东营市观鸟协会	山东	李洪岩、单凯	http://www.hhkgn.org/cn/shou_ye.html
174	济南保护母亲河小组	山东	齐亚珍	—
175	绿色潍坊环保服务中心	山东	王春生	—

续表

序号	名称	省份	负责人	网址
176	绿行齐鲁	山东	郭永启	www.greenqilu.org
177	青岛君和	山东	刘永龙	—
178	青岛市文化艺术交流中心	山东	唐冠华	http://1298649.1024sj.com/
179	青岛农业大学蓝色先锋环保协会	山东	李琳	—
180	青岛市青年环境保护促进会	山东	—	http://www.greenera.org/
181	青岛野生动物保护协会	山东	刘建华	—
182	日照市环保志愿者协会	山东	—	http://hbzyz.rizhao.cn/
183	山东省临澜环保公社	山东	任增颖	http://www.renzengying.com/forum.php
184	山东威海市大天鹅保护协会	山东	袁学顺	http://www.11467.com/rongcheng/co/3430.htm
185	潍坊市鸢都义工公益服务中心	山东	孙志达	http://www.ydyg.org/forum.php
186	协力故乡生态中心	山东	赵杨	http://blog.sina.com.cn/u/3802324689
187	淄博市绿丝带发展中心	山东	李宝宝	http://www.gongyixiang.com/html/position/web/10000219.html
188	地球卫士	山西	齐有平	—
189	晋青	山西	杜杰	http://www.ngo20map.com/User/view/id/1317
190	绿色太行	山西	巨琼瑛	http://blog.sina.com.cn/s/blog_a526d731010192fn.html
191	绿芽	山西	杜杰	有新闻报道,但无网站
192	三清园生态文明发展中心	山西	宋治良	有新闻报道,但无网站
193	山西省青少年生态环保社团联盟	山西	—	http://tinyurl.com/zzm7bl2(百度百科)
194	安康环保公益协会	陕西	李鹏博	http://weibo.com/u/5462407856?is_all=1
195	大学生黑色营	陕西	赵博	http://weibo.com/blackcamp?from=profile&wvr=5&loc=infdomain&is_all=1
196	绿色原点环保宣教中心	陕西	杨雄	http://weibo.com/p/1006062140545700/home?from=page_100606&mod=TAB&is_all=1
197	陕西观鸟会	陕西	—	无网站,有报道
198	陕西青年与环境互助网络	陕西	王道润	http://www.mscyes.org/

续表

序号	名称	省份	负责人	网址
199	陕西省环保志愿者联合会	陕西	胡应贵	http://tinyurl.com/hppzxyd(微博)
200	陕西省妈妈环保志愿者协会	陕西	王明英	http://www.sxmmhb.org.cn/
201	潼关县绿色金城发展与服务中心	陕西	郑波	—
202	西安未央环保协会	陕西	刘文化	http://weibo.com/u/3849427250?is_all=1
203	杨凌环保公益协会	陕西	汪泽国	http://weibo.com/ylgyhb?from=page_100505_home&wvr=5.1&mod=hisfanfollow&is_all=1
204	自然成长营	陕西	任真	有报道,无网站
205	天津生态城大地之声社会教育中心	天津	—	http://www.chinadevelopmentbrief.org.cn/org3790/
206	天津滨海新区湿地保护志愿者协会	天津	王建民	http://tinyurl.com/zf7r8ae(百度百科)
207	天津观鸟会	天津	—	http://www.tjbird.cn/portal.php
208	天津护鸟志愿者联盟	天津	马井生	有招聘通知,无网页
209	天津绿领	天津	董剑	http://www.fgylc.org/
210	天津绿色之友	天津	孙艳君	http://www.tjlybj.com/
211	天津生态城绿色之友生态文化促进会	天津	张涛	http://tinyurl.com/hshgn9l(微博)
212	天津市环保产品促进会	天津	张赟城	http://www.hbcpcjh.org/
213	天津市生态道德教育促进会	天津	朱坦	http://2789074.1024sj.com/
214	新疆自然保育	新疆	夏海宁	http://tinyurl.com/jl7p2oy(百度百科)
215	荒野公学新疆站	新疆	邢睿	http://www.wildschool.cn/portal.php
216	喀什观鸟会	新疆	—	http://bbs.xjks.net/forum-220-1.html
217	李维东自然生态保护服务工作室	新疆	李维东	—
218	新疆观鸟会	新疆	—	http://blog.sina.com.cn/xjbws
219	东莞市环保志愿服务总队	广东	熊国柱	http://weibo.com/2633122061/profile?s=6cm7D0&is_all=1
220	绿色珠江	广东	王华礼	http://www.ooe.cn/

续表

序号	名称	省份	负责人	网址
221	自然家公益咖啡馆	广东	江彩霞	—
222	潮汕野鸟会	广东	—	—
223	深圳市蓝色海洋	广东	周云昕	http://www.szboca.org/
224	亲亲自然科普环保志愿者协会	广东	王依文	—
225	深圳市绿典环保促进中心	广东	李东得	http://www.szhb.org/443.html
226	深圳市小鸭嘎嘎公益基金	广东	冯晓	http://www.duckgagafund.org/index.php
227	深圳节水促进会	广东	俞晓虹	—
228	深圳市观鸟协会	广东	董江天	http://www.szbird.org.cn/
229	深圳市蒲公英自然教育促进中心	广东	张杰	有报道,无网站
230	绿种子环境教育基地	广东	徐静茹	—
231	"潜爱大鹏"珊瑚保育志愿者联合会	广东	—	有报道,无网站
232	珠海市观鸟协会	广东	郭竣工	http://www.zhbird.org.cn/
233	珠海市海洋资源保护开发协会	广东	张波	http://weibo.com/zoaorg?is_all=1
234	雷州半岛可持续发展促进会	广东	刘亚艳	—
235	湛江爱鸟会	广东	宁琳琪	http://weibo.com/gdzjbws
236	深圳红树林湿地保护基金会	广东	章必功	http://www.mcf.org.cn/index.action
237	桃花源生态保护基金会	广东	马化腾	http://tinyurl.com/hsd2qtg(百度百科)
238	广东省绿盟公益基金会	广东	—	http://pearsf.org/
239	深圳绿源环保志愿者协会	广东	黄幸达	http://www.szhb.org/
240	华南理工大学 Fresh 环保协会	广东	腾宇堃	http://www.scutfresh.org/bbs/forum.php
241	天地人禾	广东	刘尚文	http://weibo.com/itraveller?is_all=1
242	广州市海珠区宜居广州生态环境保护中心	广东	—	http://www.chinadevelopmentbrief.org.cn/org2754/
243	广东省千禾社区公益基金会	广东	刘小钢	http://www.gdharmonyfoundation.org/contact/contact.html
244	绿阅之家	广东	—	http://weibo.com/lvyuezhijia?is_all=1
245	广州市绿点公益环保促进会	广东	袁淑文	http://www.gpaction.net/
246	晴天环保	广东	—	http://weibo.com/sunnyepc?is_all=1

续表

序号	名称	省份	负责人	网址
247	深圳市土木再生城乡营造研究所	广东	—	http://weibo.com/retumu?is_all=1
248	广州市越秀区博雅青少年成长服务中心	广东	—	http://weibo.com/u/2972880473?is_all=1
249	广州市卫蓝自然保护协会	广东	姜宜良	http://blueguard.sinaapp.com/about/constitution/
250	广州市海珠区青城环境文化发展中心	广东	—	http://blog.sina.com.cn/s/blog_b5f75eac0101cp99.html
251	广东绿耕社会工作发展中心	广东	—	http://www.lvgeng.org/
252	绿色包装产学研与服务联盟	广东	臧建鸣	http://green.tangongye.com/
253	Relight	广东	—	http://www.re-light.cn/
254	拜客广州	广东	陈嘉俊	http://bikegz.com/
255	鸟兽虫木自然保育会	广东	—	http://hinature.org/
256	创绿中心	广东、北京	—	http://www.ghub.org/#
257	桂林市高校环保联盟	广西	余文林	http://weibo.com/u/3244828994?from=page_100505_profile&wvr=6&mod=like
258	桂林涅槃健康中心	广西	程艳蕊	https://www.douban.com/people/50443572/
259	广西区域绿色组织联盟	广西	—	http://www.gxlslm.com/
260	广西生物多样性研究和保护协会	广西	—	http://www.gxbrc.com/
261	南宁观鸟会	广西	—	—
262	柳州观鸟会	广西	—	http://weibo.com/u/2730226190
263	广西观鸟会	广西	张超	—
264	海南省贝类与珊瑚保护协会	海南	万骁军	—
265	海南观鸟会	海南	程成	http://weibo.com/hnbws
266	海南省生态环境教育中心	海南	史海涛	—
267	海南智渔生态环境研究中心	海南	韩寒	http://chinabluesustainability.org/
268	海南海洋生物保护协会	海南	韩先生	—
269	海南省海洋环保协会	海南	—	http://www.hmepa.org
270	海南省自然保护发展研究会	海南	唐彦	有报道,无网站
271	海南绿脚印环保公益发展中心	海南	尹可武	http://weibo.com/2256717091/BlBx0xhEd?mod=weibotime&type=comment

续表

序号	名称	省份	负责人	网址
272	松鼠学堂	海南	高宏松	http://weibo.com/u/5213177405
273	蓝丝带海洋保护协会	海南	—	http://www.ch-blueocean.org/
274	海南省动物学会观鸟专业委员会	海南	林柳	—
275	武汉观鸟会	湖北	—	http://weibo.com/u/2640445464
276	武汉绿色环保服务中心	湖北	—	http://www.chinadevelopmentbrief.org.cn/org555/
277	湖北省观鸟会	湖北		
278	绿色荆楚环保公益发展中心	湖北		http://www.chinadevelopmentbrief.org.cn/org3538/
279	武陵山生态环境保护联合会	湖北		http://blog.sina.com.cn/s/blog_94eb03c40101crgy.html
280	湖北省襄阳市环境保护协会（绿色汉江）	湖北		http://www.greenhj.org/
281	重庆观鸟会	重庆	匡高翔	http://weibo.com/u/3002716164
282	重庆大气污染防治公众参与志愿者团队	重庆	—	http://www.see.org.cn/clj/newsdetail.aspx?id=1523
283	重庆两江志愿服务发展中心	重庆	—	http://weibo.com/liangjiangzhiyuan?is_all=1
284	重庆市绿色志愿者联合会	重庆	吴虹	http://www.chinadevelopmentbrief.org.cn/org367/
285	重庆公众河流环保科普中心	重庆	—	http://weibo.com/u/2752184035?is_all=1
286	重庆青年环境交流中心	重庆	—	https://site.douban.com/www.gsean.org
287	重庆市自然介公益发展中心	重庆		http://www.chinadevelopmentbrief.org.cn/org3214/
288	成都观鸟会	四川	沈尤	http://www.scbirds.org.cn/
289	泸州观鸟会	四川	—	有报道，无网站
290	最爱自然物	四川		http://www.xceprd.org/
291	四川省绿色江河环境保护促进会	四川		http://weibo.com/scgreenriver?is_all=1
292	成都城市河流研究会	四川	—	http://www.rivers.org.cn/html/index.html
293	凉山环境与生计发展研究中心	四川	罗支铁	http://www.lield.org

续表

序号	名称	省份	负责人	网址
294	成都市锦江区白鹭湾生态环境保护促进会	四川	何杨	http://weibo.com/blwepa?is_all=1
295	福建观鸟会	福建	杨金	http://weibo.com/fjbws?is_all=1
296	厦门观鸟会	福建	彭志伟	http://xmbirds.org/bbs/
297	中国红树林保育联盟	福建	刘毅	http://www.china-mangrove.org/
298	鳄鱼屿自然体验中心	福建	—	http://weibo.com/u/1763892812?is_all=1
299	福建省绿家园环境友好中心	福建	—	http://weibo.com/greenfj?is_all=1
300	厦门小小鸥自然生态科普推广中心	福建	—	http://weibo.com/amoyxiaoxiaoou?is_all=1
301	厦门绿拾字环保服务社	福建	马天南	www.xmgca.ngo.cn
302	安徽观鸟会	安徽	王军	http://weibo.com/u/2409521500
303	绿满江淮环境发展中心	安徽	周翔	http://www.green-anhui.org/
304	江苏观鸟会	江苏	—	http://www.jsbws.org/portal.php
305	南京市建邺区绿石环境教育服务中心	江苏	—	http://www.green-stone.org/
306	清环志愿者服务中心	江苏	—	http://www.jyeec.org/
307	江苏绿色之友	江苏	—	www.jshj.org
308	南京市雨花台区百蝶缘生态发展中心	江苏	—	http://weibo.com/njbaidieyuan?is_all=1
309	赤子之心青年环保公益	江苏	—	http://www.chizizhixin.com/Article/ShowClass.asp?ClassID=6
310	镇江市绿色三山环境公益服务中心	江苏	—	http://weibo.com/lsssorg?is_all=1
311	清洁海岸义工团	江苏	—	http://weibo.com/qingjiehaian?topnav=1&wvr=5&topsug=1&is_all=1
312	衣衣不舍	江苏	—	http://www.see.org.cn/clj/newsdetail.aspx?id=1495
313	西藏生物影像调查	西藏	袁媛	http://weibo.com/tbis?is_all=1
314	西藏自治区潘得巴协会	西藏	次仁罗布	www.pendeba.org
315	贵州人公益行动网络	贵州	王吉勇	http://guizhouren.net/
316	绿色昆明	云南	—	http://www.greenkm.org
317	润土互助工作组	云南	—	http://blog.sina.com.cn/u/1644710811

续表

序号	名称	省份	负责人	网址
318	云南省大众流域管理研究和推广中心	云南	于晓刚	http://www.greenwatershed.org/
319	云南省绿色环境发展基金会	云南	—	http://www.ygf.yn.cn/
320	昆明野地环境发展研究所	云南	刘芸	www.yedi.org.cn
321	云南昭通黑颈鹤保护志愿者协会	云南	王昭荣	http://www.hjhbh.com/index.htm
322	一株树志愿者联盟	云南	—	http://tinyurl.com/heo4v8y（百度百科）
323	云南生态网络	云南	陈永松	http://www.yen.ngo.cn
324	玉龙县野生动植物保护协会	云南	—	http://weibo.com/yulongyebao?is_all=1
325	云南在地自然教育工作室	云南	—	http://blog.sina.com.cn/u/3004645480
326	上海仁渡海洋公益发展中心	上海	茹懿	http://www.jingtan.org/
327	上海绿洲生态保护交流中心	上海	—	http://www.oasiseco.org/
328	上海福田环保教育站	上海	—	http://blog.sina.com.cn/futianhuanbao
329	同济绿色建筑学会	上海	—	http://www.tongreen.com/
330	禾邻社区艺术促进社	上海	—	www.helin.org.cn
331	上海先锋环保服务中心	上海	—	http://www.hbxf.org/
332	上海闸北区爱芬环保科技咨询服务中心	上海	江峰	www.aifen.org
333	昆山市鹿城环保志愿者服务社	上海	—	http://weibo.com/u/3173423742?is_all=1
334	上海绿梧桐公益促进中心	上海	—	http://weibo.com/greenindus?is_all=1
335	志驰环保	上海	—	http://blog.sina.com.cn/s/blog_c050ac800101jzdi.html
336	龙南绿主妇小队	上海	—	http://weibo.com/u/2944695400
337	绿色种子计划团队	上海	—	http://www.green-seeds.org/index.html
338	上海道融自然保护与可持续发展中心	上海	—	http://www.daorong.org.cn/

G.25 后　记

从首部"环境绿皮书"《中国环境发展报告（2005）：中国的环境危局与突围》，到今年的《中国环境发展报告（2016~2017）》，作为该书的编写方，自然之友始终坚持以公众视角去观察、记录一年来的环境大事，为读者提供有别于政府-国家立场或学院派定位的绿色观察，帮助关心中国环境问题的各界人士较真实地了解一年来中国重要的环境变化问题、挑战、经验和教训，为中国走向可持续发展的历史性转型留下真实的写照和民间的记录。

近年来，"环境绿皮书"以其开创性的工作及独特视角获得了社会各界的各种认可，这对我们的工作是一种激励，亦是一种挑战。和前几本绿皮书一样，我们的执笔者仍然来自一线工作的环保专家、学者、律师、NGO骨干、记者。这些作品是他们对环境问题进行持续研究和认真思考后，为绿皮书所撰写的，他们为此付出了许多时间和精力。

本书的顺利出版，要感谢那些热心的读者，他们为此书提供了许多宝贵的建议，一些版式方面的调整正是基于读者反馈而做出的，如板块的调整，如报告篇幅的精简、图表的增加等。

特别感谢那些为本书提供帮助及支持的人们，基于同样的梦想与目标，基于对"自然之友"的信任，他们不计得失，志愿、义务、热诚地支持和参与了这个项目。特别感谢马荣真、王惠诗涵和陈婉宁，他们负责附录部分的信息收集与整理，为本书的编写做出了重要贡献。

同时，也要感谢社会科学文献出版社的编辑和各位老师，以及广大自然之友会员为本书的顺利出版所提供的无私帮助。

最后，感谢所有长期以来关注"环境绿皮书"的个人和组织，恳请大

后 记

家继续指出本书的不足之处，提出改进意见，并进一步参与环保工作。这份事业，属于每一位珍爱自然和正视环境责任的公民。

自然之友

2016 年 11 月 10 日

G.26
自然之友简介

自然之友成立于1994年3月31日,创会会长是全国政协委员、中国文化书院导师梁从诫教授,现任理事长是社会文化和教育专家杨东平教授。自然之友自创立以来,一直秉着"真心实意,身体力行"的价值观,通过环境教育、公众环境行为改善、环境公共政策倡导、民间环保力量合作与支持等不同方式履行保护环境的使命,并以此向我们的愿景不断前行——在人与自然和谐的社会中,每个人都能分享安全的资源和美好的环境。

历经20多年的不断发展,自然之友已成为中国具备良好公信力和较大影响力的民间环境保护组织,正在为中国环保事业和公民社会的发展做出贡献。

做自然之友志愿者:

批评和抱怨无法解决问题,立即行动,成为自然之友志愿者吧!每个人都是保护环境的卫士,为守护我们的家园走在一起。请联系 office@fonchina.org。

成为自然之友会员:

让我们多一份力量,立即加入我们,成为自然之友会员吧!我们的会员越多,越能代表您为守护自然发言,越能表达中国公众爱护环境的决心与要求。请联系 membership@fonchina.org 或登录网页 http://www.fon.org.cn/channal.php?cid=11。

捐款支持自然之友:

环境破坏的压力日趋严重,改善环境需要更多的经费来支持推动。

账户:北京市朝阳区自然之友环境研究所

账号:0200 2194 0900 6700 325

开户行：工商银行北京地安门支行

联络自然之友

地址：北京市朝阳区裕民路 12 号华展国际公寓 C 座 406

邮编：100029

电子信箱：office@fonchina.org

网址：www.fon.org.cn

微博：自然之友（新浪、腾讯、搜狐均为实名）

G.27 "环境绿皮书"调查意见反馈表

尊敬的读者：

　　这是基于公共利益视角进行年度环境观察、记录与分析的"环境绿皮书"，谢谢您的支持！希望您能填写下表，通过电子邮件（首选）或邮寄提供反馈意见，帮助提高绿皮书的品质。谢谢您对中国环保事业的支持，谢谢您给自然之友的宝贵意见！

　　请在选项位置打"√"，可多选。

1. 您对这本书的评价（请按照满意程度进行选择，并陈述基本理由）	①不满意,理由是： ②一般,理由是： ③不错,理由是： ④很满意,理由是：
2. 您认为绿皮书应在哪些方面进行改进？	①基本数据和事实的准确性、权威性；②评论分析的深入和洞察力；③更全面追踪透视年度热点；④可读和趣味性；⑤更突出重点或年度主题；⑥其他（请写明）：
3. 您认为哪几篇（或哪部分）较好？	
4. 您认为哪几篇（或哪部分）很一般或较差？	
5. 您认为绿皮书在哪些方面对您比较有帮助？	①可以作为参考的工具书；②了解中国环保问题现状与进程；③增长见闻；④了解中国民间环保界的视角；⑤其他（请写明）：
6. 您的个人信息	您的姓名： 您的职业身份是：①公务员；②企业人士；③研究人员；④学生；⑤NGO人士；⑥媒体；⑦农民；⑧其他： 所在单位： 联系方式　通信地址：　　　　　　　　　　邮编： 　　　　　电子邮件：　　　　　　　　　　联系电话： 您比较关注的领域：
7. 您的其他建议或要求	

自然之友

网址：www.fon.org.cn

地址：北京市朝阳区裕民路 12 号华展国际公寓 C 座 406

邮编：100029

电子邮箱：office@ fonchina.org

声明：凡引用、转载、链接都请注明"引自自然之友组织编写的'环境绿皮书'《中国环境发展报告（2016～2017）》，社会科学文献出版社，2017"，并请发电子邮件告知自然之友，谢谢支持与理解。

Abstract

The 2016 "Green Book of Environment" consists of Overview, six theme-based Chapters, and the Appendixes. The Overview weaves together the main events on China's environment in 2016, and articles from all the thematic chapters, as an effort to provide a synopsis for the book: where it came from, how were the themes decided and main trends and overall analysis. Of the six theme-based Chapters, "Special Focus" features two articles on the first year of China's new Environmental Protection Law, and on Planning Environment Assessment. "China's New Normal" Chapter consists of three articles: green finance, power sector and good green governance. "Climate change and Energy" Chapter features three articles, on China's energy system and low-carbon transformation, Post Paris Scene and climate agreements, and China's energy revolution. "Policy and Governance" Chapter covers three topics: China's environment legislation in 2015, judicial development of environmental crimes, and environment impact assessment reform. "Urban Environment" Chapter consists of five articles, the first four discusses, respectively, development and trends of China's bottled water and drinking water safety, urban sludge from sewage treatment plants, municipal waste and nature education, and the last article provides a recent example of citizen-led river survey, which combined provided a multi-facet picture of urban environment and public participation. The last of the thematic chapter on "Nature and Ecological Environment" features two articles, on interpreting "China Nature Watch" report, and on observation of the lawmaking of the pending Wildlife Protection Law. Appendixes of this book is a plethora and wealth of information, consists of major environmental events of 2015, annual index and rating on China's environment, government communiqué and civil society advocacy, environmental awards, reports released by NGOs, and for the first time, number of Environment Non-profit Organizations in China. Each chapter and the appendixes, are accompanied by an introduction, to aid the readers in understanding the organization of the book.

Contents

I General Report

G. 1 The Project of Chinese Ecological Civilization:
Beyond the Lopsided Technical Solutions
—At the beginning of the Transition to the Anthropocene

                                                          Li Bo / 001

    1. Review of the Big Environmental Event in 2015   / 002
    2. The Key Point of This Book   / 004
    3. Expectation and Forecast in Different Views   / 017

Abstract: This book is an annual endeavor to review China's environment from a collective of environment professionals and most notably with the views under the non-government lens. It dedicates to reflecting lessons learned, worthwhile experiences during the past year, and formulating expectations and recommendations for policy changes for the years to come. And the last but not the least, it also serves as the significant witness or chronology of China's environmentalism. The task of this chapter is to give an overview of the unfolding chapters as well as other burning issues that are outside the scope of all authors yet cry for some brief introductions.

    Distinguishing between intention and reality is the key to a fair assessment of China's 2015 environmental achievements. Too often, intentions are expressed loudly and clearly, whereas results are muddled and messy. A look at the country's environmental scorecard this year will show that while well-intentioned policy declarations are not always "empty words", it takes calculated and strategic efforts to translate them into actual progress. While some positive changes are in motion, we hope to hold conditional rather than complacent optimism towards the so-called "new normal" under the blueprint of the "ecological civilization".

Variables responsible for rising environmental challenges are multi-layered and multifaceted; it is unthinkable to strive for solutions that treat ecological and environmental problems in isolation from its complex context. Therefore, the society and its government's new blueprint ought to seek to "stitch" those indispensable fabric together, namely a fair and equitable social system, political system and economic system that are indeed nestled in China's current state of analysis. Without those essential fabrics, most efforts will only tread on lopsided and technical solutions. Such stake is even higher when the threshold from the Holocene to the Anthropocene is about to be bleached.

Keywords: Stratigraphic Epoch; Major Environmental Accidents and Public Crisis; Environmental Justice;

Ⅱ Special Focus

G. 2 Retrospective and Prospective Analysis of the New Environmental Protection Law after Its First Year Implementation

Lv Zhongmei / 022

Abstract: This article comments on the implementation of the new *Environmental Protection Law* in the first year since its coming into effect in the aspects of coordinative legislation, enforcement activities, judicial development, public participation, and future prospects.

Keywords: New Environmental Protection Law; Environmental Legislation; Environmental Law Enforcement; Environmental Public Interest Litigation; Public Participation

G. 3　China's Planning Environment Impact Assessment-Pain and Conflicts of 2015　　　　　　　　　　　　Liu Yiman / 035

Abstract: Year 2015 witnessed an explosion of negative side effects China's industrialization due to ineffective regional planning. In April, a PX factory in Zhangzhou, Fujian province exploded, driving over ten thousand people away in the emergency evacuation. In June, a public protest outbursted in Jinshan, Shanghai, resulting in a suspending on the EIA for a chemical industry zoning. In July, a series of explosions overtook a discontinued factory in Lanshan, Shandong province, caused road closure and local residents escaping, during which the labyrinth of underground lines, pipes and oil tanks made the rescue efforts ever more dangerous. In August, a massive explosion shook Tianjing city, causing reflecting on the chaos of harbor planning throughout the nation. At the end of 2015, a debate on the relocation plan for Lanzhou Refinery company evoked major debate on planning environment impact assessment (PEIA). In China, the ordinance of *PEIA law* went into effect in 2009, but the loopholes of the law had a full manifestation in 2015. The country's painstaking cases and conflicts showcased how a faulted outlaying can undermine stability of a city, which in turn turning an environment conflict into social instability. This report starts with above-mentioned case studies, with an analysis into how the PEIA system came in reality in China, and how it had failed to be effective. The author also provided recommendations on reforming the current PEIA processes.

Keywords: PEIA; Not-in-my-backyard Movement; Environment Risk Assessment

Ⅲ　China's New Normal

G. 4　Windows of Opportunities for Good Green Governance Under the "New Normal" of China's Economy　　Zhang Shiqiu / 057

Abstract: this paper summarizes the "new normal" economic situation as well as the promotion of eco civilization in China and its implication on environment and environmental protection. The new normal and its transition is an important opportunity of windows for China to turn the tipping point of environment degradation and resources depletion. It further discusses the green governance and policy recommendations.

Keywords: Environmental Management; Green Governance; Eco Civilization; Environmental Policy

G. 5 A Review on China's Green Finance Development in 2015
Guo Peiyuan, Cai Yingcui, Wu Yanjing,
Liu Yujun and Yang Fangyi / 067

Abstract: China witnessed great progress in green finance development in 2015, especially in policy making and product innovation. This report reviews the development of green finance in China in 2015 and focuses on the topics of corporate environmental information disclosure and NGOs' participation in green finance development. The report also offers future trend analysis for 2016.

Keywords: Green Finance; Information Disclosure; NGO Participation

G. 6 New Normal of Power Sector in China's Economic New Normal *Zhang Kai / 077*

Abstract: This article uses year 2013 as a landmark year when China entered an "economic new normal". It compares electricity and GDP data between the 2010 – 2012 period and the 2013 – 2015 period to highlight the fundamental changes that the power sector has undergone in new economic circumstances, and offer analysis on the environmental implications of such change.

Keywords: China's Economic New Normal; Energy Structure; Electric Power

Ⅳ Climate Change and Energy

G. 7 On the Threshold of China's Energy Revolution

Yuan Ying / 094

Abstract: The year of 2015 witnesses the beginning of Energy Revolution and Energy Internet, with the renewable energy growing in a steady but windy pathway. Wind energy encountered the worst curtailment problems with the industry and companies suffered huge financial losses. Solar energy is confronted with the dual pressures of untimely subsidy dispatch and limited grid integrations. The eastern part of China demonstrates a big potential to develop the distributed energy along with the new power sector reforms.

Keywords: Energy Revolution; Wind Power; Distributed Solar System; New Power Reform

G. 8 An Assessment of China's Energy System: To Achieve Low-carbon Transformation Through Balancing Energy Demand and Supply *Zhao Ang, Lin Jiaqiao* / 102

Abstract: Considering the status quo that China's energy structure is heavily dependent on coal, it is still a long way to go for China to achieve low-carbon energy system. This article attempts to stimulate public policy debate of energy transformation and promote rational communication amongst policy-makers, researchers, advocates and action groups. This would be a continuous and lengthy process, but we believe that open-minded and long-term targeted policy discussion will play an active role in promoting a rational, effective and just energy transformation. Topics covers in this article are all directly related to energy supply and demand, including the character of shale gas in future 10 – 15 years, uncertainties in renewable energy employment, low carbon strategy in transportation, and the overestimation of power consumption prediction. All these aspects have demonstrated that it will be a huge systematic project for China to achieve a sustainable energy transformation in the next 30 – 40 years. In this process, we need to push equitable participation of all stakeholders through an inclusive and dynamic solution.

Keywords: Energy Transformation; Climate Change; Energy Policy; Shale Gas; Renewable Energy; Power Consumption

G. 9 Post Copenhagen to Post Paris: China's Effort and Challenge
on Climate Change *Chen Jiliang* / 117

Abstract: From the opening of the post Kyoto process in 2007 to the *Paris Climate Agreement* in 2015, the global climate governance has been through a pattern shift. At the same time, China has been through a transitional period of its domestic environment governance during its 11th and 12th Five Year Plan. By reviewing the highlights of China's climate discusses and domestic actions on environment and climate protection, this paper the discusses dynamics between domestic environment politics and climate diplomacy. At the end, this paper also pointed out the new challenges rising in the post Paris climate governance.

Keywords: Climate Change; Climate Governance; Paris Climate Agreement

V Policy and Governance

G. 10 China's Environment Legislation has Limited Highlights
in 2015 *Qie Jianrong* / 131

Abstract: Progresses were made in environment protection legislations in

2015. The revised *Law of the People's Republic of China on the Prevention and Control of Atmospheric Pollution* was passed at the 16th Meeting of the Standing Committee of the Twelfth National Congress, and would come into force on Jan 1, 2016. The *Wildlife Protection Law* (*revision draft*) was made available for public input. However, 2015 sees few highlights on legislative progress. The *new Atmospheric Pollution Law* is regarded lofty and not grounded. The new *Environment Protection Law* had been in force for a year, yet the complementary laws and regulations are yet to surface. The much debated *Wildlife Protection Law* became center for public concern as it included utilization of wildlife.

Keywords: The Revised Law of the People's Republic of China on the Prevention and Control of Atmospheric Pollution; Wildlife Protection Law; Environment Protection Law Complementary Laws and Regulations

G. 11　The Analysis of the Judicial Development of Environmental Crimes　　　　　*Yu Haisong, Ma Jian* / 138

Abstract: Based on environmental pollution criminal cases between July 2013 to December 2015 since two and half years ago when "Interpretation of the Supreme People's Court and the Supreme People's Procuratorate on Several Issues concerning the Application of Law in the Handling of Criminal Cases of Environmental Pollution" was implemented and particularly since the new "environmental Protection law" was enforced, authors hope to summarize and analyse the trend of environmental justice in practices. In brief, the number of pollution criminal cases is growing rapidly; the geographical distribution and locations, the industry, and pollution behavior tend to be concentrated. Hazardous waste crimes are met with more sophisticated legal measures. Air pollution criminal cases are still facing lots of legal technical challenges. Fraudulent environmental monitoring data is yet to be tackled. A greater cooperation to address environmental pollution crimes are needed.

Keywords: Crimes of Environmental Pollutions; Trends of Environmental Crimes; Challenges and Limitations of Environmental Justice

G. 12 A Speedy Reform to EIA System is Greatly Needed in 2015

Xiang Chun / 146

Abstract: Environmental impact assessment is a foundational tool for the environmental management system. It is regarded as the most effective measures of protecting environment proactively preventing pollution from happening at its source. But in practice, a series of problems was identified: laws are not enforced, regulations and governance system are not observed to the extent the seriousness and authority of the legal system was undermined. In 2015, strategic EIA is in motion of implementation, yet policy EIA, planning EIA and project EIA are all crying for further reforms.

Keywords: Environment Impact Assessment; Reform to EIA Management

VI Urban Environment

G. 13 China's Urban Sludge Challenges Unabated   *Cui Zheng* / 157

Abstract: Official information from Ministry of Housing and Construction shows that currently half of the sludge generated from wastewater treatment plants gets no proper treatment and disposal. However it is believed by insiders that the actual situation is much worse than the official statistics. In recent years, disputes and lawsuits over sludge pouring occur regularly. The treatment and disposal of sludge is a giant and complicated systematic project. It also affected by the system designing capability, management and operation and investment. Therefore, whether the sludge issue in China can be solved thoroughly is a test to the degree of elaboration of environmental management in China.

Keywords: Sludge; Sewage Treatment; Environment Management

G. 14　On the Achievement of the 12th Five-year Plan

　　　　of Urban Solid Waste　　　　　　　　　　*Mao Da* / 164

Abstract: In early 2015, China Zero Waste Alliance (CZWA) established a working group to review the implementation of the 12th Five-year Plan for *Sound Municipal Solid Waste (MSW) Treatment in Cities and Towns around the Whole Country*. The result shows that the limited information disclosed by government confirms that many targets set by the Plan have not been fulfilled, only except the rate of sound MSW treatment. It also reflects that there is lack of seriousness for the implementation of the Plan, which could hardly restrain the work of relevant government departments. The working group recommends the State Council and relevant ministries that in order to pave a clear blueprint for the next five years or even longer period of the future with regard to MSW management in China, the drafting of the 13th Five-year Plan on MSW needs to be based on a thorough investigation of the achievement of the 12th Five-year Plan and involve more public participation.

Keywords: Municipal Solid Waste Management; 12th Five-year Plan; Zero Waste Alliance

G. 15　Drinking Water Safety and Bottled Water Prosperity Brings

　　　　Double Woes to China: 2015 Annual Observation

　　　　　　　　　　　　　　　　　　　　Liu Hongqiao / 176

Abstract: Drinking water safety in China faces two challenges. On one hand, the government has invested billions to secure drinking water safety, yet from cities to counties, primary obstacles remain to be tackled before realizing equal public service on water supply. On the other hand, concerns and distrust on water quality have driven those who have enjoyed tap water service away. On the contrast, more and more consumers choose to drink bottled water as alternative to tap water and as a result, domestic market of bottled water which is worth of hundreds of billions per year is on the rise. The water and energy intensive nature of bottled water industry as well as the disposable consumption model have challenged multiple national policies on water, energy and solid waste management. And it may further challenge the comprehensive target set by the central government of securing drinking water safety.

Keywords: Drinking Water Safety; Tap Water; Bottled Water

G. 16　An Assessment of Nature Education in China

Liu Zhengyuan, Wang Qingchun / 187

Abstract: Commissioned by the "National Conference on Natural Education", the authors have conducted a series of nationwide surveys on the organizations dedicated to natural education from August to October, 2015. The result of surveys reveals that since 2012 there has been a rapid growth for the nature education organizations in Mainland China, while the cities of Beijing, Shanghai, and Chengdu, and provinces of Guangdong and Yunnan have become the centers for their development. Currently, natural education programs in China focus more on parent-child activities, children's education and natural experience. Also, natural education organizations that registered as enterprises are still in the developing stage, with big challenges in personnel training, fund raising, policy influence, market cultivation and curriculum development.

Keywords: Nature Education; Diversification

VII Nature and Ecological Environment

G. 17 Review of the Revision Process of China's "Wildlife Protection Law" from an Ecological Civilization Perspective: Retrospect and Prospects *Mang Ping* / 204

Abstract: A systematic review of background, revisions and controversies surrounding "China's Wildlife Protection Law", this article intends to provide several recommendations. The update and revision of the Wildlife Protection Law should follow those objectives laid out by China's Ecological Civilization movement. The main goal of the Law should be protecting wildlife species and their habitats, maintenance of biological and ecological system diversity and vitality, and prioritizing good governance.

Keywords: Wildlife Protection; Biodiversity

G. 18 An Interpretation of the First Report of the "China Nature Watch"
Wen Cheng, Wang Hao, Gu Lei, Shi Xiangying, Hu Ruocheng, Luo Mei and Zhong Jia / 216

Abstract: The lack or non-disclosure of information background of ecosystem and biodiversity has been the fundamental problem of ecological conservation, which leads to a lack of basis for scientific decision-making, effective evaluation and public oversight. "China Nature Watch 2014", thus, was a brainchild at the spring tide of informationization and big data. It is a research report on the conservation status of China's ecosystem and biodiversity, jointly published by the Shan Shui Conservation Center, the China Bird

Watching Societies Network, and Center for Nature and Society at the Peking University. This report is based on the accumulated and publicly released data by the above organizations in the past years, which is used to interpret and describe changes of China's nature in recent decades, as an independent reference for the public and policy makers. This article draws on the main conclusions from the above-mentioned report, and provides interpretations. It compares the overall situations of the variations and the main content of spatial distribution, research status and distribution patterns of China's forest and most popular endangered species, and the evaluation of protection effects from spatial distribution by nature reserves as an important conservation measure, in accordance with the structure of the original report. Main conclusions from the report include: 1, the list of China's key protected species is inadequate to cover China's endangered species, and urgently needs to be updated; 2, citizen-based nature observations greatly contributed to information gaps in species distribution and population status. These non-governmental and non-academic nature watchers are sources of species and ecosystem information collection, and for monitoring of conservation effectiveness; 3, new nature reserves or local community based smaller scale protected areas are the way to go for areas lack of protection, particularly in eastern China, where population density is high; finally, the report concludes that disclosure of ecological information and establishment of long-term research and monitoring on ecosystem and species are both urgent and should be given priority.

Keywords: Biodiversity; Nature Reserve; Public Participation; Species Distribution Simulation; GAP Analysis

Ⅷ Chronicle

G. 19 A Chronicle of China's Major Environmental Protection Events in 2015 / 243

IX Appendixes

G. 20	Government Communiqué and Civil Society Advocacy	/ 247
G. 21	Public Proposals	/ 250
G. 22	Environmental Awards	/ 256
G. 23	Reports Released by NGOs	/ 261
G. 24	Number of Environment Non-profit Organizations in China	/ 276
G. 25	Afterwards	/ 292
G. 26	Introduction of Friends of Nature	/ 294
G. 27	Client Feedback of "Green Book of Environment"	/ 296

社会科学文献出版社　　皮书系列

✤ 皮书起源 ✤

"皮书"起源于十七、十八世纪的英国，主要指官方或社会组织正式发表的重要文件或报告，多以"白皮书"命名。在中国，"皮书"这一概念被社会广泛接受，并被成功运作、发展成为一种全新的出版形态，则源于中国社会科学院社会科学文献出版社。

✤ 皮书定义 ✤

皮书是对中国与世界发展状况和热点问题进行年度监测，以专业的角度、专家的视野和实证研究方法，针对某一领域或区域现状与发展态势展开分析和预测，具备原创性、实证性、专业性、连续性、前沿性、时效性等特点的公开出版物，由一系列权威研究报告组成。

✤ 皮书作者 ✤

皮书系列的作者以中国社会科学院、著名高校、地方社会科学院的研究人员为主，多为国内一流研究机构的权威专家学者，他们的看法和观点代表了学界对中国与世界的现实和未来最高水平的解读与分析。

✤ 皮书荣誉 ✤

皮书系列已成为社会科学文献出版社的著名图书品牌和中国社会科学院的知名学术品牌。2016年，皮书系列正式列入"十三五"国家重点出版规划项目；2012~2016年，重点皮书列入中国社会科学院承担的国家哲学社会科学创新工程项目；2017年，55种院外皮书使用"中国社会科学院创新工程学术出版项目"标识。

中国皮书网

发布皮书研创资讯，传播皮书精彩内容
引领皮书出版潮流，打造皮书服务平台

栏目设置

关于皮书：何谓皮书、皮书分类、皮书大事记、皮书荣誉、
皮书出版第一人、皮书编辑部

最新资讯：通知公告、新闻动态、媒体聚焦、网站专题、视频直播、下载专区

皮书研创：皮书规范、皮书选题、皮书出版、皮书研究、研创团队

皮书评奖评价：指标体系、皮书评价、皮书评奖

互动专区：皮书说、皮书智库、皮书微博、数据库微博

所获荣誉

2008年、2011年，中国皮书网均在全国新闻出版业网站荣誉评选中获得"最具商业价值网站"称号；

2012年，获得"出版业网站百强"称号。

网库合一

2014年，中国皮书网与皮书数据库端口合一，实现资源共享。更多详情请登录www.pishu.cn。

权威报告·热点资讯·特色资源

皮书数据库
ANNUAL REPORT(YEARBOOK) DATABASE

当代中国与世界发展高端智库平台

所获荣誉

- 2016年，入选"国家'十三五'电子出版物出版规划骨干工程"
- 2015年，荣获"搜索中国正能量 点赞2015""创新中国科技创新奖"
- 2013年，荣获"中国出版政府奖·网络出版物奖"提名奖
- 连续多年荣获中国数字出版博览会"数字出版·优秀品牌"奖

成为会员

通过网址www.pishu.com.cn或使用手机扫描二维码进入皮书数据库网站，进行手机号码验证或邮箱验证即可成为皮书数据库会员（建议通过手机号码快速验证注册）。

会员福利

- 使用手机号码首次注册会员可直接获得100元体验金，不需充值即可购买和查看数据库内容（仅限使用手机号码快速注册）。
- 已注册用户购书后可免费获赠100元皮书数据库充值卡。刮开充值卡涂层获取充值密码，登录并进入"会员中心"—"在线充值"—"充值卡充值"，充值成功后即可购买和查看数据库内容。

数据库服务热线：400-008-6695
数据库服务QQ：2475522410
数据库服务邮箱：database@ssap.cn
图书销售热线：010-59367070/7028
图书服务QQ：1265056568
图书服务邮箱：duzhe@ssap.cn

社会科学文献出版社 皮书系列
卡号：711631849669
密码：

S 子库介绍
ub-Database Introduction

中国经济发展数据库

涵盖宏观经济、农业经济、工业经济、产业经济、财政金融、交通旅游、商业贸易、劳动经济、企业经济、房地产经济、城市经济、区域经济等领域，为用户实时了解经济运行态势、把握经济发展规律、洞察经济形势、做出经济决策提供参考和依据。

中国社会发展数据库

全面整合国内外有关中国社会发展的统计数据、深度分析报告、专家解读和热点资讯构建而成的专业学术数据库。涉及宗教、社会、人口、政治、外交、法律、文化、教育、体育、文学艺术、医药卫生、资源环境等多个领域。

中国行业发展数据库

以中国国民经济行业分类为依据，跟踪分析国民经济各行业市场运行状况和政策导向，提供行业发展最前沿的资讯，为用户投资、从业及各种经济决策提供理论基础和实践指导。内容涵盖农业，能源与矿产业，交通运输业，制造业，金融业，房地产业，租赁和商务服务业，科学研究，环境和公共设施管理，居民服务业，教育，卫生和社会保障，文化、体育和娱乐业等 100 余个行业。

中国区域发展数据库

对特定区域内的经济、社会、文化、法治、资源环境等领域的现状与发展情况进行分析和预测。涵盖中部、西部、东北、西北等地区，长三角、珠三角、黄三角、京津冀、环渤海、合肥经济圈、长株潭城市群、关中—天水经济区、海峡经济区等区域经济体和城市圈，北京、上海、浙江、河南、陕西等 34 个省份及中国台湾地区。

中国文化传媒数据库

包括文化事业、文化产业、宗教、群众文化、图书馆事业、博物馆事业、档案事业、语言文字、文学、历史地理、新闻传播、广播电视、出版事业、艺术、电影、娱乐等多个子库。

世界经济与国际关系数据库

以皮书系列中涉及世界经济与国际关系的研究成果为基础，全面整合国内外有关世界经济与国际关系的统计数据、深度分析报告、专家解读和热点资讯构建而成的专业学术数据库。包括世界经济、国际政治、世界文化与科技、全球性问题、国际组织与国际法、区域研究等多个子库。

法律声明

"皮书系列"（含蓝皮书、绿皮书、黄皮书）之品牌由社会科学文献出版社最早使用并持续至今，现已被中国图书市场所熟知。"皮书系列"的LOGO（ ）与"经济蓝皮书""社会蓝皮书"均已在中华人民共和国国家工商行政管理总局商标局登记注册。"皮书系列"图书的注册商标专用权及封面设计、版式设计的著作权均为社会科学文献出版社所有。未经社会科学文献出版社书面授权许可，任何使用与"皮书系列"图书注册商标、封面设计、版式设计相同或者近似的文字、图形或其组合的行为均系侵权行为。

经作者授权，本书的专有出版权及信息网络传播权为社会科学文献出版社享有。未经社会科学文献出版社书面授权许可，任何就本书内容的复制、发行或以数字形式进行网络传播的行为均系侵权行为。

社会科学文献出版社将通过法律途径追究上述侵权行为的法律责任，维护自身合法权益。

欢迎社会各界人士对侵犯社会科学文献出版社上述权利的侵权行为进行举报。电话：010-59367121，电子邮箱：fawubu@ssap.cn。

社会科学文献出版社

1997~2017
皮书品牌20年
YEAR BOOKS

皮书系列

2017年

智库成果出版与传播平台

社会科学文献出版社
SOCIAL SCIENCES ACADEMIC PRESS (CHINA)

社长致辞

伴随着今冬的第一场雪，2017年很快就要到了。世界每天都在发生着让人眼花缭乱的变化，而唯一不变的，是面向未来无数的可能性。作为个体，如何获取专业信息以备不时之需？作为行政主体或企事业主体，如何提高决策的科学性让这个世界变得更好而不是更糟？原创、实证、专业、前沿、及时、持续，这是1997年"皮书系列"品牌创立的初衷。

1997~2017，从最初一个出版社的学术产品名称到媒体和公众使用频率极高的热点词语，从专业术语到大众话语，从官方文件到独特的出版型态，作为重要的智库成果，"皮书"始终致力于成为海量信息时代的信息过滤器，成为经济社会发展的记录仪，成为政策制定、评估、调整的智力源，社会科学研究的资料集成库。"皮书"的概念不断延展，"皮书"的种类更加丰富，"皮书"的功能日渐完善。

1997~2017，皮书及皮书数据库已成为中国新型智库建设不可或缺的抓手与平台，成为政府、企业和各类社会组织决策的利器，成为人文社科研究最基本的资料库，成为世界系统完整及时认知当代中国的窗口和通道！"皮书"所具有的凝聚力正在形成一种无形的力量，吸引着社会各界关注中国的发展，参与中国的发展。

二十年的"皮书"正值青春，愿每一位皮书人付出的年华与智慧不辜负这个时代！

社会科学文献出版社社长
中国社会学会秘书长

2016年11月

社会科学文献出版社简介

社会科学文献出版社成立于1985年,是直属于中国社会科学院的人文社会科学专业学术出版机构。

成立以来,社科文献依托于中国社会科学院丰厚的学术出版和专家学者资源,坚持"创社科经典,出传世文献"的出版理念和"权威、前沿、原创"的产品定位,逐步走上了智库产品与专业学术成果系列化、规模化、数字化、国际化、市场化发展的经营道路,取得了令人瞩目的成绩。

学术出版 社科文献先后策划出版了"皮书"系列、"列国志"、"社科文献精品译库"、"全球化译丛"、"全面深化改革研究书系"、"近世中国"、"甲骨文"、"中国史话"等一大批既有学术影响又有市场价值的图书品牌和学术品牌,形成了较强的学术出版能力和资源整合能力。2016年社科文献发稿5.5亿字,出版图书2000余种,承印发行中国社会科学院院属期刊72种。

数字出版 凭借着雄厚的出版资源整合能力,社科文献长期以来一直致力于从内容资源和数字平台两个方面实现传统出版的再造,并先后推出了皮书数据库、列国志数据库、中国田野调查数据库等一系列数字产品。2016年数字化加工图书近4000种,文字处理量达10亿字。数字出版已经初步形成了产品设计、内容开发、编辑标引、产品运营、技术支持、营销推广等全流程体系。

国际出版 社科文献通过学术交流和国际书展等方式积极参与国际学术和国际出版的交流合作,努力将中国优秀的人文社会科学研究成果推向世界,从构建国际话语体系的角度推动学术出版国际化。目前已与英、荷、法、德、美、日、韩等国及港澳台地区近40家出版和学术文化机构建立了长期稳定的合作关系。

融合发展 紧紧围绕融合发展战略,社科文献全面布局融合发展和数字化转型升级,成效显著。以核心资源和重点项目为主的社科文献数据库产品群和数字出版体系日臻成熟,"一带一路"系列研究成果与专题数据库、阿拉伯问题研究国别基础库及中阿文化交流数据库平台等项目开启了社科文献向专业知识服务商转型的新篇章,成为行业领先。

此外,社科文献充分利用网络媒体平台,积极与各类媒体合作,并联合大型书店、学术书店、机场书店、网络书店、图书馆,构建起强大的学术图书内容传播平台,学术图书的媒体曝光率居全国之首,图书馆藏率居于全国出版机构前十位。

有温度,有情怀,有视野,更有梦想。未来社科文献将继续坚持专业化学术出版之路不动摇,着力搭建最具影响力的智库产品整合及传播平台、学术资源共享平台,为实现"社科文献梦"奠定坚实基础。

经 济 类

经济类皮书涵盖宏观经济、城市经济、大区域经济，提供权威、前沿的分析与预测

经济蓝皮书
2017年中国经济形势分析与预测
李扬 / 主编　2016年12月出版　定价：89.00元

◆ 本书为总理基金项目，由著名经济学家李扬领衔，联合中国社会科学院等数十家科研机构、国家部委和高等院校的专家共同撰写，系统分析了2016年的中国经济形势并预测2017年我国经济运行情况。

中国省域竞争力蓝皮书
中国省域经济综合竞争力发展报告（2015～2016）
李建平　李闽榕　高燕京 / 主编　2017年2月出版　估价：198.00元

◆ 本书融多学科的理论为一体，深入追踪研究了省域经济发展与中国国家竞争力的内在关系，为提升中国省域经济综合竞争力提供有价值的决策依据。

城市蓝皮书
中国城市发展报告 No.10
潘家华　单菁菁 / 主编　2017年9月出版　估价：89.00元

◆ 本书是由中国社会科学院城市发展与环境研究中心编著的，多角度、全方位地立体展示了中国城市的发展状况，并对中国城市的未来发展提出了许多建议。该书有强烈的时代感，对中国城市发展实践有重要的参考价值。

经济类

人口与劳动绿皮书
中国人口与劳动问题报告 No.18

蔡昉　张车伟/主编　2017年10月出版　估价：89.00元

◆ 本书为中国社科院人口与劳动经济研究所主编的年度报告，对当前中国人口与劳动形势做了比较全面和系统的深入讨论，为研究我国人口与劳动问题提供了一个专业性的视角。

世界经济黄皮书
2017年世界经济形势分析与预测

张宇燕/主编　2016年12月出版　定价：89.00元

◆ 本书由中国社会科学院世界经济与政治研究所的研究团队撰写，2016年世界经济增速进一步放缓，就业增长放慢。世界经济面临着许多重大挑战同时，地缘政治风险、难民危机、大国政治周期、恐怖主义等问题也仍然在影响世界经济的稳定与发展。预计2017年按PPP计算的世界GDP增长率约为3.0%。

国际城市蓝皮书
国际城市发展报告（2017）

屠启宇/主编　2017年2月出版　估价：89.00元

◆ 本书作者以上海社会科学院从事国际城市研究的学者团队为核心，汇集同济大学、华东师范大学、复旦大学、上海交通大学、南京大学、浙江大学相关城市研究专业学者。立足动态跟踪介绍国际城市发展时间中，最新出现的重大战略、重大理念、重大项目、重大报告和最佳案例。

金融蓝皮书
中国金融发展报告（2017）

李扬　王国刚/主编　2017年1月出版　估价：89.00元

◆ 本书由中国社会科学院金融研究所组织编写，概括和分析了2016年中国金融发展和运行中的各方面情况，研讨和评论了2016年发生的主要金融事件，有利于读者了解掌握2016年中国的金融状况，把握2017年中国金融的走势。

农村绿皮书
中国农村经济形势分析与预测（2016~2017）
魏后凯　杜志雄　黄秉信/著　2017年4月出版　估价:89.00元

◆ 本书描述了2016年中国农业农村经济发展的一些主要指标和变化，并对2017年中国农业农村经济形势的一些展望和预测，提出相应的政策建议。

西部蓝皮书
中国西部发展报告（2017）
姚慧琴　徐璋勇/主编　2017年9月出版　估价:89.00元

◆ 本书由西北大学中国西部经济发展研究中心主编，汇集了源自西部本土以及国内研究西部问题的权威专家的第一手资料，对国家实施西部大开发战略进行年度动态跟踪，并对2017年西部经济、社会发展态势进行预测和展望。

经济蓝皮书·夏季号
中国经济增长报告（2016~2017）
李扬/主编　2017年9月出版　估价:98.00元

◆ 中国经济增长报告主要探讨2016~2017年中国经济增长问题，以专业视角解读中国经济增长，力求将其打造成一个研究中国经济增长、服务宏微观各级决策的周期性、权威性读物。

就业蓝皮书
2017年中国本科生就业报告
麦可思研究院/编著　2017年6月出版　估价:98.00元

◆ 本书基于大量的数据和调研，内容翔实，调查独到，分析到位，用数据说话，对我国大学生教育与发展起到了很好的建言献策作用。

社会政法类

社会政法类

社会政法类皮书聚焦社会发展领域的热点、难点问题，提供权威、原创的资讯与视点

社会蓝皮书
2017年中国社会形势分析与预测

李培林　陈光金　张翼/主编　2016年12月出版　定价：89.00元

◆ 本书由中国社会科学院社会学研究所组织研究机构专家、高校学者和政府研究人员撰写，聚焦当下社会热点，对2016年中国社会发展的各个方面内容进行了权威解读，同时对2017年社会形势发展趋势进行了预测。

法治蓝皮书
中国法治发展报告 No.15（2017）

李林　田禾/主编　2017年3月出版　估价：118.00元

◆ 本年度法治蓝皮书回顾总结了2016年度中国法治发展取得的成就和存在的不足，并对2017年中国法治发展形势进行了预测和展望。

社会体制蓝皮书
中国社会体制改革报告 No.5（2017）

龚维斌/主编　2017年4月出版　估价：89.00元

◆ 本书由国家行政学院社会治理研究中心和北京师范大学中国社会管理研究院共同组织编写，主要对2016年社会体制改革情况进行回顾和总结，对2017年的改革走向进行分析，提出相关政策建议。

社会心态蓝皮书
中国社会心态研究报告（2017）

王俊秀　杨宜音/主编　2017年12月出版　估价：89.00元

◆ 本书是中国社会科学院社会学研究所社会心理研究中心"社会心态蓝皮书课题组"的年度研究成果，运用社会心理学、社会学、经济学、传播学等多种学科的方法进行了调查和研究，对于目前我国社会心态状况有较广泛和深入的揭示。

生态城市绿皮书
中国生态城市建设发展报告（2017）

刘举科　孙伟平　胡文臻/主编　2017年7月出版　估价：118.00元

◆ 报告以绿色发展、循环经济、低碳生活、民生宜居为理念，以更新民众观念、提供决策咨询、指导工程实践、引领绿色发展为宗旨，试图探索一条具有中国特色的城市生态文明建设新路。

城市生活质量蓝皮书
中国城市生活质量报告（2017）

中国经济实验研究院/主编　2017年7月出版　估价：89.00元

◆ 本书对全国35个城市居民的生活质量主观满意度进行了电话调查，同时对35个城市居民的客观生活质量指数进行了计算，为我国城市居民生活质量的提升，提出了针对性的政策建议。

公共服务蓝皮书
中国城市基本公共服务力评价（2017）

钟君　吴正杲/主编　2017年12月出版　估价：89.00元

◆ 中国社会科学院经济与社会建设研究室与华图政信调查组成联合课题组，从2010年开始对基本公共服务力进行研究，研创了基本公共服务力评价指标体系，为政府考核公共服务与社会管理工作提供了理论工具。

行业报告类

行业报告类

行业报告类皮书立足重点行业、新兴行业领域，提供及时、前瞻的数据与信息

企业社会责任蓝皮书
中国企业社会责任研究报告（2017）
黄群慧　钟宏武　张蒽　翟利峰 / 著　2017年10月出版　估价：89.00元

◆ 本书剖析了中国企业社会责任在2016～2017年度的最新发展特征，详细解读了省域国有企业在社会责任方面的阶段性特征，生动呈现了国内外优秀企业的社会责任实践。对了解中国企业社会责任履行现状、未来发展，以及推动社会责任建设有重要的参考价值。

新能源汽车蓝皮书
中国新能源汽车产业发展报告（2017）
中国汽车技术研究中心　日产（中国）投资有限公司
东风汽车有限公司 / 编著　2017年7月出版　估价：98.00元

◆ 本书对我国2016年新能源汽车产业发展进行了全面系统的分析，并介绍了国外的发展经验。有助于相关机构、行业和社会公众等了解中国新能源汽车产业发展的最新动态，为政府部门出台新能源汽车产业相关政策法规、企业制定相关战略规划，提供必要的借鉴和参考。

杜仲产业绿皮书
中国杜仲橡胶资源与产业发展报告（2016～2017）
杜红岩　胡文臻　俞锐 / 主编　2017年1月出版　估价：85.00元

◆ 本书对2016年来的杜仲产业的发展情况、研究团队在杜仲研究方面取得的重要成果、部分地区杜仲产业发展的具体情况、杜仲新标准的制定情况等进行了较为详细的分析与介绍，使广大关心杜仲产业发展的读者能够及时跟踪产业最新进展。

企业蓝皮书

中国企业绿色发展报告 No.2（2017）

李红玉　朱光辉 / 主编　　2017 年 8 月出版　　估价：89.00 元

◆ 本书深入分析中国企业能源消费、资源利用、绿色金融、绿色产品、绿色管理、信息化、绿色发展政策及绿色文化方面的现状，并对目前存在的问题进行研究，剖析因果，谋划对策。为企业绿色发展提供借鉴，为我国生态文明建设提供支撑。

中国上市公司蓝皮书

中国上市公司发展报告（2017）

张平　王宏淼 / 主编　　2017 年 10 月出版　　估价：98.00 元

◆ 本书由中国社会科学院上市公司研究中心组织编写的，着力于全面、真实、客观反映当前中国上市公司财务状况和价值评估的综合性年度报告。本书详尽分析了 2016 年中国上市公司情况，特别是现实中暴露出的制度性、基础性问题，并对资本市场改革进行了探讨。

资产管理蓝皮书

中国资产管理行业发展报告（2017）

智信资产管理研究院 / 编著　　2017 年 6 月出版　　估价：89.00 元

◆ 中国资产管理行业刚刚兴起，未来将中国金融市场最有看点的行业。本书主要分析了 2016 年度资产管理行业的发展情况，同时对资产管理行业的未来发展做出科学的预测。

体育蓝皮书

中国体育产业发展报告（2017）

阮伟　钟秉枢 / 主编　　2017 年 12 月出版　　估价：89.00 元

◆ 本书运用多种研究方法，在对于体育竞赛业、体育用品业、体育场馆业、体育传媒业等传统产业研究的基础上，紧紧围绕 2016 年体育领域内的各种热点事件进行研究和梳理，进一步拓宽了研究的广度、提升了研究的高度、挖掘了研究的深度。

国别与地区类

国别与地区类

国别与地区类皮书关注全球重点国家与地区，提供全面、独特的解读与研究

美国蓝皮书
美国研究报告（2017）

郑秉文 黄平 / 主编　2017年6月出版　估价：89.00元

◆ 本书是由中国社会科学院美国所主持完成的研究成果，它回顾了美国2016年的经济、政治形势与外交战略，对2017年以来美国内政外交发生的重大事件及重要政策进行了较为全面的回顾和梳理。

日本蓝皮书
日本研究报告（2017）

杨伯江 / 主编　2017年5月出版　估价：89.00元

◆ 本书对2016年拉丁美洲和加勒比地区诸国的政治、经济、社会、外交等方面的发展情况做了系统介绍，对该地区相关国家的热点及焦点问题进行了总结和分析，并在此基础上对该地区各国2017年的发展前景做出预测。

亚太蓝皮书
亚太地区发展报告（2017）

李向阳 / 主编　2017年3月出版　估价：89.00元

◆ 本书是中国社会科学院亚太与全球战略研究院的集体研究成果。2016年的"亚太蓝皮书"继续关注中国周边环境的变化。该书盘点了2016年亚太地区的焦点和热点问题，为深入了解2016年及未来中国与周边环境的复杂形势提供了重要参考。

德国蓝皮书
德国发展报告（2017）

郑春荣 / 主编　2017年6月出版　估价：89.00元

◆ 本报告由同济大学德国研究所组织编撰，由该领域的专家学者对德国的政治、经济、社会文化、外交等方面的形势发展情况，进行全面的阐述与分析。

日本经济蓝皮书
日本经济与中日经贸关系研究报告（2017）

王洛林　张季风 / 编著　2017年5月出版　估价：89.00元

◆ 本书系统、详细地介绍了2016年日本经济以及中日经贸关系发展情况，在进行了大量数据分析的基础上，对2017年日本经济以及中日经贸关系的大致发展趋势进行了分析与预测。

俄罗斯黄皮书
俄罗斯发展报告（2017）

李永全 / 编著　2017年7月出版　估价：89.00元

◆ 本书系统介绍了2016年俄罗斯经济政治情况，并对2016年该地区发生的焦点、热点问题进行了分析与回顾；在此基础上，对该地区2017年的发展前景进行了预测。

非洲黄皮书
非洲发展报告No.19（2016~2017）

张宏明 / 主编　2017年8月出版　估价：89.00元

◆ 本书是由中国社会科学院西亚非洲研究所组织编撰的非洲形势年度报告，比较全面、系统地分析了2016年非洲政治形势和热点问题，探讨了非洲经济形势和市场走向，剖析了大国对非洲关系的新动向；此外，还介绍了国内非洲研究的新成果。

地方发展类

地方发展类皮书关注中国各省份、经济区域，提供科学、多元的预判与资政信息

北京蓝皮书

北京公共服务发展报告（2016~2017）

施昌奎 / 主编　2017年2月出版　估价：89.00元

◆ 本书是由北京市政府职能部门的领导、首都著名高校的教授、知名研究机构的专家共同完成的关于北京市公共服务发展与创新的研究成果。

河南蓝皮书

河南经济发展报告（2017）

张占仓 / 编著　2017年3月出版　估价：89.00元

◆ 本书以国内外经济发展环境和走向为背景，主要分析当前河南经济形势，预测未来发展趋势，全面反映河南经济发展的最新动态、热点和问题，为地方经济发展和领导决策提供参考。

广州蓝皮书

2017年中国广州经济形势分析与预测

庾建设　陈浩钿　谢博能 / 主编　2017年7月出版　估价：85.00元

◆ 本书由广州大学与广州市委政策研究室、广州市统计局联合主编，汇集了广州科研团体、高等院校和政府部门诸多经济问题研究专家、学者和实际部门工作者的最新研究成果，是关于广州经济运行情况和相关专题分析、预测的重要参考资料。

文化传媒类

文化传媒类皮书透视文化领域、文化产业，探索文化大繁荣、大发展的路径

新媒体蓝皮书
中国新媒体发展报告 No.8（2017）

唐绪军 / 主编　2017 年 6 月出版　估价：89.00 元

◆ 本书是由中国社会科学院新闻与传播研究所组织编写的关于新媒体发展的最新年度报告，旨在全面分析中国新媒体的发展现状，解读新媒体的发展趋势，探析新媒体的深刻影响。

移动互联网蓝皮书
中国移动互联网发展报告（2017）

官建文 / 编著　2017 年 6 月出版　估价：89.00 元

◆ 本书着眼于对中国移动互联网 2016 年度的发展情况做深入解析，对未来发展趋势进行预测，力求从不同视角、不同层面全面剖析中国移动互联网发展的现状、年度突破及热点趋势等。

传媒蓝皮书
中国传媒产业发展报告（2017）

崔保国 / 主编　2017 年 5 月出版　估价：98.00 元

◆ "传媒蓝皮书"连续十多年跟踪观察和系统研究中国传媒产业发展。本报告在对传媒产业总体以及各细分行业发展状况与趋势进行深入分析基础上，对年度发展热点进行跟踪，剖析新技术引领下的商业模式，对传媒各领域发展趋势、内体经营、传媒投资进行解析，为中国传媒产业正在发生的变革提供前瞻性参考。

经济类

"三农"互联网金融蓝皮书
中国"三农"互联网金融发展报告（2017）
著(编)者：李勇坚 王弢　2017年8月出版 / 估价：98.00元
PSN B-2016-561-1/1

G20国家创新竞争力黄皮书
二十国集团（G20）国家创新竞争力发展报告（2016~2017）
著(编)者：李建平 李闽榕 赵新力 周天勇
2017年8月出版 / 估价：158.00元
PSN Y-2011-229-1/1

产业蓝皮书
中国产业竞争力报告（2017）No.7
著(编)者：张其仔　2017年12月出版 / 估价：98.00元
PSN B-2010-175-1/1

城市创新蓝皮书
中国城市创新报告（2017）
著(编)者：周天勇 旷建伟　2017年11月出版 / 估价：89.00元
PSN B-2013-340-1/1

城市蓝皮书
中国城市发展报告 No.10
著(编)者：潘家华 单菁菁　2017年9月出版 / 估价：89.00元
PSN B-2007-091-1/1

城乡一体化蓝皮书
中国城乡一体化发展报告（2016~2017）
著(编)者：汝信 付崇兰　2017年7月出版 / 估价：85.00元
PSN B-2011-226-1/2

城镇化蓝皮书
中国新型城镇化健康发展报告（2017）
著(编)者：张占斌　2017年8月出版 / 估价：89.00元
PSN B-2014-396-1/1

创新蓝皮书
创新型国家建设报告（2016~2017）
著(编)者：詹正茂　2017年12月出版 / 估价：89.00元
PSN B-2009-140-1/1

创业蓝皮书
中国创业发展报告（2016~2017）
著(编)者：黄群慧 赵卫星 钟宏武等
2017年11月出版 / 估价：89.00元
PSN B-2016-578-1/1

低碳发展蓝皮书
中国低碳发展报告（2016~2017）
著(编)者：齐晔 张希良　2017年3月出版 / 估价：98.00元
PSN B-2011-223-1/1

低碳经济蓝皮书
中国低碳经济发展报告（2017）
著(编)者：薛进军 赵忠秀　2017年6月出版 / 估价：85.00元
PSN B-2011-194-1/1

东北蓝皮书
中国东北地区发展报告（2017）
著(编)者：朱宇 张新颖　2017年12月出版 / 估价：89.00元
PSN B-2006-067-1/1

发展与改革蓝皮书
中国经济发展和体制改革报告No.8
著(编)者：邹东涛 王再文　2017年1月出版 / 估价：98.00元
PSN B-2008-122-1/1

工业化蓝皮书
中国工业化进程报告（2017）
著(编)者：黄群慧　2017年12月出版 / 估价：158.00元
PSN B-2007-095-1/1

管理蓝皮书
中国管理发展报告（2017）
著(编)者：张晓东　2017年10月出版 / 估价：98.00元
PSN B-2014-416-1/1

国际城市蓝皮书
国际城市发展报告（2017）
著(编)者：屠启宇　2017年2月出版 / 估价：89.00元
PSN B-2012-260-1/1

国家创新蓝皮书
中国创新发展报告（2017）
著(编)者：陈劲　2017年12月出版 / 估价：89.00元
PSN B-2014-370-1/1

金融蓝皮书
中国金融发展报告（2017）
著(编)者：李杨 王国刚　2017年12月出版 / 估价：89.00元
PSN B-2004-031-1/6

京津冀金融蓝皮书
京津冀金融发展报告（2017）
著(编)者：王爱俭 李向前
2017年3月出版 / 估价：89.00元
PSN B-2016-528-1/1

京津冀蓝皮书
京津冀发展报告（2017）
著(编)者：文魁 祝尔娟　2017年4月出版 / 估价：89.00元
PSN B-2012-262-1/1

经济蓝皮书
2017年中国经济形势分析与预测
著(编)者：李扬　2016年12月出版 / 定价：89.00元
PSN B-1996-001-1/1

经济蓝皮书·春季号
2017年中国经济前景分析
著(编)者：李扬　2017年6月出版 / 估价：89.00元
PSN B-1999-008-1/1

经济蓝皮书·夏季号
中国经济增长报告（2016~2017）
著(编)者：李扬　2017年9月出版 / 估价：98.00元
PSN B-2010-176-1/1

经济信息绿皮书
中国与世界经济发展报告（2017）
著(编)者：杜平　2017年12月出版 / 估价：89.00元
PSN G-2003-023-1/1

就业蓝皮书
2017年中国本科生就业报告
著(编)者：麦可思研究院　2017年6月出版 / 估价：98.00元
PSN B-2009-146-1/2

经济类

就业蓝皮书
2017年中国高职高专生就业报告
著(编)者：麦可思研究院　2017年6月出版 / 估价：98.00元
PSN B-2015-472-2/2

科普能力蓝皮书
中国科普能力评价报告（2017）
著(编)者：李富 强李群　2017年8月出版 / 估价：89.00元
PSN B-2016-556-1/1

临空经济蓝皮书
中国临空经济发展报告（2017）
著(编)者：连玉明　2017年9月出版 / 估价：89.00元
PSN B-2014-421-1/1

农村绿皮书
中国农村经济形势分析与预测（2016～2017）
著(编)者：魏后凯 杜志雄 黄秉信
2017年4月出版 / 估价：89.00元
PSN G-1998-003-1/1

农业应对气候变化蓝皮书
气候变化对中国农业影响评估报告 No.3
著(编)者：矫梅燕　2017年8月出版 / 估价：98.00元
PSN B-2014-413-1/1

气候变化绿皮书
应对气候变化报告（2017）
著(编)者：王伟光 郑国光　2017年6月出版 / 估价：89.00元
PSN G-2009-144-1/1

区域蓝皮书
中国区域经济发展报告（2016～2017）
著(编)者：赵弘　2017年6月出版 / 估价：89.00元
PSN B-2004-034-1/1

全球环境竞争力绿皮书
全球环境竞争力报告（2017）
著(编)者：李建平 李闽榕 王金南
2017年12月出版 / 估价：198.00元
PSN G-2013-363-1/1

人口与劳动绿皮书
中国人口与劳动问题报告 No.18
著(编)者：蔡昉 张车伟　2017年11月出版 / 估价：89.00元
PSN G-2000-012-1/1

商务中心区蓝皮书
中国商务中心区发展报告 No.3（2016）
著(编)者：李国红 单菁菁　2017年1月出版 / 估价：89.00元
PSN B-2015-444-1/1

世界经济黄皮书
2017年世界经济形势分析与预测
著(编)者：张宇燕　2016年12月出版 / 定价：89.00元
PSN Y-1999-006-1/1

世界旅游城市绿皮书
世界旅游城市发展报告（2017）
著(编)者：宋宇　2017年1月出版 / 估价：128.00元
PSN G-2014-400-1/1

土地市场蓝皮书
中国农村土地市场发展报告（2016～2017）
著(编)者：李光荣　2017年3月出版 / 估价：89.00元
PSN B-2016-527-1/1

西北蓝皮书
中国西北发展报告（2017）
著(编)者：高建龙　2017年3月出版 / 估价：89.00元
PSN B-2012-261-1/1

西部蓝皮书
中国西部发展报告（2017）
著(编)者：姚慧琴 徐璋勇　2017年9月出版 / 估价：89.00元
PSN B-2005-039-1/1

新型城镇化蓝皮书
新型城镇化发展报告（2017）
著(编)者：李伟 宋敏 沈体雁　2017年3月出版 / 估价：98.00元
PSN B-2014-431-1/1

新兴经济体蓝皮书
金砖国家发展报告（2017）
著(编)者：林跃勤 周文　2017年12月出版 / 估价：89.00元
PSN B-2011-195-1/1

长三角蓝皮书
2017年新常态下深化一体化的长三角
著(编)者：王庆五　2017年12月出版 / 估价：88.00元
PSN B-2005-038-1/1

中部竞争力蓝皮书
中国中部经济社会竞争力报告（2017）
著(编)者：教育部人文社会科学重点研究基地
　　　　　南昌大学中国中部经济社会发展研究中心
2017年12月出版 / 估价：89.00元
PSN B-2012-276-1/1

中部蓝皮书
中国中部地区发展报告（2017）
著(编)者：宋亚平　2017年12月出版 / 估价：88.00元
PSN B-2007-089-1/1

中国省域竞争力蓝皮书
中国省域经济综合竞争力发展报告（2017）
著(编)者：李建平 李闽榕 高燕京
2017年2月出版 / 估价：198.00元
PSN B-2007-088-1/1

中三角蓝皮书
长江中游城市群发展报告（2017）
著(编)者：秦尊文　2017年9月出版 / 估价：89.00元
PSN B-2014-417-1/1

中小城市绿皮书
中国中小城市发展报告（2017）
著(编)者：中国城市经济学会中小城市经济发展委员会
　　　　　中国城镇化促进会中小城市发展委员会
　　　　　《中国中小城市发展报告》编纂委员会
　　　　　中小城市发展战略研究院
2017年11月出版 / 估价：128.00元
PSN G-2010-161-1/1

中原蓝皮书
中原经济区发展报告（2017）
著(编)者：李英杰　2017年6月出版 / 估价：88.00元
PSN B-2011-192-1/1

自贸区蓝皮书
中国自贸区发展报告（2017）
著(编)者：王力　2017年7月出版 / 估价：89.00元
PSN B-2016-559-1/1

社会政法类

北京蓝皮书
中国社区发展报告（2017）
著(编)者：于燕燕　　2017年2月出版 / 估价：89.00元
PSN B-2007-083-5/8

殡葬绿皮书
中国殡葬事业发展报告（2017）
著(编)者：李伯森　　2017年4月出版 / 估价：158.00元
PSN G-2010-180-1/1

城市管理蓝皮书
中国城市管理报告（2016~2017）
著(编)者：刘林　刘承水　　2017年5月出版 / 估价：158.00元
PSN B-2013-336-1/1

城市生活质量蓝皮书
中国城市生活质量报告（2017）
著(编)者：中国经济实验研究院
2017年7月出版 / 估价：89.00元
PSN B-2013-326-1/1

城市政府能力蓝皮书
中国城市政府公共服务能力评估报告（2017）
著(编)者：何艳玲　　2017年4月出版 / 估价：89.00元
PSN B-2013-338-1/1

慈善蓝皮书
中国慈善发展报告（2017）
著(编)者：杨团　　2017年6月出版 / 估价：89.00元
PSN B-2009-142-1/1

党建蓝皮书
党的建设研究报告 No.2（2017）
著(编)者：崔建民　陈东平　　2017年2月出版 / 估价：89.00元
PSN B-2016-524-1/1

地方法治蓝皮书
中国地方法治发展报告 No.3（2017）
著(编)者：李林　田禾　　2017年3出版 / 估价：108.00元
PSN B-2015-442-1/1

法治蓝皮书
中国法治发展报告 No.15（2017）
著(编)者：李林　田禾　　2017年3月出版 / 估价：118.00元
PSN B-2004-027-1/1

法治政府蓝皮书
中国法治政府发展报告（2017）
著(编)者：中国政法大学法治政府研究院
2017年2月出版 / 估价：98.00元
PSN B-2015-502-1/2

法治政府蓝皮书
中国法治政府评估报告（2017）
著(编)者：中国政法大学法治政府研究院
2016年11月出版 / 估价：98.00元
PSN B-2016-577-2/2

反腐倡廉蓝皮书
中国反腐倡廉建设报告 No.7
著(编)者：张英伟　　2017年12月出版 / 估价：89.00元
PSN B-2012-259-1/1

非传统安全蓝皮书
中国非传统安全研究报告（2016~2017）
著(编)者：余潇枫　魏志江　　2017年6月出版 / 估价：89.00元
PSN B-2012-273-1/1

妇女发展蓝皮书
中国妇女发展报告 No.7
著(编)者：王金玲　　2017年9月出版 / 估价：148.00元
PSN B-2006-069-1/1

妇女教育蓝皮书
中国妇女教育发展报告 No.4
著(编)者：张李玺　　2017年10月出版 / 估价：78.00元
PSN B-2008-121-1/1

妇女绿皮书
中国性别平等与妇女发展报告（2017）
著(编)者：谭琳　　2017年12月出版 / 估价：99.00元
PSN G-2006-073-1/1

公共服务蓝皮书
中国城市基本公共服务力评价（2017）
著(编)者：钟君　吴正昊　　2017年12月出版 / 估价：89.00元
PSN B-2011-214-1/1

公民科学素质蓝皮书
中国公民科学素质报告（2016~2017）
著(编)者：李群　陈雄　马宗文
2017年1月出版 / 估价：89.00元
PSN B-2014-379-1/1

公共关系蓝皮书
中国公共关系发展报告（2017）
著(编)者：柳斌杰　　2017年11月出版 / 估价：89.00元
PSN B-2016-580-1/1

公益蓝皮书
中国公益慈善发展报告（2017）
著(编)者：朱健刚　　2017年4月出版 / 估价：118.00元
PSN B-2012-283-1/1

国际人才蓝皮书
海外华侨华人专业人士报告（2017）
著(编)者：王辉耀　苗绿　　2017年8月出版 / 估价：89.00元
PSN B-2014-409-4/4

国际人才蓝皮书
中国国际移民报告（2017）
著(编)者：王辉耀　　2017年2月出版 / 估价：89.00元
PSN B-2012-304-3/4

国际人才蓝皮书
中国留学发展报告（2017）No.5
著(编)者：王辉耀　苗绿　　2017年10月出版 / 估价：89.00元
PSN B-2012-244-2/4

海洋社会蓝皮书
中国海洋社会发展报告（2017）
著(编)者：崔凤　宋宁而　　2017年7月出版 / 估价：89.00元
PSN B-2015-478-1/1

社会政法类

行政改革蓝皮书
中国行政体制改革报告（2017）No.6
著(编)者：魏礼群　2017年5月出版 / 估价：98.00元
PSN B-2011-231-1/1

华侨华人蓝皮书
华侨华人研究报告（2017）
著(编)者：贾益民　2017年12月出版 / 估价：128.00元
PSN B-2011-204-1/1

环境竞争力绿皮书
中国省域环境竞争力发展报告（2017）
著(编)者：李建平　李闽榕　王金南
2017年11月出版 / 估价：198.00元
PSN G-2010-165-1/1

环境绿皮书
中国环境发展报告（2017）
著(编)者：刘鉴强　2017年11月出版 / 估价：89.00元
PSN G-2006-048-1/1

基金会蓝皮书
中国基金会发展报告（2016~2017）
著(编)者：中国基金会发展报告课题组
2017年4月出版 / 估价：85.00元
PSN B-2013-368-1/1

基金会绿皮书
中国基金会发展独立研究报告（2017）
著(编)者：基金会中心网　中央民族大学基金会研究中心
2017年6月出版 / 估价：88.00元
PSN G-2011-213-1/1

基金会透明度蓝皮书
中国基金会透明度发展研究报告（2017）
著(编)者：基金会中心网　清华大学廉政与治理研究中心
2017年12月出版 / 估价：89.00元
PSN B-2015-509-1/1

家庭蓝皮书
中国"创建幸福家庭活动"评估报告（2017）
国务院发展研究中心"创建幸福家庭活动评估"课题组著
2017年8月出版 / 估价：89.00元
PSN B-2012-261-1/1

健康城市蓝皮书
中国健康城市建设研究报告（2017）
著(编)者：王鸿春　解树江　盛继洪
2017年9月出版 / 估价：89.00元
PSN B-2016-565-2/2

教师蓝皮书
中国中小学教师发展报告（2017）
著(编)者：曾晓东　鱼霞　2017年6月出版 / 估价：89.00元
PSN B-2012-289-1/1

教育蓝皮书
中国教育发展报告（2017）
著(编)者：杨东平　2017年4月出版 / 估价：89.00元
PSN B-2006-047-1/1

科普蓝皮书
中国基层科普发展报告（2016~2017）
著(编)者：赵立　新陈玲　2017年9月出版 / 估价：89.00元
PSN B-2016-569-3/3

科普蓝皮书
中国科普基础设施发展报告（2017）
著(编)者：任福君　2017年6月出版 / 估价：89.00元
PSN B-2010-174-1/3

科普蓝皮书
中国科普人才发展报告（2017）
著(编)者：郑念　任嵘嵘　2017年4月出版 / 估价：98.00元
PSN B-2015-513-2/3

科学教育蓝皮书
中国科学教育发展报告（2017）
著(编)者：罗晖　王康友　2017年10月出版 / 估价：89.00元
PSN B-2015-487-1/1

劳动保障蓝皮书
中国劳动保障发展报告（2017）
著(编)者：刘燕斌　2017年9月出版 / 估价：188.00元
PSN B-2014-415-1/1

老龄蓝皮书
中国老年宜居环境发展报告（2017）
著(编)者：党俊武　周燕珉　2017年1月出版 / 估价：89.00元
PSN B-2013-320-1/1

连片特困区蓝皮书
中国连片特困区发展报告（2017）
著(编)者：游俊　冷志明　丁建军
2017年3月出版 / 估价：98.00元
PSN B-2013-321-1/1

民间组织蓝皮书
中国民间组织报告（2017）
著(编)者：黄晓勇　2017年12月出版 / 估价：89.00元
PSN B-2008-118-1/1

民调蓝皮书
中国民生调查报告（2017）
著(编)者：谢耘耕　2017年12月出版 / 估价：98.00元
PSN B-2014-398-1/1

民族发展蓝皮书
中国民族发展报告（2017）
著(编)者：郝时远　王延中　王希恩
2017年4月出版 / 估价：98.00元
PSN B-2006-070-1/1

女性生活蓝皮书
中国女性生活状况报告 No.11（2017）
著(编)者：韩湘景　2017年10月出版 / 估价：98.00元
PSN B-2006-071-1/1

汽车社会蓝皮书
中国汽车社会发展报告（2017）
著(编)者：王俊秀　2017年1月出版 / 估价：89.00元
PSN B-2011-224-1/1

社会政法类

青年蓝皮书
中国青年发展报告（2017）No.3
著(编)者：廉思 等　2017年4月出版 / 估价：89.00元
PSN B-2013-333-1/1

青少年蓝皮书
中国未成年人互联网运用报告（2017）
著(编)者：李文革 沈杰 季为民
2017年11月出版 / 估价：89.00元
PSN B-2010-156-1/1

青少年体育蓝皮书
中国青少年体育发展报告（2017）
著(编)者：郭建军 杨桦　2017年9月出版 / 估价：89.00元
PSN B-2015-482-1/1

群众体育蓝皮书
中国群众体育发展报告（2017）
著(编)者：刘国永 杨桦　2017年12月出版 / 估价：89.00元
PSN B-2016-519-2/3

人权蓝皮书
中国人权事业发展报告 No.7（2017）
著(编)者：李君如　2017年9月出版 / 估价：98.00元
PSN B-2011-215-1/1

社会保障绿皮书
中国社会保障发展报告（2017）No.9
著(编)者：王延中　2017年4月出版 / 估价：89.00元
PSN G-2001-014-1/1

社会风险评估蓝皮书
风险评估与危机预警评估报告（2017）
著(编)者：唐钧　2017年8月出版 / 估价：85.00元
PSN B-2016-521-1/1

社会工作蓝皮书
中国社会工作发展报告（2017）
著(编)者：民政部社会工作研究中心
2017年8月出版 / 估价：89.00元
PSN B-2009-141-1/1

社会管理蓝皮书
中国社会管理创新报告 No.5
著(编)者：连玉明　2017年11月出版 / 估价：89.00元
PSN B-2012-300-1/1

社会蓝皮书
2017年中国社会形势分析与预测
著(编)者：李培林 陈光金 张翼
2016年12月出版 / 定价：89.00元
PSN B-1998-002-1/1

社会体制蓝皮书
中国社会体制改革报告 No.5（2017）
著(编)者：龚维斌　2017年4月出版 / 估价：89.00元
PSN B-2013-330-1/1

社会心态蓝皮书
中国社会心态研究报告（2017）
著(编)者：王俊秀 杨宜音　2017年12月出版 / 估价：89.00元
PSN B-2011-199-1/1

社会组织蓝皮书
中国社会组织评估发展报告（2017）
著(编)者：徐家良 廖鸿　2017年12月出版 / 估价：89.00元
PSN B-2013-366-1/1

生态城市绿皮书
中国生态城市建设发展报告（2017）
著(编)者：刘举科 孙伟平 胡文臻
2017年9月出版 / 估价：118.00元
PSN G-2012-269-1/1

生态文明绿皮书
中国省域生态文明建设评价报告（ECI 2017）
著(编)者：严耕　2017年12月出版 / 估价：98.00元
PSN G-2010-170-1/1

体育蓝皮书
中国公共体育服务发展报告（2017）
著(编)者：戴健　2017年12月出版 / 估价：89.00元
PSN B-2013-367-2/4

土地整治蓝皮书
中国土地整治发展研究报告 No.4
著(编)者：国土资源部土地整治中心
2017年7月出版 / 估价：89.00元
PSN B-2014-401-1/1

土地政策蓝皮书
中国土地政策研究报告（2017）
著(编)者：高延利 李宪文
2017年12月出版 / 估价：89.00元
PSN B-2015-506-1/1

医改蓝皮书
中国医药卫生体制改革报告（2017）
著(编)者：文学国 房志武　2017年11月出版 / 估价：98.00元
PSN B-2014-432-1/1

医疗卫生绿皮书
中国医疗卫生发展报告 No.7（2017）
著(编)者：申宝忠 韩玉珍　2017年4月出版 / 估价：85.00元
PSN G-2004-033-1/1

应急管理蓝皮书
中国应急管理报告（2017）
著(编)者：宋英华　2017年9月出版 / 估价：98.00元
PSN B-2016-563-1/1

政治参与蓝皮书
中国政治参与报告（2017）
著(编)者：房宁　2017年9月出版 / 估价：118.00元
PSN B-2011-200-1/1

中国农村妇女发展蓝皮书
农村流动女性城市生活发展报告（2017）
著(编)者：谢丽华　2017年12月出版 / 估价：89.00元
PSN B-2014-434-1/1

宗教蓝皮书
中国宗教报告（2017）
著(编)者：邱永辉　2017年4月出版 / 估价：89.00元
PSN B-2008-117-1/1

行业报告类

SUV蓝皮书
中国SUV市场发展报告（2016~2017）
著(编)者：靳军　2017年9月出版 / 估价：89.00元
PSN B-2016-572-1/1

保健蓝皮书
中国保健服务产业发展报告 No.2
著(编)者：中国保健协会　中共中央党校
2017年7月出版 / 估价：198.00元
PSN B-2012-272-3/3

保健蓝皮书
中国保健食品产业发展报告 No.2
著(编)者：中国保健协会
中国社会科学院食品药品产业发展与监管研究中心
2017年7月出版 / 估价：198.00元
PSN B-2012-271-2/3

保健蓝皮书
中国保健用品产业发展报告 No.2
著(编)者：中国保健协会
国务院国有资产监督管理委员会研究中心
2017年3月出版 / 估价：198.00元
PSN B-2012-270-1/3

保险蓝皮书
中国保险业竞争力报告（2017）
著(编)者：项俊波　2017年12月出版 / 估价：99.00元
PSN B-2013-311-1/1

冰雪蓝皮书
中国滑雪产业发展报告（2017）
著(编)者：孙承华　伍斌　魏庆华　张鸿俊
2017年8月出版 / 估价：89.00元
PSN B-2016-560-1/1

彩票蓝皮书
中国彩票发展报告（2017）
著(编)者：益彩基金　2017年4月出版 / 估价：98.00元
PSN B-2015-462-1/1

餐饮产业蓝皮书
中国餐饮产业发展报告（2017）
著(编)者：邢颖　2017年6月出版 / 估价：98.00元
PSN B-2009-151-1/1

测绘地理信息蓝皮书
新常态下的测绘地理信息研究报告（2017）
著(编)者：库热西·买合苏提
2017年12月出版 / 估价：118.00元
PSN B-2009-145-1/1

茶业蓝皮书
中国茶产业发展报告（2017）
著(编)者：杨江帆　李闽榕　2017年10月出版 / 估价：88.00元
PSN B-2010-164-1/1

产权市场蓝皮书
中国产权市场发展报告（2016~2017）
著(编)者：曹和平　2017年5月出版 / 估价：89.00元
PSN B-2009-147-1/1

产业安全蓝皮书
中国出版传媒产业安全报告（2016~2017）
著(编)者：北京印刷学院文化产业安全研究院
2017年3月出版 / 估价：89.00元
PSN B-2014-384-13/14

产业安全蓝皮书
中国文化产业安全报告（2017）
著(编)者：北京印刷学院文化产业安全研究院
2017年12月出版 / 估价：89.00元
PSN B-2014-378-12/14

产业安全蓝皮书
中国新媒体产业安全报告（2017）
著(编)者：北京印刷学院文化产业安全研究院
2017年12月出版 / 估价：89.00元
PSN B-2015-500-14/14

城投蓝皮书
中国城投行业发展报告（2017）
著(编)者：王晨艳　丁伯康　2017年11月出版 / 估价：300.00元
PSN B-2016-514-1/1

电子政务蓝皮书
中国电子政务发展报告（2016~2017）
著(编)者：李季　杜平　2017年7月出版 / 估价：89.00元
PSN B-2003-022-1/1

杜仲产业绿皮书
中国杜仲橡胶资源与产业发展报告（2016～2017）
著(编)者：杜红岩　胡文臻　俞锐
2017年1月出版 / 估价：85.00元
PSN G-2013-350-1/1

房地产蓝皮书
中国房地产发展报告 No.14（2017）
著(编)者：李春华　王业强　2017年5月出版 / 估价：89.00元
PSN B-2004-028-1/1

服务外包蓝皮书
中国服务外包产业发展报告（2017）
著(编)者：王晓红　刘德军
2017年6月出版 / 估价：89.00元
PSN B-2013-331-2/2

服务外包蓝皮书
中国服务外包竞争力报告（2017）
著(编)者：王力　刘春生　黄育华
2017年11月出版 / 估价：85.00元
PSN B-2011-216-1/2

工业和信息化蓝皮书
世界网络安全发展报告（2016~2017）
著(编)者：洪京一　2017年4月出版 / 估价：89.00元
PSN B-2015-452-5/5

工业和信息化蓝皮书
世界信息化发展报告（2016~2017）
著(编)者：洪京一　2017年4月出版 / 估价：89.00元
PSN B-2015-451-4/5

行业报告类

工业和信息化蓝皮书
世界信息技术产业发展报告（2016~2017）
著(编)者：洪京一　2017年4月出版 / 估价：89.00元
PSN B-2015-449-2/5

工业和信息化蓝皮书
移动互联网产业发展报告（2016~2017）
著(编)者：洪京一　2017年4月出版 / 估价：89.00元
PSN B-2015-448-1/5

工业和信息化蓝皮书
战略性新兴产业发展报告（2016~2017）
著(编)者：洪京一　2017年4月出版 / 估价：89.00元
PSN B-2015-450-3/5

工业设计蓝皮书
中国工业设计发展报告（2017）
著(编)者：王晓红　于炜　张立群
2017年9月出版 / 估价：138.00元
PSN B-2014-420-1/1

黄金市场蓝皮书
中国商业银行黄金业务发展报告（2016~2017）
著(编)者：平安银行　2017年3月出版 / 估价：98.00元
PSN B-2016-525-1/1

互联网金融蓝皮书
中国互联网金融发展报告（2017）
著(编)者：李东荣　2017年9月出版 / 估价：128.00元
PSN B-2014-374-1/1

互联网医疗蓝皮书
中国互联网医疗发展报告（2017）
著(编)者：宫晓东　2017年9月出版 / 估价：89.00元
PSN B-2016-568-1/1

会展蓝皮书
中外会展业动态评估年度报告（2017）
著(编)者：张敏　2017年1月出版 / 估价：88.00元
PSN B-2013-327-1/1

金融监管蓝皮书
中国金融监管报告（2017）
著(编)者：胡滨　2017年6月出版 / 估价：89.00元
PSN B-2012-281-1/1

金融蓝皮书
中国金融中心发展报告（2017）
著(编)者：王力　黄育华　2017年11月出版 / 估价：85.00元
PSN B-2011-186-6/6

建筑装饰蓝皮书
中国建筑装饰行业发展报告（2017）
著(编)者：刘晓　葛顺道　2017年7月出版 / 估价：198.00元
PSN B-2016-554-1/1

客车蓝皮书
中国客车产业发展报告（2016~2017）
著(编)者：姚蔚　2017年10月出版 / 估价：85.00元
PSN B-2013-361-1/1

旅游安全蓝皮书
中国旅游安全报告（2017）
著(编)者：郑向敏　谢朝武　2017年5月出版 / 估价：128.00元
PSN B-2012-280-1/1

旅游绿皮书
2016~2017年中国旅游发展分析与预测
著(编)者：张广瑞　刘德谦　2017年4月出版 / 估价：89.00元
PSN G-2002-018-1/1

煤炭蓝皮书
中国煤炭工业发展报告（2017）
著(编)者：岳福斌　2017年12月出版 / 估价：85.00元
PSN B-2008-123-1/1

民营企业社会责任蓝皮书
中国民营企业社会责任报告（2017）
著(编)者：中华全国工商业联合会
2017年12月出版 / 估价：89.00元
PSN B-2015-511-1/1

民营医院蓝皮书
中国民营医院发展报告（2017）
著(编)者：庄一强　2017年10月出版 / 估价：85.00元
PSN B-2012-299-1/1

闽商蓝皮书
闽商发展报告（2017）
著(编)者：李闽榕　王日根　林琛
2017年12月出版 / 估价：89.00元
PSN B-2012-298-1/1

能源蓝皮书
中国能源发展报告（2017）
著(编)者：崔民选　王军生　陈义和
2017年10月出版 / 估价：98.00元
PSN B-2006-049-1/1

农产品流通蓝皮书
中国农产品流通产业发展报告（2017）
著(编)者：贾敬敦　张东科　张玉玺　张鹏毅　周伟
2017年1月出版 / 估价：89.00元
PSN B-2012-288-1/1

企业公益蓝皮书
中国企业公益研究报告（2017）
著(编)者：钟宏武　汪杰　顾一　黄晓娟　等
2017年12月出版 / 估价：89.00元
PSN B-2015-501-1/1

企业国际化蓝皮书
中国企业国际化报告（2017）
著(编)者：王辉耀　2017年11月出版 / 估价：98.00元
PSN B-2014-427-1/1

企业蓝皮书
中国企业绿色发展报告 No.2（2017）
著(编)者：李红玉　朱光辉　2017年8月出版 / 估价：89.00元
PSN B-2015-481-2/2

企业社会责任蓝皮书
中国企业社会责任研究报告（2017）
著(编)者：黄群慧　钟宏武　张蒽　翟利峰
2017年11月出版 / 估价：89.00元
PSN B-2009-149-1/1

汽车安全蓝皮书
中国汽车安全发展报告（2017）
著(编)者：中国汽车技术研究中心
2017年7月出版 / 估价：89.00元
PSN B-2014-385-1/1

行业报告类

汽车电子商务蓝皮书
中国汽车电子商务发展报告（2017）
著(编)者：中华全国工商业联合会汽车经销商商会 北京易观智库网络科技有限公司
2017年10月出版 / 估价：128.00元
PSN B-2015-485-1/1

汽车工业蓝皮书
中国汽车工业发展年度报告（2017）
著(编)者：中国汽车工业协会 中国汽车技术研究中心 丰田汽车（中国）投资有限公司
2017年4月出版 / 估价：128.00元
PSN B-2015-463-1/2

汽车工业蓝皮书
中国汽车零部件产业发展报告（2017）
著(编)者：中国汽车工业协会 中国汽车工程研究院
2017年10月出版 / 估价：98.00元
PSN B-2016-515-2/2

汽车蓝皮书
中国汽车产业发展报告（2017）
著(编)者：国务院发展研究中心产业经济研究部 中国汽车工程学会 大众汽车集团（中国）
2017年8月出版 / 估价：98.00元
PSN B-2008-124-1/1

人力资源蓝皮书
中国人力资源发展报告（2017）
著(编)者：余兴安　2017年11月出版 / 估价：89.00元
PSN B-2012-287-1/1

融资租赁蓝皮书
中国融资租赁业发展报告（2016~2017）
著(编)者：李光荣 王力　2017年8月出版 / 估价：89.00元
PSN B-2015-443-1/1

商会蓝皮书
中国商会发展报告No.5（2017）
著(编)者：王钦敏　2017年7月出版 / 估价：89.00元
PSN B-2008-125-1/1

输血服务蓝皮书
中国输血行业发展报告（2017）
著(编)者：朱永明 耿鸿武　2016年8月出版 / 估价：89.00元
PSN B-2016-583-1/1

上市公司蓝皮书
中国上市公司社会责任信息披露报告（2017）
著(编)者：张旺 张杨　2017年11月出版 / 估价：89.00元
PSN B-2011-234-1/2

社会责任管理蓝皮书
中国上市公司社会责任能力成熟度报告（2017）No.2
著(编)者：肖红军 王晓光 李伟阳
2017年12月出版 / 估价：98.00元
PSN B-2015-507-2/2

社会责任管理蓝皮书
中国企业公众透明度报告(2017)No.3
著(编)者：黄速建 熊梦 王晓光 肖红军
2017年1月出版 / 估价：98.00元
PSN B-2015-440-1/2

食品药品蓝皮书
食品药品安全与监管政策研究报告（2016~2017）
著(编)者：唐民皓　2017年6月出版 / 估价：89.00元
PSN B-2009-129-1/1

世界能源蓝皮书
世界能源发展报告（2017）
著(编)者：黄晓勇　2017年6月出版 / 估价：99.00元
PSN B-2013-349-1/1

水利风景区蓝皮书
中国水利风景区发展报告（2017）
著(编)者：谢婵才 兰思仁　2017年5月出版 / 估价：89.00元
PSN B-2015-480-1/1

私募市场蓝皮书
中国私募股权市场发展报告（2017）
著(编)者：曹和平　2017年12月出版 / 估价：89.00元
PSN B-2010-162-1/1

碳市场蓝皮书
中国碳市场报告（2017）
著(编)者：定金彪　2017年11月出版 / 估价：89.00元
PSN B-2014-430-1/1

体育蓝皮书
中国体育产业发展报告（2017）
著(编)者：阮伟 钟秉枢　2017年12月出版 / 估价：89.00元
PSN B-2010-179-1/4

网络空间安全蓝皮书
中国网络空间安全发展报告（2017）
著(编)者：惠志斌 唐涛　2017年4月出版 / 估价：89.00元
PSN B-2015-466-1/1

西部金融蓝皮书
中国西部金融发展报告（2017）
著(编)者：李忠民　2017年8月出版 / 估价：85.00元
PSN B-2010-160-1/1

协会商会蓝皮书
中国行业协会商会发展报告（2017）
著(编)者：景朝阳 李勇　2017年4月出版 / 估价：99.00元
PSN B-2015-461-1/1

新能源汽车蓝皮书
中国新能源汽车产业发展报告（2017）
著(编)者：中国汽车技术研究中心 日产（中国）投资有限公司 东风汽车有限公司
2017年7月出版 / 估价：98.00元
PSN B-2013-347-1/1

新三板蓝皮书
中国新三板市场发展报告（2017）
著(编)者：王力　2017年6月出版 / 估价：89.00元
PSN B-2016-534-1/1

信托市场蓝皮书
中国信托业市场报告（2016~2017）
著(编)者：用益信托工作室
2017年1月出版 / 估价：198.00元
PSN B-2014-371-1/1

行业报告类

信息化蓝皮书
中国信息化形势分析与预测（2016~2017）
著(编)者：周宏仁　2017年8月出版 / 估价：98.00元
PSN B-2010-168-1/1

信用蓝皮书
中国信用发展报告（2017）
著(编)者：章政　田侃　2017年4月出版 / 估价：99.00元
PSN B-2013-328-1/1

休闲绿皮书
2017年中国休闲发展报告
著(编)者：宋瑞　2017年10月出版 / 估价：89.00元
PSN G-2010-158-1/1

休闲体育蓝皮书
中国休闲体育发展报告（2016~2017）
著(编)者：李相如　钟炳枢　2017年10月出版 / 估价：89.00元
PSN G-2016-516-1/1

养老金融蓝皮书
中国养老金融发展报告（2017）
著(编)者：董克用　姚余栋
2017年6月出版 / 估价：89.00元
PSN B-2016-584-1/1

药品流通蓝皮书
中国药品流通行业发展报告（2017）
著(编)者：佘鲁林　温再兴　2017年8月出版 / 估价：158.00元
PSN B-2014-429-1/1

医院蓝皮书
中国医院竞争力报告（2017）
著(编)者：庄一强　曾益新　2017年3月出版 / 估价：128.00元
PSN B-2016-529-1/1

医药蓝皮书
中国中医药产业园战略发展报告（2017）
著(编)者：裴长洪　房书亭　吴滌心
2017年8月出版 / 估价：89.00元
PSN B-2012-305-1/1

邮轮绿皮书
中国邮轮产业发展报告（2017）
著(编)者：汪泓　2017年10月出版 / 估价：89.00元
PSN G-2014-419-1/1

智能养老蓝皮书
中国智能养老产业发展报告（2017）
著(编)者：朱勇　2017年10月出版 / 估价：89.00元
PSN B-2015-488-1/1

债券市场蓝皮书
中国债券市场发展报告（2016~2017）
著(编)者：杨农　2017年10月出版 / 估价：89.00元
PSN B-2016-573-1/1

中国节能汽车蓝皮书
中国节能汽车发展报告（2016~2017）
著(编)者：中国汽车工程研究院股份有限公司
2017年9月出版 / 估价：98.00元
PSN B-2016-566-1/1

中国上市公司蓝皮书
中国上市公司发展报告（2017）
著(编)者：张平　王宏淼
2017年10月出版 / 估价：98.00元
PSN B-2014-414-1/1

中国陶瓷产业蓝皮书
中国陶瓷产业发展报告（2017）
著(编)者：左和平　黄速建　2017年10月出版 / 估价：98.00元
PSN B-2016-574-1/1

中国总部经济蓝皮书
中国总部经济发展报告（2016~2017）
著(编)者：赵弘　2017年9月出版 / 估价：89.00元
PSN B-2005-036-1/1

中医文化蓝皮书
中国中医药文化传播发展报告（2017）
著(编)者：毛嘉陵　2017年7月出版 / 估价：89.00元
PSN B-2015-468-1/1

装备制造业蓝皮书
中国装备制造业发展报告（2017）
著(编)者：徐东华　2017年12月出版 / 估价：148.00元
PSN B-2015-505-1/1

资本市场蓝皮书
中国场外交易市场发展报告（2016~2017）
著(编)者：高峦　2017年3月出版 / 估价：89.00元
PSN B-2009-153-1/1

资产管理蓝皮书
中国资产管理行业发展报告（2017）
著(编)者：智信资产管理研究院
2017年6月出版 / 估价：89.00元
PSN B-2014-407-2/2

文化传媒类

传媒竞争力蓝皮书
中国传媒国际竞争力研究报告（2017）
著（编）者：李本乾 刘强
2017年11月出版 / 估价：148.00元
PSN B-2013-356-1/1

传媒蓝皮书
中国传媒产业发展报告（2017）
著（编）者：崔保国 2017年5月出版 / 估价：98.00元
PSN B-2005-035-1/1

传媒投资蓝皮书
中国传媒投资发展报告（2017）
著（编）者：张向东 谭云明
2017年6月出版 / 估价：128.00元
PSN B-2015-474-1/1

动漫蓝皮书
中国动漫产业发展报告（2017）
著（编）者：卢斌 郑玉明 牛兴侦
2017年9月出版 / 估价：89.00元
PSN B-2011-198-1/1

非物质文化遗产蓝皮书
中国非物质文化遗产发展报告（2017）
著（编）者：陈平 2017年5月出版 / 估价：98.00元
PSN B-2015-469-1/1

广电蓝皮书
中国广播电影电视发展报告（2017）
著（编）者：国家新闻出版广电总局发展研究中心
2017年7月出版 / 估价：98.00元
PSN B-2006-072-1/1

广告主蓝皮书
中国广告主营销传播趋势报告 No.9
著（编）者：黄升民 杜国清 邵华冬 等
2017年10月出版 / 估价：148.00元
PSN B-2005-041-1/1

国际传播蓝皮书
中国国际传播发展报告（2017）
著（编）者：胡正荣 李继东 姬德强
2017年11月出版 / 估价：89.00元
PSN B-2014-408-1/1

纪录片蓝皮书
中国纪录片发展报告（2017）
著（编）者：何苏六 2017年9月出版 / 估价：89.00元
PSN B-2011-222-1/1

科学传播蓝皮书
中国科学传播报告（2017）
著（编）者：詹正茂 2017年7月出版 / 估价：89.00元
PSN B-2008-120-1/1

两岸创意经济蓝皮书
两岸创意经济研究报告（2017）
著（编）者：罗昌智 林咏能
2017年10月出版 / 估价：98.00元
PSN B-2014-437-1/1

两岸文化蓝皮书
两岸文化产业合作发展报告（2017）
著（编）者：胡惠林 李保宗 2017年7月出版 / 估价：89.00元
PSN B-2012-285-1/1

媒介与女性蓝皮书
中国媒介与女性发展报告(2016~2017)
著（编）者：刘利群 2017年9月出版 / 估价：118.00元
PSN B-2013-345-1/1

媒体融合蓝皮书
中国媒体融合发展报告（2017）
著（编）者：梅宁华 宋建武 2017年7月出版 / 估价：89.00元
PSN B-2015-479-1/1

全球传媒蓝皮书
全球传媒发展报告（2017）
著（编）者：胡正荣 李继东 唐晓芬
2017年11月出版 / 估价：89.00元
PSN B-2012-237-1/1

少数民族非遗蓝皮书
中国少数民族非物质文化遗产发展报告（2017）
著（编）者：肖远平（彝） 柴立（满）
2017年8月出版 / 估价：98.00元
PSN B-2015-467-1/1

视听新媒体蓝皮书
中国视听新媒体发展报告（2017）
著（编）者：国家新闻出版广电总局发展研究中心
2017年7月出版 / 估价：98.00元
PSN B-2011-184-1/1

文化创新蓝皮书
中国文化创新报告（2017）No.7
著（编）者：于平 傅才武 2017年7月出版 / 估价：98.00元
PSN B-2009-143-1/1

文化建设蓝皮书
中国文化发展报告（2016~2017）
著（编）者：江畅 孙伟平 戴茂堂
2017年6月出版 / 估价：116.00元
PSN B-2014-392-1/1

文化科技蓝皮书
文化科技创新发展报告（2017）
著（编）者：于平 李凤亮 2017年11月出版 / 估价：89.00元
PSN B-2013-342-1/1

文化蓝皮书
中国公共文化服务发展报告（2017）
著（编）者：刘新成 张永新 张旭
2017年12月出版 / 估价：98.00元
PSN B-2007-093-2/10

文化蓝皮书
中国公共文化投入增长测评报告（2017）
著（编）者：王亚南 2017年4月出版 / 估价：89.00元
PSN B-2014-435-10/10

文化传媒类·地方发展类

文化蓝皮书
中国少数民族文化发展报告（2016~2017）
著(编)者：武翠英 张晓明 任乌晶
2017年9月出版 / 估价：89.00元
PSN B-2013-369-9/10

文化蓝皮书
中国文化产业发展报告（2016~2017）
著(编)者：张晓明 王家新 章建刚
2017年2月出版 / 估价：89.00元
PSN B-2002-019-1/10

文化蓝皮书
中国文化产业供需协调检测报告（2017）
著(编)者：王亚南 2017年2月出版 / 估价：89.00元
PSN B-2013-323-8/10

文化蓝皮书
中国文化消费需求景气评价报告（2017）
著(编)者：王亚南 2017年4月出版 / 估价：89.00元
PSN B-2011-236-4/10

文化品牌蓝皮书
中国文化品牌发展报告（2017）
著(编)者：欧阳友权 2017年5月出版 / 估价：98.00元
PSN B-2012-277-1/1

文化遗产蓝皮书
中国文化遗产事业发展报告（2017）
著(编)者：苏杨 张颖岚 王宇飞
2017年8月出版 / 估价：98.00元
PSN B-2008-119-1/1

文学蓝皮书
中国文情报告（2016~2017）
著(编)者：白烨 2017年5月出版 / 估价：49.00元
PSN B-2011-221-1/1

新媒体蓝皮书
中国新媒体发展报告No.8（2017）
著(编)者：唐绪军 2017年6月出版 / 估价：89.00元
PSN B-2010-169-1/1

新媒体社会责任蓝皮书
中国新媒体社会责任研究报告（2017）
著(编)者：钟瑛 2017年11月出版 / 估价：89.00元
PSN B-2014-423-1/1

移动互联网蓝皮书
中国移动互联网发展报告（2017）
著(编)者：官建文 2017年6月出版 / 估价：89.00元
PSN B-2014-282-1/1

舆情蓝皮书
中国社会舆情与危机管理报告（2017）
著(编)者：谢耘耕 2017年9月出版 / 估价：128.00元
PSN B-2011-235-1/1

影视风控蓝皮书
中国影视舆情与风控报告（2017）
著(编)者：司若 2017年4月出版 / 估价：138.00元
PSN B-2016-530-1/1

地方发展类

安徽经济蓝皮书
合芜蚌国家自主创新综合示范区研究报告（2016~2017）
著(编)者：王开玉 2017年11月出版 / 估价：89.00元
PSN B-2014-383-1/1

安徽蓝皮书
安徽社会发展报告（2017）
著(编)者：程桦 2017年4月出版 / 估价：89.00元
PSN B-2013-325-1/1

安徽社会建设蓝皮书
安徽社会建设分析报告（2016~2017）
著(编)者：黄家海 王开玉 蔡宪
2016年4月出版 / 估价：89.00元
PSN B-2013-322-1/1

澳门蓝皮书
澳门经济社会发展报告（2016~2017）
著(编)者：吴志良 郝雨凡 2017年6月出版 / 估价：98.00元
PSN B-2009-138-1/1

北京蓝皮书
北京公共服务发展报告（2016~2017）
著(编)者：施昌奎 2017年2月出版 / 估价：89.00元
PSN B-2008-103-7/8

北京蓝皮书
北京经济发展报告（2016~2017）
著(编)者：杨松 2017年6月出版 / 估价：89.00元
PSN B-2006-054-2/8

北京蓝皮书
北京社会发展报告（2016~2017）
著(编)者：李伟东 2017年6月出版 / 估价：89.00元
PSN B-2006-055-3/8

北京蓝皮书
北京社会治理发展报告（2016~2017）
著(编)者：殷星辰 2017年5月出版 / 估价：89.00元
PSN B-2014-391-8/8

北京蓝皮书
北京文化发展报告（2016~2017）
著(编)者：李建盛 2017年4月出版 / 估价：89.00元
PSN B-2007-082-4/8

北京律师绿皮书
北京律师发展报告No.3（2017）
著(编)者：王隽 2017年7月出版 / 估价：88.00元
PSN G-2012-301-1/1

地方发展类

北京旅游蓝皮书
北京旅游发展报告（2017）
著(编)者：北京旅游学会　2017年1月出版 / 估价：88.00元
PSN B-2011-217-1/1

北京人才蓝皮书
北京人才发展报告（2017）
著(编)者：于淼　2017年12月出版 / 估价：128.00元
PSN B-2011-201-1/1

北京社会心态蓝皮书
北京社会心态分析报告（2016～2017）
著(编)者：北京社会心理研究所
2017年8月出版 / 估价：89.00元
PSN B-2014-422-1/1

北京社会组织管理蓝皮书
北京社会组织发展与管理（2016～2017）
著(编)者：黄江松　2017年4月出版 / 估价：88.00元
PSN B-2015-446-1/1

北京体育蓝皮书
北京体育产业发展报告（2016～2017）
著(编)者：钟秉枢　陈杰　杨铁黎
2017年9月出版 / 估价：89.00元
PSN B-2015-475-1/1

北京养老产业蓝皮书
北京养老产业发展报告（2017）
著(编)者：周明明　冯喜良　2017年8月出版 / 估价：89.00元
PSN B-2015-465-1/1

滨海金融蓝皮书
滨海新区金融发展报告（2017）
著(编)者：王爱俭　张锐钢　2017年12月出版 / 估价：89.00元
PSN B-2014-424-1/1

城乡一体化蓝皮书
中国城乡一体化发展报告·北京卷（2016～2017）
著(编)者：张宝秀　黄序　2017年5月出版 / 估价：89.00元
PSN B-2012-258-2/2

创意城市蓝皮书
北京文化创意产业发展报告（2017）
著(编)者：张京成　王国华　2017年10月出版 / 估价：89.00元
PSN B-2012-263-1/7

创意城市蓝皮书
青岛文化创意产业发展报告（2017）
著(编)者：马达　张京妮　2017年8月出版 / 估价：89.00元
PSN B-2011-235-1/1

创意城市蓝皮书
天津文化创意产业发展报告（2016～2017）
著(编)者：谢思全　2017年6月出版 / 估价：89.00元
PSN B-2016-537-7/7

创意城市蓝皮书
无锡文化创意产业发展报告（2017）
著(编)者：谭军　张鸣年　2017年10月出版 / 估价：89.00元
PSN B-2013-346-3/7

创意城市蓝皮书
武汉文化创意产业发展报告（2017）
著(编)者：黄永林　陈汉桥　2017年9月出版 / 估价：99.00元
PSN B-2013-354-4/7

创意上海蓝皮书
上海文化创意产业发展报告（2016～2017）
著(编)者：王慧敏　王兴全　2017年8月出版 / 估价：89.00元
PSN B-2016-562-1/1

福建妇女发展蓝皮书
福建省妇女发展报告（2017）
著(编)者：刘群英　2017年11月出版 / 估价：88.00元
PSN B-2011-220-1/1

福建自贸区蓝皮书
中国（福建）自由贸易试验区发展报告（2016～2017）
著(编)者：黄茂兴　2017年4月出版 / 估价：108.00元
PSN B-2017-532-1/1

甘肃蓝皮书
甘肃经济发展分析与预测（2017）
著(编)者：朱智文　罗哲　2017年1月出版 / 估价：89.00元
PSN B-2013-312-1/6

甘肃蓝皮书
甘肃社会发展分析与预测（2017）
著(编)者：安文华　包晓霞　谢增虎
2017年1月出版 / 估价：89.00元
PSN B-2013-313-2/6

甘肃蓝皮书
甘肃文化发展分析与预测（2017）
著(编)者：安文华　周小华　2017年1月出版 / 估价：89.00元
PSN B-2013-314-3/6

甘肃蓝皮书
甘肃县域和农村发展报告（2017）
著(编)者：刘进军　柳民　王建兵
2017年1月出版 / 估价：89.00元
PSN B-2013-316-5/6

甘肃蓝皮书
甘肃舆情分析与预测（2017）
著(编)者：陈双梅　郝树声　2017年1月出版 / 估价：89.00元
PSN B-2013-315-4/6

甘肃蓝皮书
甘肃商贸流通发展报告（2017）
著(编)者：杨志武　王福生　王晓芳
2017年1月出版 / 估价：89.00元
PSN B-2016-523-6/6

广东蓝皮书
广东全面深化改革发展报告（2017）
著(编)者：周林生　涂成林　2017年12月出版 / 估价：89.00元
PSN B-2015-504-3/3

广东蓝皮书
广东社会工作发展报告（2017）
著(编)者：罗观翠　2017年6月出版 / 估价：89.00元
PSN B-2014-402-2/3

广东蓝皮书
广东省电子商务发展报告（2017）
著(编)者：程晓　邓顺国　2017年7月出版 / 估价：89.00元
PSN B-2013-360-1/3

地方发展类

广东社会建设蓝皮书
广东省社会建设发展报告（2017）
著(编)者：广东省社会工作委员会
2017年12月出版 / 估价：99.00元
PSN B-2014-436-1/1

广东外经贸蓝皮书
广东对外经济贸易发展研究报告（2016~2017）
著(编)者：陈万灵　2017年8月出版 / 估价：98.00元
PSN B-2012-286-1/1

广西北部湾经济区蓝皮书
广西北部湾经济区开放开发报告（2017）
著(编)者：广西北部湾经济区规划建设管理委员会办公室
　　　　　广西社会科学院广西北部湾发展研究院
2017年2月出版 / 估价：89.00元
PSN B-2010-181-1/1

巩义蓝皮书
巩义经济社会发展报告（2017）
著(编)者：丁同民　朱军　2017年4月出版 / 估价：58.00元
PSN B-2016-533-1/1

广州蓝皮书
2017年中国广州经济形势分析与预测
著(编)者：庾建设　陈浩钿　谢博能
2017年7月出版 / 估价：85.00元
PSN B-2011-185-9/14

广州蓝皮书
2017年中国广州社会形势分析与预测
著(编)者：张强　陈怡霓　杨秦　2017年6月出版 / 估价：85.00元
PSN B-2008-110-5/14

广州蓝皮书
广州城市国际化发展报告（2017）
著(编)者：朱名宏　2017年8月出版 / 估价：79.00元
PSN B-2012-246-11/14

广州蓝皮书
广州创新型城市发展报告（2017）
著(编)者：尹涛　2017年7月出版 / 估价：79.00元
PSN B-2012-247-12/14

广州蓝皮书
广州经济发展报告（2017）
著(编)者：朱名宏　2017年7月出版 / 估价：79.00元
PSN B-2005-040-1/14

广州蓝皮书
广州农村发展报告（2017）
著(编)者：朱名宏　2017年8月出版 / 估价：79.00元
PSN B-2010-167-8/14

广州蓝皮书
广州汽车产业发展报告（2017）
著(编)者：杨再高　冯兴亚　2017年7月出版 / 估价：79.00元
PSN B-2006-066-3/14

广州蓝皮书
广州青年发展报告（2016～2017）
著(编)者：徐柳　张强　2017年9月出版 / 估价：79.00元
PSN B-2013-352-13/14

广州蓝皮书
广州商贸业发展报告（2017）
著(编)者：李江涛　肖振宇　荀振英
2017年7月出版 / 估价：79.00元
PSN B-2012-245-10/14

广州蓝皮书
广州社会保障发展报告（2017）
著(编)者：蔡国萱　2017年8月出版 / 估价：79.00元
PSN B-2014-425-14/14

广州蓝皮书
广州文化创意产业发展报告（2017）
著(编)者：徐咏虹　2017年7月出版 / 估价：79.00元
PSN B-2008-111-6/14

广州蓝皮书
中国广州城市建设与管理发展报告（2017）
著(编)者：董皞　陈小钢　李江涛
2017年7月出版 / 估价：85.00元
PSN B-2007-087-4/14

广州蓝皮书
中国广州科技创新发展报告（2017）
著(编)者：邹采荣　马正勇　陈爽
2017年7月出版 / 估价：79.00元
PSN B-2006-065-2/14

广州蓝皮书
中国广州文化发展报告（2017）
著(编)者：徐俊忠　陆志强　顾涧清
2017年7月出版 / 估价：79.00元
PSN B-2009-134-7/14

贵阳蓝皮书
贵阳城市创新发展报告No.2（白云篇）
著(编)者：连玉明　2017年10月出版 / 估价：89.00元
PSN B-2015-491-3/10

贵阳蓝皮书
贵阳城市创新发展报告No.2（观山湖篇）
著(编)者：连玉明　2017年10月出版 / 估价：89.00元
PSN B-2011-235-1/1

贵阳蓝皮书
贵阳城市创新发展报告No.2（花溪篇）
著(编)者：连玉明　2017年10月出版 / 估价：89.00元
PSN B-2015-490-2/10

贵阳蓝皮书
贵阳城市创新发展报告No.2（开阳篇）
著(编)者：连玉明　2017年10月出版 / 估价：89.00元
PSN B-2015-492-4/10

贵阳蓝皮书
贵阳城市创新发展报告No.2（南明篇）
著(编)者：连玉明　2017年10月出版 / 估价：89.00元
PSN B-2015-496-8/10

贵阳蓝皮书
贵阳城市创新发展报告No.2（清镇篇）
著(编)者：连玉明　2017年10月出版 / 估价：89.00元
PSN B-2015-489-1/10

地方发展类　2017全品种

贵阳蓝皮书
贵阳城市创新发展报告No.2（乌当篇）
著（编）者：连玉明　2017年10月出版 / 估价：89.00元
PSN B-2015-495-7/10

贵阳蓝皮书
贵阳城市创新发展报告No.2（息烽篇）
著（编）者：连玉明　2017年10月出版 / 估价：89.00元
PSN B-2015-493-5/10

贵阳蓝皮书
贵阳城市创新发展报告No.2（修文篇）
著（编）者：连玉明　2017年10月出版 / 估价：89.00元
PSN B-2015-494-6/10

贵阳蓝皮书
贵阳城市创新发展报告No.2（云岩篇）
著（编）者：连玉明　2017年10月出版 / 估价：89.00元
PSN B-2015-498-10/10

贵州房地产蓝皮书
贵州房地产发展报告No.4（2017）
著（编）者：武廷方　2017年7月出版 / 估价：89.00元
PSN B-2014-426-1/1

贵州蓝皮书
贵州册亨经济社会发展报告（2017）
著（编）者：黄德林　2017年3月出版 / 估价：89.00元
PSN B-2016-526-8/9

贵州蓝皮书
贵安新区发展报告（2016~2017）
著（编）者：马长青　吴大华　2017年6月出版 / 估价：89.00元
PSN B-2015-459-4/9

贵州蓝皮书
贵州法治发展报告（2017）
著（编）者：吴大华　2017年5月出版 / 估价：89.00元
PSN B-2012-254-2/9

贵州蓝皮书
贵州国有企业社会责任发展报告（2016～2017）
著（编）者：郭丽　周航　万强
2017年12月出版 / 估价：89.00元
PSN B-2015-512-6/9

贵州蓝皮书
贵州民航业发展报告（2017）
著（编）者：申振东　吴大华　2017年10月出版 / 估价：89.00元
PSN B-2015-471-5/9

贵州蓝皮书
贵州民营经济发展报告（2017）
著（编）者：杨静　吴大华　2017年3月出版 / 估价：89.00元
PSN B-2016-531-9/9

贵州蓝皮书
贵州人才发展报告（2017）
著（编）者：于杰　吴大华　2017年9月出版 / 估价：89.00元
PSN B-2014-382-3/9

贵州蓝皮书
贵州社会发展报告（2017）
著（编）者：王兴骥　2017年6月出版 / 估价：89.00元
PSN B-2010-166-1/9

贵州蓝皮书
贵州国家级开放创新平台发展报告（2017）
著（编）者：申晓庆　吴大华　李泓
2017年6月出版 / 估价：89.00元
PSN B-2016-518-1/9

海淀蓝皮书
海淀区文化和科技融合发展报告（2017）
著（编）者：陈名杰　孟景伟　2017年5月出版 / 估价：85.00元
PSN B-2013-329-1/1

杭州都市圈蓝皮书
杭州都市圈发展报告（2017）
著（编）者：沈翔　戚建国　2017年5月出版 / 估价：128.00元
PSN B-2012-302-1/1

杭州蓝皮书
杭州妇女发展报告（2017）
著（编）者：魏颖　2017年6月出版 / 估价：89.00元
PSN B-2014-403-1/1

河北经济蓝皮书
河北省经济发展报告（2017）
著（编）者：马树强　金浩　张贵
2017年4月出版 / 估价：89.00元
PSN B-2014-380-1/1

河北蓝皮书
河北经济社会发展报告（2017）
著（编）者：郭金平　2017年1月出版 / 估价：89.00元
PSN B-2014-372-1/1

河北食品药品安全蓝皮书
河北食品药品安全研究报告（2017）
著（编）者：丁锦霞　2017年6月出版 / 估价：89.00元
PSN B-2015-473-1/1

河南经济蓝皮书
2017年河南经济形势分析与预测
著（编）者：胡五岳　2017年2月出版 / 估价：89.00元
PSN B-2007-086-1/1

河南蓝皮书
2017年河南社会形势分析与预测
著（编）者：刘道兴　牛苏林　2017年4月出版 / 估价89.00元
PSN B-2005-043-1/8

河南蓝皮书
河南城市发展报告（2017）
著（编）者：张占仓　王建国　2017年5月出版 / 估价：89.00元
PSN B-2009-131-3/8

河南蓝皮书
河南法治发展报告（2017）
著（编）者：丁同民　张林海　2017年5月出版 / 估价：89.00元
PSN B-2014-376-6/8

河南蓝皮书
河南工业发展报告（2017）
著（编）者：张占仓　丁同民　2017年5月出版 / 估价：89.00元
PSN B-2013-317-5/8

河南蓝皮书
河南金融发展报告（2017）
著（编）者：河南省社会科学院
2017年6月出版 / 估价：89.00元
PSN B-2014-390-7/8

地方发展类

河南蓝皮书
河南经济发展报告（2017）
著(编)者：张占仓　2017年3月出版 / 估价：89.00元
PSN B-2010-157-4/8

河南蓝皮书
河南农业农村发展报告（2017）
著(编)者：吴海峰　2017年4月出版 / 估价：89.00元
PSN B-2015-445-8/8

河南蓝皮书
河南文化发展报告（2017）
著(编)者：卫绍生　2017年3月出版 / 估价：88.00元
PSN B-2008-106-2/8

河南商务蓝皮书
河南商务发展报告（2017）
著(编)者：焦锦淼 穆荣累　2017年6月出版 / 估价：88.00元
PSN B-2014-399-1/1

黑龙江蓝皮书
黑龙江经济发展报告（2017）
著(编)者：朱宇　2017年1月出版 / 估价：89.00元
PSN B-2011-190-2/2

黑龙江蓝皮书
黑龙江社会发展报告（2017）
著(编)者：谢宝禄　2017年1月出版 / 估价：89.00元
PSN B-2011-189-1/2

湖北文化蓝皮书
湖北文化发展报告（2017）
著(编)者：吴成国　2017年10月出版 / 估价：95.00元
PSN B-2016-567-1/1

湖南城市蓝皮书
区域城市群整合
著(编)者：童中贤 韩未名
2017年12月出版 / 估价：89.00元
PSN B-2006-064-1/1

湖南蓝皮书
2017年湖南产业发展报告
著(编)者：梁志峰　2017年5月出版 / 估价：128.00元
PSN B-2011-207-2/8

湖南蓝皮书
2017年湖南电子政务发展报告
著(编)者：梁志峰　2017年5月出版 / 估价：128.00元
PSN B-2014-394-6/8

湖南蓝皮书
2017年湖南经济展望
著(编)者：梁志峰　2017年5月出版 / 估价：128.00元
PSN B-2011-206-1/8

湖南蓝皮书
2017年湖南两型社会与生态文明发展报告
著(编)者：梁志峰　2017年5月出版 / 估价：128.00元
PSN B-2011-208-3/8

湖南蓝皮书
2017年湖南社会发展报告
著(编)者：梁志峰　2017年5月出版 / 估价：128.00元
PSN B-2014-393-5/8

湖南蓝皮书
2017年湖南县域经济社会发展报告
著(编)者：梁志峰　2017年5月出版 / 估价：128.00元
PSN B-2014-395-7/8

湖南蓝皮书
湖南城乡一体化发展报告（2017）
著(编)者：陈文胜 王文强 陆福兴 邝奕轩
2017年6月出版 / 估价：89.00元
PSN B-2015-477-8/8

湖南县域绿皮书
湖南县域发展报告 No.3
著(编)者：袁准 周小毛　2017年9月出版 / 估价：89.00元
PSN G-2012-274-1/1

沪港蓝皮书
沪港发展报告（2017）
著(编)者：尤安山　2017年9月出版 / 估价：89.00元
PSN B-2013-362-1/1

吉林蓝皮书
2017年吉林经济社会形势分析与预测
著(编)者：马克　2015年12月出版 / 估价：89.00元
PSN B-2013-319-1/1

吉林省城市竞争力蓝皮书
吉林省城市竞争力报告（2017）
著(编)者：崔岳春 张磊　2017年3月出版 / 估价：89.00元
PSN B-2015-508-1/1

济源蓝皮书
济源经济社会发展报告（2017）
著(编)者：喻新安　2017年4月出版 / 估价：89.00元
PSN B-2014-387-1/1

健康城市蓝皮书
北京健康城市建设研究报告（2017）
著(编)者：王鸿春　2017年8月出版 / 估价：89.00元
PSN B-2015-460-1/2

江苏法治蓝皮书
江苏法治发展报告 No.6（2017）
著(编)者：蔡道通 龚廷泰　2017年8月出版 / 估价：98.00元
PSN B-2012-290-1/1

江西蓝皮书
江西经济社会发展报告（2017）
著(编)者：张勇 姜玮 梁勇　2017年10月出版 / 估价：89.00元
PSN B-2015-484-1/2

江西蓝皮书
江西设区市发展报告（2017）
著(编)者：姜玮 梁勇　2017年10月出版 / 估价：79.00元
PSN B-2016-517-2/2

江西文化蓝皮书
江西文化产业发展报告（2017）
著(编)者：张圣才 汪春翔
2017年10月出版 / 估价：128.00元
PSN B-2015-499-1/1

地方发展类

街道蓝皮书
北京街道发展报告No.2（白纸坊篇）
著(编)者：连玉明　2017年8月出版 / 估价：98.00元
PSN B－2016－544－7/15

街道蓝皮书
北京街道发展报告No.2（椿树篇）
著(编)者：连玉明　2017年8月出版 / 估价：98.00元
PSN B－2016－548－11/15

街道蓝皮书
北京街道发展报告No.2（大栅栏篇）
著(编)者：连玉明　2017年8月出版 / 估价：98.00元
PSN B－2016－552－15/15

街道蓝皮书
北京街道发展报告No.2（德胜篇）
著(编)者：连玉明　2017年8月出版 / 估价：98.00元
PSN B－2016－551－14/15

街道蓝皮书
北京街道发展报告No.2（广安门内篇）
著(编)者：连玉明　2017年8月出版 / 估价：98.00元
PSN B－2016－540－3/15

街道蓝皮书
北京街道发展报告No.2（广安门外篇）
著(编)者：连玉明　2017年8月出版 / 估价：98.00元
PSN B－2016－547－10/15

街道蓝皮书
北京街道发展报告No.2（金融街篇）
著(编)者：连玉明　2017年8月出版 / 估价：98.00元
PSN B－2016－538－1/15

街道蓝皮书
北京街道发展报告No.2（牛街篇）
著(编)者：连玉明　2017年8月出版 / 估价：98.00元
PSN B－2016－545－8/15

街道蓝皮书
北京街道发展报告No.2（什刹海篇）
著(编)者：连玉明　2017年8月出版 / 估价：98.00元
PSN B－2016－546－9/15

街道蓝皮书
北京街道发展报告No.2（陶然亭篇）
著(编)者：连玉明　2017年8月出版 / 估价：98.00元
PSN B－2016－542－5/15

街道蓝皮书
北京街道发展报告No.2（天桥篇）
著(编)者：连玉明　2017年8月出版 / 估价：98.00元
PSN B－2016－549－12/15

街道蓝皮书
北京街道发展报告No.2（西长安街篇）
著(编)者：连玉明　2017年8月出版 / 估价：98.00元
PSN B－2016－543－6/15

街道蓝皮书
北京街道发展报告No.2（新街口篇）
著(编)者：连玉明　2017年8月出版 / 估价：98.00元
PSN B－2016－541－4/15

街道蓝皮书
北京街道发展报告No.2（月坛篇）
著(编)者：连玉明　2017年8月出版 / 估价：98.00元
PSN B－2016－539－2/15

街道蓝皮书
北京街道发展报告No.2（展览路篇）
著(编)者：连玉明　2017年8月出版 / 估价：98.00元
PSN B－2016－550－13/15

经济特区蓝皮书
中国经济特区发展报告（2017）
著(编)者：陶一桃　2017年12月出版 / 估价：98.00元
PSN B－2009－139－1/1

辽宁蓝皮书
2017年辽宁经济社会形势分析与预测
著(编)者：曹晓峰　梁启东
2017年1月出版 / 估价：79.00元
PSN B－2006－053－1/1

洛阳蓝皮书
洛阳文化发展报告（2017）
著(编)者：刘福兴　陈启明　2017年7月出版 / 估价：89.00元
PSN B－2015－476－1/1

南京蓝皮书
南京文化发展报告（2017）
著(编)者：徐宁　2017年10月出版 / 估价：89.00元
PSN B－2014－439－1/1

南宁蓝皮书
南宁经济发展报告（2017）
著(编)者：胡建华　2017年9月出版 / 估价：79.00元
PSN B－2016－570－2/3

南宁蓝皮书
南宁社会发展报告（2017）
著(编)者：胡建华　2017年9月出版 / 估价：79.00元
PSN B－2016－571－3/3

内蒙古蓝皮书
内蒙古反腐倡廉建设报告 No.2
著(编)者：张志华　无极　2017年12月出版 / 估价：79.00元
PSN B－2013－365－1/1

浦东新区蓝皮书
上海浦东经济发展报告（2017）
著(编)者：沈开艳　周奇　2017年1月出版 / 估价：89.00元
PSN B－2011－225－1/1

青海蓝皮书
2017年青海经济社会形势分析与预测
著(编)者：陈玮　2015年12月出版 / 估价：79.00元
PSN B－2012－275－1/1

人口与健康蓝皮书
深圳人口与健康发展报告（2017）
著(编)者：陆杰华　罗乐宣　苏杨
2017年11月出版 / 估价：89.00元
PSN B－2011－228－1/1

地方发展类

山东蓝皮书
山东经济形势分析与预测（2017）
著（编）者：李广杰　2017年7月出版 / 估价：89.00元
PSN B-2014-404-1/4

山东蓝皮书
山东社会形势分析与预测（2017）
著（编）者：张华 唐洲雁　2017年6月出版 / 估价：89.00元
PSN B-2014-405-2/4

山东蓝皮书
山东文化发展报告（2017）
著（编）者：涂可国　2017年11月出版 / 估价：98.00元
PSN B-2014-406-3/4

山西蓝皮书
山西资源型经济转型发展报告（2017）
著（编）者：李志强　2017年7月出版 / 估价：89.00元
PSN B-2011-197-1/1

陕西蓝皮书
陕西经济发展报告（2017）
著（编）者：任宗哲 白宽犁 裴成荣
2015年12月出版 / 估价：89.00元
PSN B-2009-135-1/5

陕西蓝皮书
陕西社会发展报告（2017）
著（编）者：任宗哲 白宽犁 牛昉
2015年12月出版 / 估价：89.00元
PSN B-2009-136-2/5

陕西蓝皮书
陕西文化发展报告（2017）
著（编）者：任宗哲 白宽犁 王长寿
2015年12月出版 / 估价：89.00元
PSN B-2009-137-3/5

上海蓝皮书
上海传媒发展报告（2017）
著（编）者：强荧 焦雨虹　2017年1月出版 / 估价：89.00元
PSN B-2012-295-5/7

上海蓝皮书
上海法治发展报告（2017）
著（编）者：叶青　2017年6月出版 / 估价：89.00元
PSN B-2012-296-6/7

上海蓝皮书
上海经济发展报告（2017）
著（编）者：沈开艳　2017年1月出版 / 估价：89.00元
PSN B-2006-057-1/7

上海蓝皮书
上海社会发展报告（2017）
著（编）者：杨雄 周海旺　2017年1月出版 / 估价：89.00元
PSN B-2006-058-2/7

上海蓝皮书
上海文化发展报告（2017）
著（编）者：荣跃明　2017年1月出版 / 估价：89.00元
PSN B-2006-059-3/7

上海蓝皮书
上海文学发展报告（2017）
著（编）者：陈圣来　2017年6月出版 / 估价：89.00元
PSN B-2012-297-7/7

上海蓝皮书
上海资源环境发展报告（2017）
著（编）者：周冯琦 汤庆合 任文伟
2017年1月出版 / 估价：89.00元
PSN B-2006-060-4/7

社会建设蓝皮书
2017年北京社会建设分析报告
著（编）者：宋贵伦 冯虹　2017年10月出版 / 估价：89.00元
PSN B-2010-173-1/1

深圳蓝皮书
深圳法治发展报告（2017）
著（编）者：张骁儒　2017年6月出版 / 估价：89.00元
PSN B-2015-470-6/7

深圳蓝皮书
深圳经济发展报告（2017）
著（编）者：张骁儒　2017年7月出版 / 估价：89.00元
PSN B-2008-112-3/7

深圳蓝皮书
深圳劳动关系发展报告（2017）
著（编）者：汤庭芬　2017年6月出版 / 估价：89.00元
PSN B-2007-097-2/7

深圳蓝皮书
深圳社会建设与发展报告（2017）
著（编）者：张骁儒 陈东平　2017年7月出版 / 估价：89.00元
PSN B-2008-113-4/7

深圳蓝皮书
深圳文化发展报告(2017)
著（编）者：张骁儒　2017年7月出版 / 估价：89.00元
PSN B-2016-555-7/7

四川法治蓝皮书
丝绸之路经济带发展报告（2016~2017）
著（编）者：任宗哲 白宽犁 谷孟宾
2017年12月出版 / 估价：85.00元
PSN B-2014-410-1/1

四川法治蓝皮书
四川依法治省年度报告No.3（2017）
著（编）者：李林 杨天宗 田禾
2017年3月出版 / 估价：108.00元
PSN B-2015-447-1/1

四川蓝皮书
2017年四川经济形势分析与预测
著（编）者：杨钢　2017年1月出版 / 估价：98.00元
PSN B-2007-098-2/7

四川蓝皮书
四川城镇化发展报告（2017）
著（编）者：侯水平 陈炜　2017年4月出版 / 估价：85.00元
PSN B-2015-456-7/7

地方发展类・国际问题类

四川蓝皮书
四川法治发展报告（2017）
著（编）者：郑泰安　2017年1月出版 / 估价：89.00元
PSN B-2015-441-5/7

四川蓝皮书
四川企业社会责任研究报告（2016～2017）
著（编）者：侯水平　盛毅　翟刚
2017年4月出版 / 估价：89.00元
PSN B-2014-386-4/7

四川蓝皮书
四川社会发展报告（2017）
著（编）者：李羚　2017年5月出版 / 估价：89.00元
PSN B-2008-127-3/7

四川蓝皮书
四川生态建设报告（2017）
著（编）者：李晟之　2017年4月出版 / 估价：85.00元
PSN B-2015-455-6/7

四川蓝皮书
四川文化产业发展报告（2017）
著（编）者：向宝云　张立伟
2017年4月出版 / 估价：89.00元
PSN B-2006-074-1/7

体育蓝皮书
上海体育产业发展报告（2016～2017）
著（编）者：张林　黄海燕
2017年10月出版 / 估价：89.00元
PSN B-2015-454-4/4

体育蓝皮书
长三角地区体育产业发展报告（2016～2017）
著（编）者：张林　2017年4月出版 / 估价：89.00元
PSN B-2015-453-3/4

天津金融蓝皮书
天津金融发展报告（2017）
著（编）者：王爱俭　孔德昌
2017年12月出版 / 估价：98.00元
PSN B-2014-418-1/1

图们江区域合作蓝皮书
图们江区域合作发展报告（2017）
著（编）者：李铁　2017年6月出版 / 估价：98.00元
PSN B-2015-464-1/1

温州蓝皮书
2017年温州经济社会形势分析与预测
著（编）者：潘忠强　王春光　金浩
2017年4月出版 / 估价：89.00元
PSN B-2008-105-1/1

西咸新区蓝皮书
西咸新区发展报告（2016~2017）
著（编）者：李扬　王军　2017年6月出版 / 估价：89.00元
PSN B-2016-535-1/1

扬州蓝皮书
扬州经济社会发展报告（2017）
著（编）者：丁纯　2017年12月出版 / 估价：98.00元
PSN B-2011-191-1/1

长株潭城市群蓝皮书
长株潭城市群发展报告（2017）
著（编）者：张萍　2017年12月出版 / 估价：89.00元
PSN B-2008-109-1/1

中医文化蓝皮书
北京中医文化传播发展报告（2017）
著（编）者：毛嘉陵　2017年5月出版 / 估价：79.00元
PSN B-2015-468-1/2

珠三角流通蓝皮书
珠三角商圈发展研究报告（2017）
著（编）者：王先庆　林至颖
2017年7月出版 / 估价：98.00元
PSN B-2012-292-1/1

遵义蓝皮书
遵义发展报告（2017）
著（编）者：曾征　龚永育　雍思强
2017年12月出版 / 估价：89.00元
PSN B-2014-433-1/1

国际问题类

"一带一路"跨境通道蓝皮书
"一带一路"跨境通道建设研究报告（2017）
著（编）者：郭业洲　2017年8月出版 / 估价：89.00元
PSN B-2016-558-1/1

"一带一路"蓝皮书
"一带一路"建设发展报告（2017）
著（编）者：孔丹　李永全　2017年7月出版 / 估价：89.00元
PSN B-2016-553-1/1

阿拉伯黄皮书
阿拉伯发展报告（2016～2017）
著（编）者：罗林　2017年11月出版 / 估价：89.00元
PSN Y-2014-381-1/1

北部湾蓝皮书
泛北部湾合作发展报告（2017）
著（编）者：吕余生　2017年12月出版 / 估价：85.00元
PSN B-2008-114-1/1

大湄公河次区域蓝皮书
大湄公河次区域合作发展报告（2017）
著（编）者：刘稚　2017年8月出版 / 估价：89.00元
PSN B-2011-196-1/1

大洋洲蓝皮书
大洋洲发展报告（2017）
著（编）者：喻常森　2017年10月出版 / 估价：89.00元
PSN B-2013-341-1/1

国际问题类

德国蓝皮书
德国发展报告（2017）
著(编)者：郑春荣　2017年6月出版 / 估价：89.00元
PSN B-2012-278-1/1

东盟黄皮书
东盟发展报告（2017）
著(编)者：杨晓强　庄国土
2017年3月出版 / 估价：89.00元
PSN Y-2012-303-1/1

东南亚蓝皮书
东南亚地区发展报告（2016～2017）
著(编)者：厦门大学东南亚研究中心　王勤
2017年12月出版 / 估价：89.00元
PSN B-2012-240-1/1

俄罗斯黄皮书
俄罗斯发展报告（2017）
著(编)者：李永全　2017年7月出版 / 估价：89.00元
PSN Y-2006-061-1/1

非洲黄皮书
非洲发展报告 No.19（2016～2017）
著(编)者：张宏明　2017年8月出版 / 估价：89.00元
PSN Y-2012-239-1/1

公共外交蓝皮书
中国公共外交发展报告（2017）
著(编)者：赵启正　雷蔚真
2017年4月出版 / 估价：89.00元
PSN B-2015-457-1/1

国际安全蓝皮书
中国国际安全研究报告（2017）
著(编)者：刘慧　2017年7月出版 / 估价：98.00元
PSN B-2016-522-1/1

国际形势黄皮书
全球政治与安全报告（2017）
著(编)者：李慎明　张宇燕
2016年12月出版 / 估价：89.00元
PSN Y-2001-016-1/1

韩国蓝皮书
韩国发展报告（2017）
著(编)者：牛林杰　刘宝全
2017年11月出版 / 估价：89.00元
PSN B-2010-155-1/1

加拿大蓝皮书
加拿大发展报告（2017）
著(编)者：仲伟合　2017年9月出版 / 估价：89.00元
PSN B-2014-389-1/1

拉美黄皮书
拉丁美洲和加勒比发展报告（2016～2017）
著(编)者：吴白乙　2017年6月出版 / 估价：89.00元
PSN Y-1999-007-1/1

美国蓝皮书
美国研究报告（2017）
著(编)者：郑秉文　黄平　2017年6月出版 / 估价：89.00元
PSN B-2011-210-1/1

缅甸蓝皮书
缅甸国情报告（2017）
著(编)者：李晨阳　2017年12月出版 / 估价：86.00元
PSN B-2013-343-1/1

欧洲蓝皮书
欧洲发展报告（2016～2017）
著(编)者：黄平　周弘　江时学
2017年6月出版 / 估价：89.00元
PSN B-1999-009-1/1

葡语国家蓝皮书
葡语国家发展报告（2017）
著(编)者：王成安　张敏　2017年12月出版 / 估价：89.00元
PSN B-2015-503-1/2

葡语国家蓝皮书
中国与葡语国家关系发展报告·巴西（2017）
著(编)者：张曙光　2017年8月出版 / 估价：89.00元
PSN B-2016-564-2/2

日本经济蓝皮书
日本经济与中日经贸关系研究报告（2017）
著(编)者：张季风　2017年5月出版 / 估价：89.00元
PSN B-2008-102-1/1

日本蓝皮书
日本研究报告（2017）
著(编)者：杨柏江　2017年5月出版 / 估价：89.00元
PSN B-2002-020-1/1

上海合作组织黄皮书
上海合作组织发展报告（2017）
著(编)者：李进峰　吴宏伟　李少捷
2017年6月出版 / 估价：89.00元
PSN Y-2009-130-1/1

世界创新竞争力黄皮书
世界创新竞争力发展报告（2017）
著(编)者：李闽榕　李建平　赵新力
2017年1月出版 / 估价：148.00元
PSN Y-2013-318-1/1

泰国蓝皮书
泰国研究报告（2017）
著(编)者：庄国土　张禹东
2017年8月出版 / 估价：118.00元
PSN B-2016-557-1/1

土耳其蓝皮书
土耳其发展报告（2017）
著(编)者：郭长刚　刘义　2017年9月出版 / 估价：89.00元
PSN B-2014-412-1/1

亚太蓝皮书
亚太地区发展报告（2017）
著(编)者：李向阳　2017年3月出版 / 估价：89.00元
PSN B-2001-015-1/1

印度蓝皮书
印度国情报告（2017）
著(编)者：吕昭义　2017年12月出版 / 估价：89.00元
PSN B-2012-241-1/1

国际问题类

印度洋地区蓝皮书
印度洋地区发展报告（2017）
著（编）者：汪戎　　2017年6月出版 / 估价：89.00元
PSN B-2013-334-1/1

英国蓝皮书
英国发展报告（2016～2017）
著（编）者：王展鹏　　2017年11月出版 / 估价：89.00元
PSN B-2015-486-1/1

越南蓝皮书
越南国情报告（2017）
著（编）者：广西社会科学院　罗梅　李碧华
2017年12月出版 / 估价：89.00元
PSN B-2006-056-1/1

以色列蓝皮书
以色列发展报告（2017）
著（编）者：张倩红　　2017年8月出版 / 估价：89.00元
PSN B-2015-483-1/1

伊朗蓝皮书
伊朗发展报告（2017）
著（编）者：冀开运　　2017年10月出版 / 估价：89.00元
PSN B-2016-575-1/1

中东黄皮书
中东发展报告No.19（2016～2017）
著（编）者：杨光　　2017年10月出版 / 估价：89.00元
PSN Y-1998-004-1/1

中亚黄皮书
中亚国家发展报告（2017）
著（编）者：孙力　吴宏伟　　2017年7月出版 / 估价：98.00元
PSN Y-2012-238-1/1

皮书序列号是社会科学文献出版社专门为识别皮书、管理皮书而设计的编号。皮书序列号是出版皮书的许可证号，是区别皮书与其他图书的重要标志。

它由一个前缀和四部分构成。这四部分之间用连字符"-"连接。前缀和这四部分之间空半个汉字（见示例）。

《国际人才蓝皮书：中国留学发展报告》序列号示例

```
                    该品种皮书首次出版年份
"皮书序列号"英文简称            本书在该丛书名中的排序
        ┌─────────────────────┐
        │  PSN B-2012-244-2/4 │
        └─────────────────────┘
            皮书封面颜色        该丛书名包含的皮书品种数
                本书在所有皮书品种中的序列
```

从示例中可以看出，《国际人才蓝皮书：中国留学发展报告》的首次出版年份是2012年，是社科文献出版社出版的第244个皮书品种，是"国际人才蓝皮书"系列的第2个品种（共4个品种）。

33

社会科学文献出版社　　　　　　　　　　　皮书系列

❖ 皮书起源 ❖

"皮书"起源于十七、十八世纪的英国，主要指官方或社会组织正式发表的重要文件或报告，多以"白皮书"命名。在中国，"皮书"这一概念被社会广泛接受，并被成功运作、发展成为一种全新的出版形态，则源于中国社会科学院社会科学文献出版社。

❖ 皮书定义 ❖

皮书是对中国与世界发展状况和热点问题进行年度监测，以专业的角度、专家的视野和实证研究方法，针对某一领域或区域现状与发展态势展开分析和预测，具备原创性、实证性、专业性、连续性、前沿性、时效性等特点的公开出版物，由一系列权威研究报告组成。

❖ 皮书作者 ❖

皮书系列的作者以中国社会科学院、著名高校、地方社会科学院的研究人员为主，多为国内一流研究机构的权威专家学者，他们的看法和观点代表了学界对中国与世界的现实和未来最高水平的解读与分析。

❖ 皮书荣誉 ❖

皮书系列已成为社会科学文献出版社的著名图书品牌和中国社会科学院的知名学术品牌。2016年，皮书系列正式列入"十三五"国家重点出版规划项目；2012~2016年，重点皮书列入中国社会科学院承担的国家哲学社会科学创新工程项目；2017年，55种院外皮书使用"中国社会科学院创新工程学术出版项目"标识。

中国皮书网
www.pishu.cn

发布皮书研创资讯，传播皮书精彩内容
引领皮书出版潮流，打造皮书服务平台

栏目设置

关于皮书：何谓皮书、皮书分类、皮书大事记、皮书荣誉、
皮书出版第一人、皮书编辑部

最新资讯：通知公告、新闻动态、媒体聚焦、网站专题、视频直播、下载专区

皮书研创：皮书规范、皮书选题、皮书出版、皮书研究、研创团队

皮书评奖评价：指标体系、皮书评价、皮书评奖

互动专区：皮书说、皮书智库、皮书微博、数据库微博

所获荣誉

2008年、2011年，中国皮书网均在全国新闻出版业网站荣誉评选中获得"最具商业价值网站"称号；

2012年，获得"出版业网站百强"称号。

网库合一

2014年，中国皮书网与皮书数据库端口合一，实现资源共享。更多详情请登录www.pishu.cn。

权威报告·热点资讯·特色资源

皮书数据库
ANNUAL REPORT(YEARBOOK) DATABASE

当代中国与世界发展高端智库平台

所获荣誉

- 2016年，入选"国家'十三五'电子出版物出版规划骨干工程"
- 2015年，荣获"搜索中国正能量 点赞2015""创新中国科技创新奖"
- 2013年，荣获"中国出版政府奖·网络出版物奖"提名奖
- 连续多年荣获中国数字出版博览会"数字出版·优秀品牌"奖

成为会员

通过网址www.pishu.com.cn或使用手机扫描二维码进入皮书数据库网站，进行手机号码验证或邮箱验证即可成为皮书数据库会员（建议通过手机号码快速验证注册）。

会员福利

- 使用手机号码首次注册会员可直接获得100元体验金，不需充值即可购买和查看数据库内容（仅限使用手机号码快速注册）。
- 已注册用户购书后可免费获赠100元皮书数据库充值卡。刮开充值卡涂层获取充值密码，登录并进入"会员中心"—"在线充值"—"充值卡充值"，充值成功后即可购买和查看数据库内容。

数据库服务热线：400-008-6695　　图书销售热线：010-59367070/7028
数据库服务QQ：2475522410　　　　图书服务QQ：1265056568
数据库服务邮箱：database@ssap.cn　图书服务邮箱：duzhe@ssap.cn

1997~2017
皮书品牌20年
YEAR BOOKS

更多信息请登录

皮书数据库
http://www.pishu.com.cn

中国皮书网
http://www.pishu.cn

皮书微博
http://weibo.com/pishu

皮书博客
http://blog.sina.com.cn/pishu

皮书微信"皮书说"

请到当当、亚马逊、京东或各地书店购买，也可办理邮购

咨询／邮购电话：010-59367028　59367070
邮　　箱：duzhe@ssap.cn
邮购地址：北京市西城区北三环中路甲29号院3号
　　　　　楼华龙大厦13层读者服务中心
邮　　编：100029
银行户名：社会科学文献出版社
开户银行：中国工商银行北京北太平庄支行
账　　号：0200010019200365434